U0170847

非生物胁迫下植物体内的多胺

杜红阳　著

中国农业出版社
农村设备出版社
北　京

图书在版编目（CIP）数据

非生物胁迫下植物体内的多胺/杜红阳著．—北京：
中国农业出版社，2024.5
ISBN 978-7-109-31905-9

Ⅰ.①非…　Ⅱ.①杜…　Ⅲ.①植物—多胺—研究
Ⅳ.①Q946.91

中国国家版本馆 CIP 数据核字（2024）第 076243 号

非生物胁迫下植物体内的多胺
FEI SHENGWU XIEPO XIA ZHIWUTI NEI DE DUOAN

中国农业出版社出版
地址：北京市朝阳区麦子店街 18 号楼
邮编：100125
责任编辑：陈　瑨
版式设计：小荷博睿　　责任校对：吴丽婷
印刷：北京中兴印刷有限公司
版次：2024 年 5 月第 1 版
印次：2024 年 5 月北京第 1 次印刷
发行：新华书店北京发行所
开本：700mm×1000mm　1/16
印张：12.75
字数：222 千字
定价：88.00 元

前　言

FOREWORD

随着全球气候变化和土壤污染，自然界中植物不断受到不利的非生物环境条件的挑战，如干旱、洪涝、炎热、寒冷、土壤中过量的盐碱和重金属等，这些胁迫因子极大地限制了植物的分布，制约了它们的生长和发育，并降低了作物的产量等，也限制了全球可耕地的利用，并对作物生产力产生了负面影响，给国家粮食安全造成了严重威胁。因此，了解胁迫如何影响植物的生长发育、植物又是如何感知胁迫信号以适应不利的环境条件、探索提高植物抗逆性的途径对全球粮食安全至关重要。

为了应对复杂气候变化造成的非生物胁迫，植物进化出相互关联的调节机制，使它们能够及时地做出反应以适应环境。非生物胁迫不仅影响植物的形态和生理生化等许多方面的变化，而且诱发一系列的细胞和分子调控过程的变化。其中一些变化是非适应性反应，表现为胁迫造成的损伤，如热胁迫或冷胁迫引起的膜流动性和蛋白质结构的变化，以及有毒离子引起的酶动力学和分子相互作用的破坏等。然而，大部分变化是适应性反应。通过一系列变化，植物的抗逆性增加，因此这些可以作为作物改良的潜在目标。例如，利用生物技术手段（数量性状位点、CRISPR-Cas9 等）挖掘不同非生物胁迫下植物耐受性的候选基因，然后将这些基因通过基因工程和标记辅助选择杂交纳入任何理想品种的基因文库中构建新载体导入植物细胞，从而选育抗性新品种。除此之外，化学物质调控也是应用于农业生产提高植物抗性的主要技术手段。

多胺（Polyamines，PAs）是一种继五大激素后被发现的植物生长调节剂，广泛存在于生物体内，是一类低分子量，具有生物活性，含有多个氨基的脂肪族含氮碱，在正常发育过程中具有很强的生物活性，在植物应对不同胁迫的耐受性中具有不可或缺的功能。目前，在植物方面研究较多的多胺主要包含腐胺、亚精胺和精胺。这些多胺像激素一样参与了许多细胞的生理和生化过程的调控，如细胞分裂与伸长、器官发生与胚胎发育、花的诱导和发育、叶片衰老、果实和种子的形成等。除此之外，这些多胺由于在生理pH范围内带正电荷，除了能与带负电荷的分子（如RNA、DNA、磷脂或蛋白质）非共价结合，形成非共价结合态多胺，在提高酶活性、调节基因的表达过程及细胞分裂和细胞膜的稳定性方面发挥重要作用外，它们还可以共价结合小分子（如羟基肉桂酸、香豆酸、咖啡酸、阿魏酸等），形成酸溶性的共价结合态多胺。通过这种方式，在植物细胞中形成一个大的多胺库。另外，多胺还可以共价结合到生物大分子（如蛋白质、核酸或细胞壁木质素）上，形成酸不溶性共价结合态多胺，在细胞生长发育和提高植物逆境耐受性方面发挥重要作用。多胺被发现存在于各种各样的细胞和细胞器中，不同的物种、组织和器官及不同的发育阶段和不同的环境条件下，不同种类及不同存在形态多胺的含量和代谢有极大的不同，其调节机制也存在很大差异。

多胺与植物逆境胁迫的关系是目前国内外学者们所关注的焦点之一，因此，本书主要围绕逆境胁迫对植物生长发育影响及多胺在调节植物应对逆境胁迫的功能两个大方面，阐述国内外研究进展。全书主要包括五章内容：第一章综述了植物与非生物胁迫，从不同非生物逆境胁迫对植物生长发育的影响、植物自身应对各种胁迫的调控机制、提高植物抗逆性的策略等方面进行简单概述；第二章总结了植物体内的多胺和植物生长发育的相关研究，包括植物体内多胺的种类、结构、代谢，在植物生长发育中的作用，以及多胺与其他物质的交互作用等方面；第三章阐述了多胺与非生物胁迫的关系，主要介绍了多胺与干旱胁迫、盐胁迫、温度胁迫、涝胁迫等方面的关系；第四章概述了团队近几年在结合态多胺与干旱胁迫方面的研究成果；第五章简单综述了多胺的作用机制。

通过全面概述目前国内外逆境胁迫下植物体内多胺的功能及其作用机制，希望能给该研究领域的科研工作者以启示。伴随着日新月异的研究技术手段，相信未来对逆境下植物体内多胺功能的探索会更加深入、全面、引人入胜。

感谢国家自然科学基金（基金编号：31271627）和河南省自然科学基金（基金编号：242300421341）的资助。在此还特别感谢周口师范学院相关实验平台和老师的大力支持。

书稿虽经多位专家多次修改，难免有疏漏和不妥之处，为使再版更加完善，欢迎读者批评指正！

杜红阳于周口师范学院

2023年11月

目　录
CONTENTS

第一章
植物与非生物胁迫

植物吸收太阳能，消耗大气中的二氧化碳，释放出人类生存需要的氧气，并产生有机物，从而支持和维护全球生态系统。然而，随着全球气候变化，特别是不稳定的环境波动，导致了自然界中植物不断受到不利的非生物环境条件的挑战，如干旱、洪涝、炎热、寒冷、土壤中过量的盐碱和重金属等（Batley，Edwards，2016）。这些胁迫因子极大限制植物的分布，改变了它们的生长和发育，并降低了作物的产量等，也限制了全球可耕地的利用，并对作物生产力产生了负面影响，给国家粮食安全造成严重威胁（Sachdev 等，2021）（图 1－1）。因此，了解胁迫如何影响植物的生长发育、植物又是如何感知胁迫信号以适应不利的环境条件，以及探索提高植物抗逆性的途径对全球粮食安全至关重要（Zhang 等，2020；Zhu，2016）。

植物为了应对复杂气候变化造成的非生物胁迫，已经发展出高度进化的相互关联的调节机制，以便于它们能够及时地做出反应来适应环境（Becklin 等，2016；Gray，Brady，2016）。非生物胁迫不仅影响植物的形态，而且影响许多方面的生理生化变化，并引起大量的细胞、分子调控过程的变化。其中一些变化是非适应性反应，它们表现为胁迫造成的损伤，如热或冷胁迫引起的膜流动性和蛋白质结构的变化，以及有毒离子引起的酶动力学和分子相互作用的破坏等。然而，大部分变化又是适应性反应，通过一系列变化，导致植物抗逆性增加，因此这些可以作为作物改良的潜在目标。参与适应性反应的过程包括胁迫诱导损伤的修复、细胞内稳态的再平衡和将生长调节到适应特定胁迫条件的水平等，比如逆境胁迫下植物形态结构的临时变化（Holmes，Keiller，2002）、细胞的渗透调节机制（Yang，Guo，2018）、细胞内活性氧清除再平衡（Ainsworth，2017）、相关代谢途径转变（Ferguson，2019）、抗逆物质的出现及信号的细胞内和细胞外转导（Zhang 等，2022），还有分子层面的调控等（Saharan等，2022）。

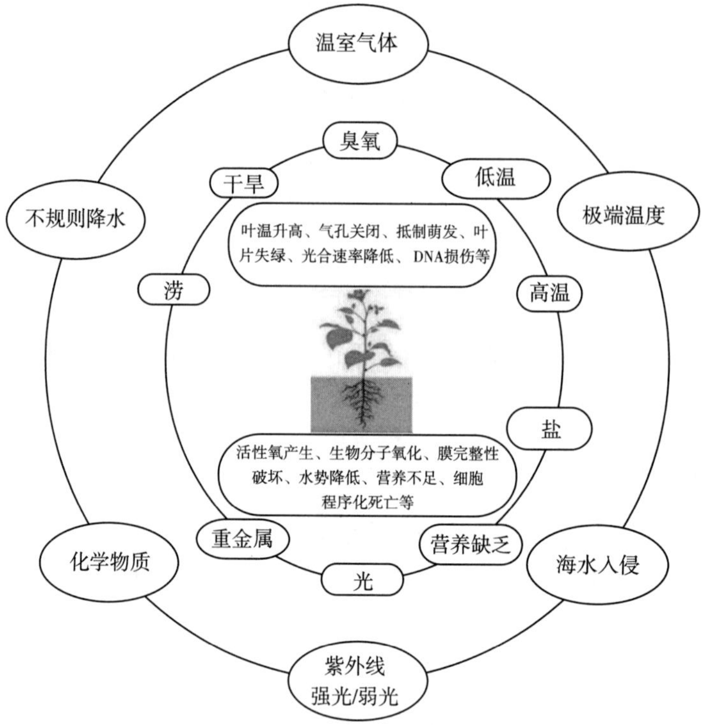

图1－1　气候变化对植物的生长和生理活动的影响

注：受环境条件改变的各种非生物因素（外圈）导致非生物胁迫（内圈），阻碍植物的生理和代谢活动（矩形的最内层块）。

第一节　概　　述

一、非生物逆境的种类

非生物因素是影响生物生活和分布的环境因素，主要有光、水、温度、湿度等。所有生物的生存和繁衍都离不开环境因素。光对生物的生理和分布起决定性作用，温度影响生物的分布、生长和发育，水分影响生物的生长和发育。逆境指对生物生长和发育不利的各种环境因素的总称，又简称为胁迫。根据环境的种类，逆境又分为生物逆境与非生物逆境。非生物逆境主要包括干旱、盐碱、涝、高温、低温等。

二、非生物逆境对植物生长发育的影响

1. 非生物逆境下植物的水分代谢变化

大多数环境胁迫作用于植物时均能对植物造成水分胁迫伤害。例如，干旱能直接导致水分胁迫，干旱造成土壤水分亏缺，从而影响植物吸水，导致植物缺水，阻碍植物生长，降低作物产量。水分亏缺胁迫使植物的水势和膨压降低到损害细胞正常功能的水平，其影响程度随水分亏缺的严重程度和持续时间而变化；低温和冷冻通过胞间结冰对植物形成间接的水分胁迫；盐渍使土壤水势降低，植物难吸水也间接造成水分胁迫；高温和辐射促使植物和大气间的水势差增大，叶片蒸腾强烈，亦间接形成水分胁迫。植物一旦遭受水分胁迫，植物细胞便脱水，对细胞膜系统的结构和功能产生不同程度的影响。

2. 非生物逆境下植物的光合作用变化

环境胁迫下，植物光合速率明显下降，同化产物供应减少，因而生长速率减弱。比如，干旱、低温或高温时，植物叶片气孔关闭，二氧化碳扩散阻力增加，光合酶钝化或变性；淹水时，水层阻止二氧化碳扩散。所以，逆境胁迫下二氧化碳供应不足是导致光合速率降低的主要原因之一。

3. 非生物逆境下植物的呼吸作用变化

逆境胁迫下，植物的呼吸速率不稳定。比如，冻害、热害、盐害和淹水时，植物呼吸速率明显下降；而冷害和旱害时，植物呼吸速率则先升后降，即在胁迫开始的短时间内上升，随着胁迫时间的延长又明显下降。

4. 非生物逆境下植物的物质代谢变化

逆境胁迫下，植物体内的物质代谢失衡。一般来说，植物体内物质合成小于物质分解，即水解酶类活性大大提高，大分子物质降解。比如蛋白质分解为氨基酸，淀粉分解为可溶性糖，核酸降解，等等。同时，逆境胁迫下，一些特定的基因被诱导，合成新的多肽或蛋白质，以提高植物的抗性。比如水通道蛋白、热激蛋白、厌氧蛋白、病原相关蛋白、离子通道蛋白等。

5. 非生物逆境下植物的细胞膜结构变化

研究表明，不仅原生质的存在状态与植物细胞含水量有关，而且膜的结构和状态也与含水量有关。逆境胁迫下，植物组织脱水，使膜脂磷脂双分子层的排列结构发生变化，引起膜中的水分子间隙和氢键定位发生变化，导致膜蛋白变构，膜透性增加，电解质和可溶性有机物质外渗。同时，膜的主动吸收功能也明显降低。

6. 非生物逆境下植物的内源激素变化

植物对逆境的适应过程除受植物自身的遗传特性（基因）控制外，同时还受植物体内的激素水平所制约，两种因素相互作用的结果可以改变植物细胞膜功能和酶活性。众所周知，多数逆境胁迫（干旱、高温、低温、盐、涝等）均能引起植物水分亏缺，进而影响植物内源激素的合成和运输。例如，逆境胁迫下，吲哚乙酸（Indolylacetic acid，IAA）氧化酶活性升高，IAA 含量下降，极性运输受阻；赤霉素（Gibberellin，GA）生物活性降低；细胞分裂素（Cytokinin，CTK）合成减少，从根向外输出量也显著减少；而脱落酸（Abscisic acid，ABA）和乙烯（Ethylene，ETH）合成加速，含量上升。近几年研究发现，逆境胁迫下植物体内的多胺含量也上升，除具有植物生长调节剂作用外，还与膜结构和延缓衰老有一定关系。植物激素与植物的抗逆性将在后面的内容中详细阐述。

7. 非生物逆境胁迫下植物细胞的自由基伤害

在植物细胞中，细胞壁、细胞核、叶绿体、线粒体及过氧化物酶体等部位都会产生自由基。但在正常条件下，植物体内自由基的产生和清除处于动态平衡，由于自由基的浓度很低，不会对植物细胞造成伤害。但是，当植物遭受逆境胁迫时，体内自由基的产生和清除之间的平衡状态被打破，产生速率高于清除速率，当自由基浓度超过阈值时，必将导致生物大分子物质（多糖、脂质、核酸、蛋白质等）的氧化和破坏，尤其是膜脂中的不饱和脂肪酸的双键最易受到自由基的攻击，发生脂质的过氧化作用，并引起连锁反应，使膜结构破坏，细胞内组分外渗，代谢紊乱；同时，脂质过氧化产物的脂性自由基可使膜蛋白或者膜酶发生聚合和交联反应，破坏蛋白质的结构和功能，最终导致细胞的伤亡或者死亡。

参考文献

AINSWORTH E A，2017. Understanding and improving global crop response to ozone pollution [J]. The Plant Journal，90：886－897.

BATLEY J，EDWARDS D，2016. The application of genomics and bioinformatics to accelerate crop improvement in a changing climate [J]. Current Opinion in Plant Biology，30：78－81.

BECKLIN K M，ANDERSON J T，GERHART L M，et al.，2016. Examining plant physiological responses to climate change through an evolutionary lens [J]. Plant Physiology，172：635－649.

FERGUSON J N，2019. Climate change and abiotic stress mechanisms in plants [J]. Emer-

ging Topics in Life Science，3：165－181.
GRAY S B，BRADY S M，2016. Plant developmental responses to climate change [J]. Developmental Biology，419：64－77.
HOLMES M G，KEILLER D R，2002. Effects of pubescence and waxes on the reflectance of leaves in the ultraviolet and photosynthetic wavebands：a comparison of a range of species [J]. Plant Cell and Environment，25：85－93.
SACHDEV S，ANSARI S A，ANSAR M I，et al.，2021. Abiotic stress and reactive oxygen species：generation，signaling，and defense mechanisms [J]. Antioxidants，10：277.
SAHARAN B S，BRAR B，DUHAN J S，et al.，2022. Molecular and physiological mechanisms to mitigate abiotic stress conditions in plants [J]. Life，12：1634.
YANG Y，GUO Y，2018. Unraveling salt stress signaling in plants [J]. Journal of Integrative Plant Biology，60：796－804.
ZHANG H，ZHAO Y，ZHU J K，2020. Thriving under stress：how plants balance growth and the stress response [J]. Developmental Cell，55：529－543.
ZHANG H，ZHU J，GONG Z，et al.，2022. Abiotic stress responses in plants [J]. Nature Reviews Genetics，23：104－119.
ZHU J K，2016. Abiotic stress signaling and responses in plants [J]. Cell，167：313－324.

第二节 植物与干旱胁迫

干旱是多种环境胁迫中最重要的逆境因子之一。干旱造成土壤水分亏缺，从而影响植物吸水，破坏植物细胞的水稳态，影响了植物正常的代谢，导致生长抑制、分子损伤，甚至死亡（Mathivanan，2021）。干旱对植物的影响主要表现在以下几个方面。

一、干旱对植物生长发育的影响

1. 干旱胁迫对植物水分状况和光合特性的影响

植物体内的水分状况与植物生命活动密切相关，生命活动旺盛的部位含水量就高。据报道，水分胁迫通常都会打破植物水分状况的平衡，造成重要代谢过程的中断和生长速率的降低，这种影响主要取决于植物种类和水分胁迫的严重程度（Osakabe 等，2014）。干旱可导致叶片相对含水量、叶水势和压力势的降低，气孔关闭，抑制细胞的扩大和生长（Anjum 等，2011）。生理指标水分利用效率广泛用于涉及植物对供水和需求变化的响应的研究，并提供有关植物短期水分状况变化下的生理表现（Centritto 等，2002）。通常情况下，干旱亏缺可导致植物瞬时水分利用效率显著降低，且瞬时水分利用效率降低的幅度越大，代表其水分亏缺的程度越大；而遭受干旱胁迫的黄瓜叶片瞬时水分利用效率仍较高，这是由于其光合速率的下降幅度低于蒸腾速率的下降幅度，这可能是由于不同植物在干旱胁迫下具有不同的适应性调节（Hattori 等，2008）。干旱胁迫会在不同程度上降低气体交换特性，从而影响大多数植物的光合能力。例如，Lawlor 和 Cornic（2002）报道，随着叶片水势和相对含水量的降低，高等植物的叶片 CO_2 净光合速率显著下降。通过气孔调节控制水分损失已被认为是植物对干旱的早期反应（Harb 等，2010）。气孔关闭导致细胞内 CO_2 浓度降低，从而降低光合作用，同时也会增加光氧化胁迫的风险。干旱胁迫对光合色素造成破坏，导致类囊体膜的降解（Anjum 等，2011）。大量研究表明，干旱胁迫对光系统Ⅰ和光系统Ⅱ的功能都有不利影响，特别是光系统Ⅱ。研究表明，干旱胁迫可对放氧复合体和光系统Ⅱ造成严重破坏，同时可导致多肽的降解，导致光系统Ⅱ反应中心失活（Keisuke 等，2007；Zlatev 等，2009）。这些变化可诱导活性氧的产生，最终导致光抑制和氧化损伤（Gill，Tuteja，2010；Gururani 等，2015）。

2. 干旱胁迫对活性氧代谢的影响

活性氧产生，被称为氧化爆发，是植物对水分胁迫防御反应的早期事件，并且作为次要信使在植物中触发随后的防御反应（Miller 等，2010）。线粒体、质膜、细胞壁、叶绿体和细胞核是活性氧产生的主要部位（Gill，Tuteja，2010）。在干旱胁迫下，通过多种途径导致活性氧的产生得到增强。例如，在干旱条件下，CO_2 固定减少导致在卡尔文循环期间氧化性烟酰胺腺嘌呤二核苷酸磷酸（$NADP^+$）再生减少，这将降低光合电子传递链的活性，通过光合作用过程中希尔反应会泄漏到 O_2，将 O_2 还原为 O_2^-（Maria - Helena 等，2008）。Noctor 等（2002）发现，在干旱胁迫下，大约 70%的过氧化氢（H_2O_2）的产生是通过光呼吸过程发生的。细胞中活性氧基本上由四种形式组成，即 H_2O_2、羟基自由基（·OH）、超氧阴离子自由基（O_2^-·）和单线态氧（$_1O^2$），其中·OH和$_1O^2$ 两种形式特别具有生物活性。它们可以氧化细胞的各种成分，如脂质、蛋白质、脱氧核糖核酸（DNA）和核糖核酸（RNA），最终它们可导致细胞死亡（Fang 等，2015）。植物已经进化出复杂的清除机制和调节途径来监测活性氧氧化还原稳态以防止细胞中过量的活性氧。抗氧化酶代谢的改变可能影响植物的耐旱性。植物的抗氧化系统可分为两类。①酶组分，包括超氧化物歧化酶（Superoxide dismutase，SOD）、抗坏血酸过氧化物酶（Ascorbate peroxidase，APX）、过氧化氢酶（Catalase，CAT）、谷胱甘肽过氧化物酶（Glutathione peroxidase，GPX）、单脱氢抗坏血酸还原酶（Monodehydroascorbate reductase，MDHAR）、脱氢抗坏血酸还原酶（Dehydroascorbate reductase，DHAR）、谷胱甘肽还原酶（Glutathione reductase，GR）、谷胱甘肽 S-转移酶（Glutathione S-transferase，GST）、过氧化物氧还蛋白。这些抗氧化酶位于植物细胞的不同部位，它们共同起到清除活性氧的作用。SOD 作为第一道防线，将 O_2^- ·转化为 H_2O_2。CAT、APX 和 GPX 可将 H_2O_2 进一步还原为 H_2O。与 CAT 不同，APX 依靠抗坏血酸和/或谷胱甘肽再生循环，该循环涉及 MDHAR、DHAR 和 GR。GPX、GST 和过氧化物氧还蛋白通过非抗坏血酸依赖性的硫醇介导途径，利用谷胱甘肽、硫氧还蛋白或谷氧还蛋白作为亲核试剂，来还原 H_2O_2 和有机氢过氧化物（Noctor 等，2014）。②非酶抗氧化剂，包括谷胱甘肽、抗坏血酸、类胡萝卜素、生育酚和类黄酮等，也对植物体内的活性氧平衡至关重要（Gill，Tuteja，2010）。除了这些酶类和非酶抗氧化剂外，越来越多的证据表明，可溶性糖（包括双糖、棉子糖家族的低聚糖和果糖）对活性氧具有双重作用（Couée 等，2006）。可溶性糖通过调节产生活性氧的代谢途径，如线粒体呼吸或光合作用，来调节活性氧的产生。同时它们也可通过增加还原型烟酰胺腺嘌呤二核苷酸磷酸（NADPH）的代谢来参与抗氧化过程（Couée 等，2006），保护了光捕获复合蛋白免受氧化损伤。

3. 干旱胁迫对渗透调节物质的影响

渗透调节被认为是植物适应干旱的重要过程之一，它有助于维持组织代谢活性。在干旱条件下合成的渗透性化合物包括相容的溶质，如氨基酸（脯氨酸、天冬氨酸和谷氨酸）、甘氨酸甜菜碱、糖（果聚糖和蔗糖）、环醇（甘露醇和松醇），其中脯氨酸是其中最重要的一种。在低水势下，它在叶片中的积累是由于线粒体生物合成增加和缓慢氧化共同作用的结果（Hu 等，2015）。脯氨酸具有许多生理作用，包括稳定包含酶和蛋白质在内的大分子、维持膜完整性和清除活性氧等（Kaur，Asthir，2015）。过表达吡咯啉-5-羧酸合酶的转基因植物在干旱期间积累这种渗透保护剂，从而对渗透胁迫具有抗性（Khan 等，2015）。

4. 干旱胁迫对内源植物激素的影响

ABA 可参与生物和非生物胁迫反应，通常被称为应激激素（Kiba 等，2011）。在生物胁迫下，植物激素 ABA 可调节多个生理过程，在植物对干旱胁迫的反应中起中介作用（Osakabe 等，2014）。ABA 通过调节保护细胞和诱导编码与脱水耐性相关的蛋白质和酶的基因来维持植物的水分状态（Zhu，

2001)。在干旱胁迫下，拟南芥 ABA 缺陷突变体 *ABA1*、*ABA2* 和 *ABA3* 会枯萎，甚至在持续水分胁迫下会死亡。据报道，在干旱胁迫下，ABA 的生成可保持根和茎的生长并防止 ETH 的过量产生（Ober，Sharp，2003)。除了许多生理过程外，水杨酸（Salicylic acid，SA）提高植物对各种环境胁迫的耐受性，如干旱、低温和热胁迫（Hussain 等，2008)。在番茄中，通过 SA 处理可提高光合参数、膜稳定性指数、叶片水势、硝酸还原酶活性、碳酸酐酶活性、叶绿素含量和相对含水量，从而提高番茄的耐旱性（Hayat 等，2007)。作物在胁迫诱导下合成 CTK，以延缓叶片衰老，从而增强抗旱性（Peleg，Blumwald，2011)。干旱胁迫下的植物木质部分泌物中的 CTK 含量通常较低，因为干旱限制了木质部中 CTK 的生物合成并增加了其分解代谢（Pospíšilová 等，2000)。除此之外，茉莉酸（Jasmonic acid，JA）也参与调节植物抵御病原体攻击的防御及环境胁迫，如盐分和干旱胁迫（Cheong，Choi，2003)。茉莉酸在干旱诱导的抗氧化反应中起重要作用，包括抗坏血酸代谢。

二、植物应对干旱胁迫的生理生化机制

虽然干旱对植物的生长发育会产生不利影响，然而高等植物在长期进化过程中形成一系列复杂的调控机制，以最大限度地减轻细胞遭受干旱的伤害。抗旱性强的植物具有能通过阻止水分流失、平衡水分供应、维持细胞水势以度过干旱逆境的能力。

植物感知初级信号（缺水信号）并启动应对策略的能力被定义为抗旱能力。植物的抗旱性能是一种复杂的性状，可通过多种机制进行。一是避旱性，即植物在土壤水分严重亏缺之前完成其生活史的能力。生育期长短与作物发育特性和水分状况有关，水分短缺、营养体小、开花提早则株小籽少，雨水充分、营养生长良好则种子数量明显增加，典型例子是荒漠短命作物。二是高水势下的耐旱性，称为御旱性，即植物自身能通过增加吸水或减少失水，保持组织水势，推迟组织脱水过程，防止组织损伤。例如，在干旱胁迫下通过增加根系深度吸取下层土壤中水分和增加根系密度增加根系在单位体积土壤中的吸水量等途径增加吸水（台培东等，2000)；景天酸代谢作物（如景天、芦荟、菠萝等）能通过增加气孔和角质层阻力减少组织失水（张正斌，山仑，1998)；还有植物通过叶片的运动或叶片反光性能的改变，降低对光能的吸收，叶片温度下降，气孔内外蒸汽压差下降，减少了蒸腾失水等。三是低水势下的耐旱性，又称耐脱水性或耐旱性，指植物组织在低水势下保持一定的膨压和代谢功

能，从而增加细胞的持水能力。例如，在干旱胁迫下，植物由于积累各种有机和无机溶质，降低细胞溶质势，保持其体内水分，完全或部分地维持细胞膨压，提高其耐旱性。除此之外，在细胞层面上，干旱信号促进应激保护代谢产物的产生（如脯氨酸和海藻糖），触发抗氧化系统（如刺激抗氧化酶活性的提高）以维持氧化还原稳态，防止急性细胞损伤和膜结构破坏，还会触发特定的激素信号反应，如ABA、油菜素内酯和乙烯植物激素途径等（Gupta等，2020）。总之，植物耐旱功能的实现，要通过植物对干旱信号的感知与转导及相关基因的表达调控等一系列的生理、生化和分子调控过程。植物受到水分等环境胁迫时能做出多种抗逆性反应，除气孔关闭和蒸腾速率下降外，还有渗透调节能力和抗氧化能力提高，以及产生抗逆蛋白等。近年来的研究发现，从环境刺激到植物做出反应实际上是一系列复杂的信息传递过程，它主要包括三个环节：①感受细胞对原初信号（环境刺激）的感知转导和反应，结果产生胞间信使；②胞间信使在细胞或组织间传递，并最终到达受体细胞的作用位点；③受体细胞对胞间信使的接受、转导和反应，结果导致受体组织中生理生化和功能的最优化组合，最终体现为作物对环境刺激或逆境的适应或抗性（He等，2018）。

1. 植物对干旱的感知

环境干旱造成植物细胞失水，导致跨膜渗透势改变，被质膜上的渗透感受器组氨酸蛋白激酶识别。类似于细菌和酵母，植物也具有双组分信号系统，由感应器、磷酸转移蛋白和反应调节器三个蛋白参与了磷酸传递。感受器组氨酸蛋白激酶位于膜上，在N端具有感知信号的输入域，中间激酶域有组氨酸残基信号转导域，C端则融合了含天冬氨酸的接受域。感受器输入域感受外界干旱信号，诱导激酶域保守的组氨酸残基以三磷酸腺苷（adenosine triphosphate，ATP）磷酸化供体进行自磷酸化，随后磷酸基团通过磷酸转移反应被传递至接受域的天冬氨酸残基上。磷酸转移蛋白与接受域相互作用，将磷酸基团转移至其组氨酸残基上。磷酸化的磷酸转移蛋白穿梭进入核，并将磷酸转移至反应调节器接受域天冬氨酸残基，反应调节器接受域的磷酸化致使其输出域构型变化，从而直接控制此级联信号的输出。而去磷酸化的磷酸转移蛋白穿梭回到细胞质并重新磷酸化。该复杂的双组分信号系统作为渗透感受器将外界干旱信号跨膜传递到植物细胞内，激活或抑制一系列的级联反应。

近年来的研究发现，在拟南芥中，编码高渗门控钙通道OSCA1的基因在基于钙成像的遗传筛选中被鉴定为公认的高渗应激传感器（高渗透诱导钙增加或减少）（Yuan等，2014）。OSCA1编码一种形成高渗透压门控钙透性通道的质膜蛋白，其功能障碍导致高渗透胁迫下植物保卫细胞和根细胞中 Ca^{2+} 内流减少、叶片蒸腾作用缺陷和根系生长减少（Yuan 等，2014）。对水稻和拟南芥 OSCA 家族蛋白的结构分析表明，它们可能作为传感器的作用机制是高渗透条件下细胞膨压降低，可能降低了脂质双分子层的横向张力，导致 OSCA 离子通道打开，使 Ca^{2+} 进入细胞（Jojoa-Cruz，2018；Liu 等，2018；Maity，2019）。

2. 干旱胁迫信号的细胞内转导

植物受到干旱胁迫时，造成细胞失水，导致跨膜渗透势改变，被植物细胞膜上的渗透感受器感知后，将细胞外信号转为细胞内信号，触发了细胞内的第二信使，如 Ca^{2+}、IP_3 等，第二信使引发下游相应的蛋白激酶串联物（如钙依赖性蛋白激酶、促分裂原蛋白激酶）的可逆磷酸化反应，实现了细胞内干旱信号的逐级传递与放大。蛋白质的可逆磷酸化是细胞信号识别与转导的重要环节，即蛋白激酶将 ATP 或其他核苷三磷酸的 γ-磷酸基团转移到底物丝氨酸、苏氨酸、酪氨酸或组氨酸羟基上的过程，从而激活下游的特定转录因子，产生相应基因表达产物，最终表现为外部和内部的生理生化变化（Shinozaki，Yamaguchi-shinozki，2007），如图 1-2 所示。

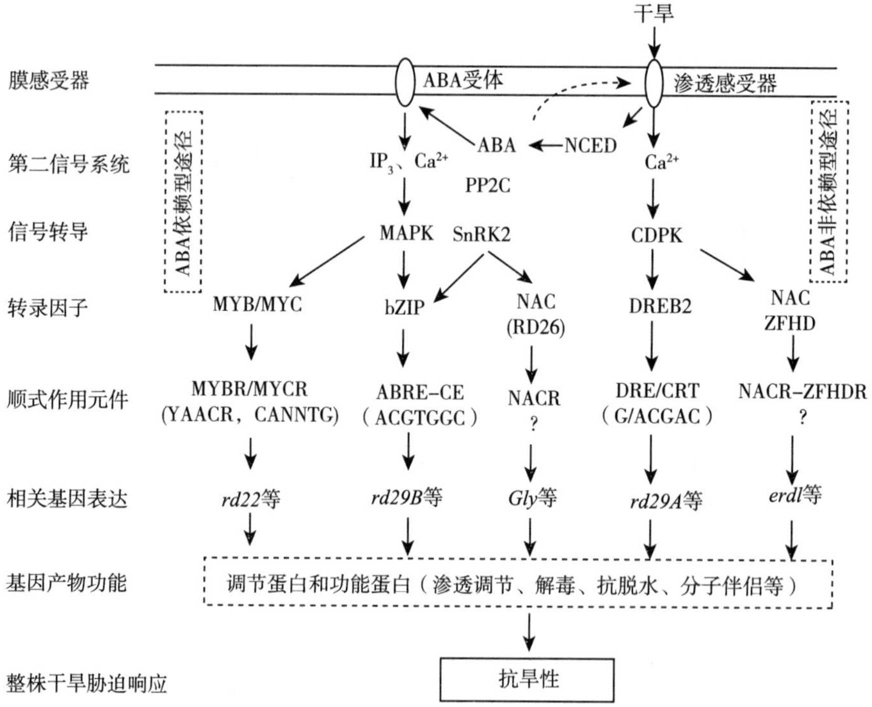

图 1-2 植物干旱信号转导及基因表达调控网络

3. 细胞内传导信号分子

Ca^{2+}：Ca^{2+}被认为是接受环境刺激的细胞信号转导途径重要的第二信使。细胞内钙的分布是严格区隔化的，液泡是 Ca^{2+} 的主要储存库，而胞质 Ca^{2+} 的浓度最低，在正常情况下维持着 Ca^{2+} 的内稳态平衡。当胁迫反应发生时，Ca^{2+} 通道打开，Ca^{2+} 通过质膜和细胞器膜流入细胞质，导致细胞质和细胞器 Ca^{2+} 快速积累，并且呈现忽高忽低的 Ca^{2+} 动荡，产生钙信号。于是钙调素、钙依赖型蛋白激酶（Calcium - dependent protein kinases，CDPKs）、类钙调神经素 B 亚基蛋白（Calcineurin B - like，CBL）等大量的 Ca^{2+} 结合蛋白与 Ca^{2+} 结合，引起蛋白构象改变后被激活，发生磷酸化/去磷酸化作用以传递信号。

IP_3：IP_3是另一种第二信使，通过液泡膜上的 IP_3受体结合蛋白，激活液泡膜 Ca^{2+} 通道，启动 Ca^{2+} 库，使细胞内 Ca^{2+} 浓度升高，催化形成 IP_3的关键酶即磷脂酶 C 的活性及基因表达均受干旱强烈诱导。

MAPK：MAPK 是一种丝氨酸/苏氨酸类蛋白激酶，该家族成员包括 MAPK、MAPKK（MAP2K）和 MAPKKK（MAP3K）三种类型。在高等植物细胞中，这三种类型的激酶构成一个 MAPK 级联系统，通过 MAP3K→MAP2K→MAPK 逐级磷酸化，将上游干旱信号逐级传递并放大至下游应答分子，在信号传递中起重要作用。研究发现，植物中有大量的 MAPK 激酶通路成分，它们可以结合形成数千个 MAPK 激酶模块。例如，拟南芥含有超过 60 个 MAP3K、10 个 MAP2K 和 20 个 MAPK（De Zelicourt 等，2016）。这些激酶中，有多种 MAPKs 在对生物和非生物刺激的响应及对生长和发育信号的响应中能快速激活，从而进行信号传递（De Zelicourt 等，2016）。那么对于非生物胁迫的 MAPK 信号通路的挑战仍然在于上游传感器蛋白的识别，负责 MAPK 激活的 MAP3Ks 和 MAP2Ks 的识别，以及激酶激活与下游效应蛋白和生理反应的连接等。

近些年的研究发现，盐、干旱和渗透胁迫处理也能迅速激活 SnRK2 蛋白激酶家族。在拟南芥中，除 SnRK2. 9 外，其余 10 个 SnRK2s 均可被渗透胁迫激活，SnRK2. 2/3/6/7/8 也可被 ABA 激活（Boudsocq 等，2004）。ABA 激活 SnRK2 的机制将在下文详述，但渗透胁迫如何激活激酶尚不清楚。遗传证据表明，对渗透胁迫的耐受需要 SnRK2，因为 10 个 SnRK2 全部中断的 10 个拟南芥突变植株对渗透胁迫抑制生长非常敏感（Fujii，Zhu，2009；Fujii 等，2011）。SnRK2 突变体植株在大量基因的渗透胁迫调节和 ABA、亲和性渗透可溶物脯氨酸和第二信使 IP3 的积累方面受到损害，但在渗透胁迫诱导的活性氧积累中不受影响。这些结果表明，SnRK2 的激活在 ABA 信号通路的上游，这种激活也控制着渗透调节和其他对渗透胁迫的适应性反应，如图 1-3 所示。由于渗透胁迫触发胞质钙信号，且钙通道 OSCA1 被认为是一种渗透传感器（Yuan 等，2014），SnRK2 上游的候选因子包括钙响应激酶，如 CPKs 和 CBLs/CIPKs（图 1-3）。在小泡状苔藓中，最近的研究表明，RAF 类激酶对渗透胁迫和 ABA 激活 SnRK2 都至关重要（Saruhashi 等，2015）。确定类似激酶是否以及如何在高等植物中整合渗透胁迫和 ABA 信号是很有意义的。

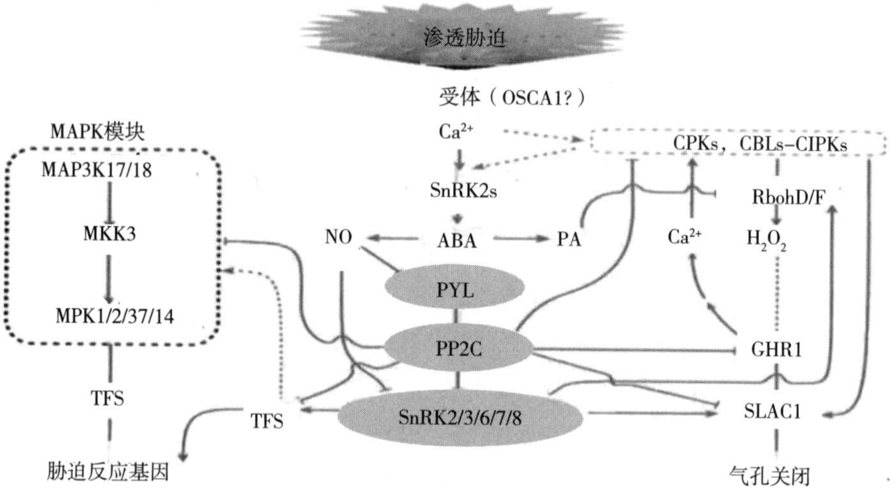

图 1-3　渗透胁迫下 ABA 感应和信号（Zhu，2016）

注：Ca^{2+} 通道 OSCA1 可能参与渗透感应。Ca^{2+} 信号可能激活 CPKs 和 CBLs-CIPKs。最终，SnRK2 被激活，导致 ABA 的积累。ABA 与 PYLs 结合，然后与 A 类 PP2Cs 相互作用并抑制，导致 SnRK2. 2/3/6/7/8 的激活。被激活的 SnRK2 可磷酸化效应蛋白，包括转录因子、SLAC1 和RbohD/F。RbohD/F 生成 H_2O_2，通过 GHR1 诱导 Ca^{2+} 信号。这种 Ca^{2+} 信号激活 CPKs 和 CBLs-CIPKs，它们也能磷酸化效应蛋白，如 SLAC1。除了 Ca^{2+}，ABA 还诱导第二信使 NO、磷脂酸（PA）和其他磷脂。NO 抑制 SnRK2s 和 PYL，PA 调节 Rbohs 等蛋白。

CDPKs：CDPKs 是植物所特有的、广泛存在于细胞器中的一类丝氨酸/苏氨酸激酶，与钙调素结合，调控区内共有 4 个与 Ca^{2+} 结合的 EF 手性结构，对 Ca^{2+} 高度亲和。CDPKs 活性的调节主要依赖于激酶区、自我抑制区和类钙调素区之间的相互作用。当细胞内 Ca^{2+} 浓度较低时，CDPKs 的激酶区和自我抑制区相结合，形成自我抑制，不具有或具有很低的活性。当细胞内 Ca^{2+} 浓度升高时，EF 手性区与 Ca^{2+} 结合，诱导类钙调素区和自我抑制区结合，解除自抑制作用，从而促进催化区与底物结合，将特异的 Ca^{2+} 信号传递至下游。该类酶的不同异构体具有不同的底物特异性，存在于不同的亚细胞区域，调节着不同信号途径。

PP2C：蛋白磷酸酶 2C（protein phosphatase 2C，PP2C）是一类丝氨酸/苏氨酸蛋白磷酸酶，在细胞内以单体形式存在，酶催化活性依赖于 Mg^{2+} 或 Mn^{2+}。PP2C 通过去磷酸化作用负调控蛋白激酶级联信号系统，参与胁迫信号转导、基因转录、蛋白质翻译及翻译后修饰等细胞活动过程。Ca^{2+}、钙调素、脂质信号分子等均能调节 PP2C 的活性。

ABA：ABA 是原初刺激诱导产生的胞间信使分子，在逆境胁迫信号转导中起着重要作用。ABA 信号通路是植物对干旱和盐胁迫反应的核心（Zhu，2002）。在过去的十年中，在胁迫信号方面研究最重要的进展之一是 ABA 受体的识别和 ABA 核心信号通路的阐明。干旱首先刺激植物根细胞中的 ABA 合成关键酶 9-顺式-环氧类胡萝卜素双加氧酶（NCED，是 ABA 生物合成途径的关键限速酶）等的活性，使内源应激激素 ABA 水平快速积累提高，ABA 沿木质部蒸腾运至保卫细胞，被细胞膜上 ABA 受体感知，触发第二信号系统，使细胞内 Ca^{2+} 浓度升高，引发磷酸化的 MAPK 去磷酸化反应，调节包括气孔开闭的各种适应反应，从而完成依赖 ABA 的信号传递。要弄清 ABA 信号转导机制，找到 ABA 信号受体是非常关键的。化学遗传学和蛋白质相互作用研究发现 PYR/PYL/RCAR 蛋白家族，START 结构域蛋白作为 ABA 的受体（Park 等，2009；Ma 等，2009）。

PYLs：PYLs 在微摩尔范围内将 ABA 与 Kds 结合，并且在分支 A PP2C（如 ABI1、ABI2、HAB1 和 PP2CA）存在时，结合亲和力增加了近 100 倍。因此，这些 PP2C 可以被认为是共同受体（Ma 等，2009）。在缺乏 ABA 的情况下，PP2C 与激酶相关，包括 SnRK2.2、SnRK2.3 和 SnRK2.6，它通过阻断激酶的催化裂口和激活环去磷酸化来保持激酶的活性（Soon 等，2012）。ABA 进入 PYLs 的中心疏水区，诱导门和锁环关闭并锁定囊，为 PP2C 创造一个结合表面（Melcher 等，2009）。在 PYL-ABA-PP2C 复合物内部，PP2C 中的色氨酸残基插入 ABA 结合区，并将 ABA 牢牢锁定。复合物中 PP2C 的蛋白磷酸酶活性被 ABA-PYL 抑制（Park 等，2009）。ABA-PYL 对 PP2C 的结合和抑制释放了 SnRK2 与 PP2C 的结合和抑制。释放的 SnRK2s 通过自磷酸化被激活，然后可以磷酸化许多下游效应子（Fujii，Zhu，2009）（图 1-3）。

拟南芥 PYL 的功能存在很多冗余，尽管每个 PYL 可能有独特的生化特性和表达模式。例如，敲除 PYL8 导致 ABA 在胁迫抑制下恢复侧根生长的不敏感（Zhao 等，2014）。因为 PYL8 直接与 MYB77 相互作用，这种 ABA 诱导的相互作用增强了 MYB77 依赖的生长素响应基因的转录（Zhao 等，2014），因此 PYL8 在调节侧根生长中的作用独立于 ABA 核心信号通路。同样，PYL6 与茉莉酸反应中的关键转录因子 MYC2 相互作用，从而连接 ABA 和茉莉酸途径（Aleman 等，2016）。大多数其他 PYL 的单基因突变不会导致剧烈的 ABA 表型。相比之下，*pyr1prl1ply2pyl4* 四倍突变植株在萌发和幼苗生长过程中对 ABA 不敏感（Park 等，2009），*pyr1pyl1pyl2prl4ply5pyl8* 突变植株不仅在萌发和幼苗生长过程中对 ABA 更有抗性，而且在气孔关闭过程中也更有抗性（Gonzalez - Guzman 等，2012）。ABA 强烈激活 SnRK2.2、SnRK2.3 和 SnRK2.6，弱激活 SnRK2.7 和 SnRK2.8（Boudsocq 等，2004）。拟南芥中 snrk2.2snrk2.3snrk2.6 三倍突变体在种子萌发、幼苗生长、气孔关闭和基因调控方面对 ABA 极其不敏感（Fuji，Zhu，2009）。ABA 反应的许多效应蛋白是 SnRK2 激酶的直接底物。碱性亮氨酸拉链（basic leucine zipper，bZIP）转录因子如 ABI5 和 ABFs（ABA 响应元件结合因子）被 SnRK2 磷酸化。大部分 ABA 信号都发生在质膜上。PYLs 与质膜的结合是由它们与 C2 结构域蛋白的相互作用介导的（Rodriguez 等，2014）。阴离子通道 SLAC1 等质膜蛋白是 SnRK2 的底物，在干旱胁迫下介导 ABA 诱导的气孔关闭和减少蒸腾水分损失（Geiger 等，2009）。最近的磷蛋白组学研究发现了几十个额外的 SnRK2 底物蛋白，包括几个对叶绿体功能、开花时间控制、miRNA 和染色质调节，以及 RNA 剪接很重要的蛋白（Wang 等，2013）。PYL - PP2C - SnRK2 核心 ABA 信号模块激活由 MAP3Ks MAP3K17/18、MAP2K MKK3 和 MAPKs MPK1/2/7/14 组成的 MAPK 级联，它可能通过磷酸化调节许多 ABA 效应蛋白（De Zelicourt 等，2016）。ABA 激活的 SnRK2 也使质膜 NADPH 氧化磷酸化。

ABA 激活的 SnRK2 也磷酸化质膜 NADPH 氧化酶 RbohF。当其被磷酸化时，在质外体空间产生 O_2^-。O_2^- 随后形成 H_2O_2，这是一种信号分子，介导各种 ABA 反应，包括气孔关闭（Sirichandra 等，2009）。在拟南芥 *pip2;1* 突变植株中，保护细胞中活性氧的 ABA 诱导受损，表明质外体 H_2O_2 可以通过 *pip2;1* 水通道蛋白进入细胞（Grondin 等，2015）。MAPK 激酶 MPK9 和 MPK12 在活性氧下游保护细胞的阴离子通道调控中发挥冗余作用，并影响

ABA 对气孔关闭的调控（Jammes 等，2009）。另一个连接 ABA 信号和活性氧的重要成分是像类激酶质膜受体 GHR1（Hua 等，2012）（图 1-3）。GHR1 与 SLAC1 相互作用并激活。GHR1 在 ABA 和活性氧调控气孔关闭中起关键作用。有趣的是，GHR1 的功能是被 ABI2 拮抗而不是 ABI1（Hua 等，2012）。H_2O_2 也可以调节钙信号影响 ABA 反应，而 GHR1 是 H_2O_2 激活质膜 Ca^{2+} 通道的必要条件（Hua 等，2012）。钙信号对 ABA 调节气孔关闭至关重要，突变植株在 4 个多余的钙依赖蛋白激酶（CPK5、CPK6、CPK11 和 CPK23）中存在缺陷，无法响应 ABA 关闭气孔（Brandt 等，2015）。和 SnRK2 一样，CPKs 可以磷酸化保护细胞中 ABA 反应的效应因子（包括 SLAC1）（Geiger 等，2009）。此外，ABA 触发的钙信号可以激活 CBL1/9-CIPK26 模块，引起效应蛋白如 RbohF 的磷酸化（Drerup 等，2013）。除了诱导 H_2O_2 和钙信号外，ABA 还触发 NO 和多胺的生成（Hou 等，2016）（图 1-3）。NO 导致 SnRK2 催化位点附近半胱氨酸残基 S-亚硝基化，导致激酶失活（Wang 等，2015）。NO 还会引起 PYLs 中半胱氨酸残基的酪氨酸硝化和 S-亚硝基化（Castillo 等，2015）。酪氨酸硝化抑制 PYLs 活性，也伴随泛素化和蛋白酶体介导的 PYLs 降解。磷脂酸通过结合和激活 RbohD、RbohF 参与 ABA 信号传导（Zhang 等，2020）。因此，植物体内对 SLAC1、Rbohs 等 ABA 响应效应因子的调控需要一个信号通路网络，不仅包括 PYL-PP2C-SnRK2 核心通路，还包括其他涉及 Ca^{2+}、活性氧、NO、磷脂和上述激酶的通路（图 1-3）。

在这些干旱胁迫信号传递中，除需要各种信号分子外，还需要一些对信号分子起修饰、转运、装配的物质，它们可使信号分子在时空上更好地协调分工，这些物质包括蛋白质修饰酶类（催化蛋白质糖基化、甲基化、泛素化、酯化等）。

三、干旱诱导基因的表达与转录调控

干旱胁迫信号转导的结果是激活下游特定转录因子。转录因子通过与其调控的下游基因启动子区高度保守的作用元件结合而直接调控靶基因的表达，或者形成同源、异源二聚体，或与其他蛋白相互作用，以某种活化形式参与 ABA 等信号转导途径，形成一个相互制约、相互协调的转录因子调控网络，从而特异性地调控细胞核内应答基因的转录表达，对内界、外界信号做出调节反应。根据多年对拟南芥的研究，目前认为在干旱胁迫下基因表达至少存在 4 条互相独立的调节系统（图 1-2）。MYB 和 MYC 是植物转录因子中重要的家族成员，因其结构具有一段保守的 DNA 结合区即 MYB 和 MYC 结构域而分别得名，分别属于螺旋-转角-螺旋和螺旋-环-螺旋类结构（Cutler 等，2010）。

途径Ⅰ是 ABA 通过 MYB 或 MYC 转录因子与若干含有相应顺式反应元件 MYBR、MYCR 的相关响应基因启动子区相互作用，进而诱导脱水响应基因 *rd22* 等抗旱功能基因的表达。拟南芥中的 *AtMYB2* 基因是第一个被发现受 ABA 诱导的基因，AtMYB2 蛋白与 bHLH 类蛋白 RdBPl 相互作用，共同协同调节 *rd22* 基因的表达。

途径Ⅱ则是 ABA 通过具有 bZIP 转录因子与 ABA 响应元件（ABA responsive element，ABRE）结合，诱导相应抗旱功能基因 *rd29B* 等的表达。ABRE 序列中除核心序列外，还存在耦联元件序列。ABRE 与耦联元件形成 ABA 应答复合体，共同参与 ABA 诱导基因的表达调控。bZIP 类转录因子识别核心序列为 ACGT 的顺式作用元件，而许多 ABA 响应基因的 ABRE 具有 ACGTGGC 核心序列，自然能被 bZIP 类转录因子识别。拟南芥 *rd29B* 的启动子含有两个 ABRE，其中一个作为耦联元件发挥作用，所以 *rd29B* 是依赖 ABA 表达的基因。ABA 诱导干旱基因的表达与转录调控的另一机制是，在无 ABA 的情况下，ABA 受体 PYR/PYL/RCAR 不与 PP2C 结合，PP2C 的活性很高，可以防止蔗糖非酵解型蛋白激酶（sucrose non - fermenting I related protein kinase，SnRK）的活化；在有 ABA 存在的情况下 PYR/PYL/RCAR 则与 PP2C 结合并抑制其活性，导致磷酸化的 SnRK 积累，从而使得 ABRE 结合因子磷酸化。如前所述，SnRK 是广泛存在于植物中的丝氨酸/苏氨酸类蛋白激酶。在拟南芥和水稻中的研究表明，其亚族 *SnRK2* 基因可以磷酸化一些含有 ABRE 的转录因子，从而启动了下游与抗旱性相关基因的最大表达。

途径Ⅲ是脱水反应元件类结合因子（dehydration responsive element binding protein，DREB）类转录因子，特异性的识别并结合 DRE 或 CRT 顺式作用元件，进而参与调控相关基因的表达和功能行使。DREB 类转录因子的典型特征是其 DNA 结合区含有 ETH 应答元件结合蛋白因子结构域。DRE 或 CRT 顺式作用元件的核心序列普遍存在于干旱胁迫应答基因的启动因子中，对这些基因在胁迫表达调控中起重要作用，且表达不依赖于 ABA 信号转导途径。除此之外，NAC 转录因子也参与了干旱胁迫下基因的表达调控（Tran 等，2004）（第Ⅳ条途径）。高等植物干旱诱导基因表达的调控主要在转录水平上进行，但也存在着转录后的调控，如前面所提到的 DREB2 转录后水平调控主要包括 RNA 拼接、加工和转移，mRNA 稳定性及翻译效率，蛋白质翻译及翻译后修饰，酶活性及蛋白质降解速度等。

四、干旱诱导基因表达产物在植物抗旱中的功能

上述转录因子接收干旱刺激诱发的磷酸蛋白级联信号，独立地或协同地调控大量相关基因的表达。这些干旱应答基因的功能有些是已知的，有些是未知的。有些已知功能基因编码的蛋白进一步调节植物对干旱胁迫的生理生化反应，一方面增加细胞溶质浓度，降低水势；另一方面，去除活性氧等有毒物质，以保护细胞膜、叶绿体和线粒体膜，从而在一定程度上减缓干旱对植物造成的伤害。根据蛋白的作用不同，可将干旱应答基因所编码的蛋白分为两大类，即调节性蛋白和功能性蛋白。

调节性蛋白主要与信号的传递和基因的表达调控相关，包括三种类型：①传递信号和调控基因表达的转录因子，如上述 MYC 转录因子、MYB 转录因子、bZIP 类转录因子、DREB 转录因子及 NAC 转录因子；②感应和转导胁迫信号的蛋白激酶，如 MAPK、CDPK、转录调控蛋白激酶和核糖体蛋白激酶等；③在信号转导中起重要作用的蛋白酶，如 ABA 生物合成和磷脂代谢途径中的酶等。在此不再详述。

功能性蛋白直接参与保护细胞免受干旱伤害，或作为渗透调节物质和解毒类蛋白（酶）维持细胞内各种正常的生理代谢活动，主要有五种类型：①渗透调节物质和生物合成关键酶；②保护生物大分子及膜结构的蛋白质；③具有解毒作用的酶类；④水孔蛋白和转运体；⑤具有保护作用的蛋白酶类。

1. 渗透调节物质和生物合成关键酶

干旱信号转导会使细胞产生和积累一些小分子相容性有机化合物，即渗透调节物质。它们除本身参与渗透调节以维持渗透平衡和保持水分外，还能够维持细胞组分的损伤与修复的动态平衡，主要包括脯氨酸、甜菜碱等氨基酸及其衍生物，海藻糖、果聚糖等小分子糖类，甘露醇等多元醇和渗调蛋白。渗透调节物质具有的共同特性是：分子量小，易溶于水，在生理 pH 范围内必须不带正电荷，能为细胞膜所保持，引起酶结构变化的作用最小，它们的生成又必须迅速，而且能累积到足以引起渗透调节作用的量。从植物整株水平或整个细胞角度看，有机物质在渗透调节中的比重比无机离子小得多，但它的作用不容忽视，因为在仅占细胞约 5%体积的细胞质中，绝对数量不高但相对浓度较高的有机溶质不仅要积极维持胞质内外的渗透平衡，还要起保护作用，而无机离子在细胞质中的积累会给细胞器和大分子物质造成伤害。渗透调节物质可以通过

维持细胞膨压、维持光合及保护生物大分子来发挥它们的生理作用。

脯氨酸是细胞内的渗透调节剂、还原剂或能量来源、氮素储藏物质、羟基自由基（·OH）清除剂、细胞内酶的保护剂，以及降低细胞内酸度和调节氧化还原电势等。水分胁迫下产生的破坏性极大的·OH可引起水稻幼苗体内脯氨酸大量积累，积累的脯氨酸有明显的抗氧化作用。脯氨酸的积累与自由基的非酶促清除有一定的相关性（蒋明义，1999）。

甜菜碱除作为有机渗透物质外，其作用还表现在它能保护细胞内蛋白质和代谢酶类的活性，甚至可以起到稳定膜的作用。外施甜菜碱和转甜菜碱醛脱氢酶基因烟草都能够提高水分/盐渍胁迫下小麦幼苗保护酶的活性，降低活性氧自由基对质膜的伤害和膜脂过氧化作用水平，维持细胞质膜的稳定性和完整性。同时它还能提高呼吸过程中酶（如异柠檬酸脱氢酶、苹果酸脱氢酶、琥珀酸脱氢酶、细胞色素氧化酶和光呼吸途径中的羟基丙酮酸还原酶、乙醇酸氧化酶等）的活性，明显增强光呼吸过程，使作物减少或免受光抑制的破坏。

外源可溶性糖明显提高了水分胁迫下小麦幼苗叶片的含水量、水势、光合速率和气孔导度。肌醇是最有效的·OH清除剂，其次是山梨醇、甘露醇和脯氨酸，但甜菜碱对·OH的清除无效。甘露醇对作物的保护作用可能是保护敏感的巯基调节酶，如磷酸核酮糖激酶、硫氧还蛋白、铁氧还原蛋白。

参与渗透调节物质生物合成的一些关键酶基因已被克隆，如脯氨酸合成的关键酶吡咯啉-5-羧酸合成酶基因、与甜菜碱合成有关的胆碱加氧酶和甜菜碱醛脱氢酶基因、海藻糖合成途径中的海藻糖-6-磷酸合酶及海藻糖-6-磷酸酯酶基因、合成果聚糖的关键酶果聚糖蔗糖转移酶基因、甘露醇合成的关键酶1-磷酸甘露醇脱氢酶基因、合成山梨醇的关键酶6-磷酸山梨醇脱氢酶基因、肌醇生物合成途径中的肌醇甲基转移酶基因等。通过基因工程手段，使这些基因超表达的转基因株系确实能积累相应的渗透调节物质，从而增强了植物的抗旱性。

2. 保护生物大分子及膜结构的蛋白质

(1) 干旱诱导蛋白

干旱诱导蛋白指植物在受到干旱胁迫时新合成或合成增多的一类蛋白。其中研究较多的是与种子成熟及脱水相关的晚期胚胎丰富的蛋白质，通常称为胚胎发育晚期丰富蛋白（late embryogenesis abundant protein，LEA蛋白）。该蛋白在结构上富含不带电荷的亲水氨基酸，因此具有高度亲水性，在干旱时保护生物大分子及膜系统免受破坏。推测LEA蛋白可能有三方面的作用：①作为渗透调节物质，调节细胞的渗透压，维持水分平衡；②作为脱水保护剂，既能像脯氨酸那样通过与细胞内的其他蛋白发生相互作用，使其结构保持稳定，又能给细胞内的束缚水提供结合的衬质，从而使细胞结构在脱水中不致遭受更大的破坏；③通过与核酸结合而调节细胞内其他基因的表达。作为 LEA 蛋白基因家族中的一个亚家族，脱水素的氨基酸组成中有大量的带电和极性氨基酸残基，使其具有热稳定的生物学功能，从而提升其在干旱条件下对大分子、细胞膜的保护功能。因此不难理解，超表达某些脱水素基因，如大麦 *DHN1*、小麦 *DHN5*、厚叶旋蒴苣苔 *BDN1* 等，能够提高转基因植物的抗旱性。

（2）渗透调节蛋白

除了 LEA 蛋白之外，还有一类蛋白称之为渗调蛋白。该蛋白是一种阳离子蛋白，多数以颗粒状主要分布在根中液泡的内含体中，其合成和积累发生在细胞对干旱胁迫进行逐级渗透调整过程中。渗调蛋白在植物中的抗旱机理可能是：①蛋白本身吸附水分或改变膜对水的透性，减少细胞失水，维持细胞膨压；②螯合细胞脱水过程中浓缩的离子，减少离子的毒害作用；③通过与液泡膜上离子通道的静电相互作用减少或增加液膜对某些离子的吸收，改变该离子在胞质和液泡中的浓度，传递干旱信号，诱导胁迫相关基因的表达，从而增加植物对干旱胁迫的适应性。因此，超表达渗调蛋白转基因植株的抗旱性和抗盐能力均有所提高。

（3）热休克蛋白

某些热休克蛋白基因被干旱诱导表达，而且其表达可能受到 ABA 相关机制的调节。热休克蛋白的产生与干旱胁迫的速度和程度有关。目前推测干旱诱导的热休克蛋白通过与变性或异常的蛋白质结合防止它们凝聚，或在干旱胁迫时蛋白质错误折叠后对恢复其天然构象起修补作用，从而避免细胞结构损伤。超表达编码 LEA 蛋白和热休克蛋白的基因，使得转基因植株的抗脱水能力增强，从而提高了抗旱性，这些基因已被用于改良植物的抗旱性。

3. 具有解毒作用的酶类

干旱胁迫会使电子传递链和酶代谢紊乱，体内的氧化代谢失衡，活性氧大量产生，产生氧化损伤，导致膜脂过氧化和蛋白质、核酸等分子的破坏，使生物膜受损，严重会导致细胞的程序化死亡（Gill，Tuteja，2010）。植物的酶和非酶抗氧化剂作为活性氧解毒机制，限制它们的浓度并保持其在细胞室内的稳定水平（Martinez 等，2016；Dumont，Rivoal，2019）。保护酶系统主要包括 SOD、CAT、POD、APX、GPX、MDHAR、DHAR、GR 等，它们协调作用共同抵御胁迫诱导的氧化伤害。在干旱胁迫下，这些保护酶的活性通常增强，并且其活性与植物的抗旱性呈正相关。其中许多保护酶基因的表达除了受干旱信号诱导，还会被ABA所诱导。超表达某一保护酶基因的转基因植株，抵抗氧化胁迫的能力均得到增强，抗旱性也随之提高。

谷胱甘肽巯基转移酶（Glutathione-s-transferase，GST）的主要功能是催化某些内源性或外来有害物质的亲电子基团与还原型谷胱甘肽的巯基耦联，增加其疏水性，使其易于穿越细胞膜，以便有害物质易于排出体外或者被代谢酶类分解，从而达到解毒的目的。在生物体遇到逆境时，为免受逆境的损害，GST常发挥其脱毒与抗氧化的功能。某些GST还具有GPX活性、异构酶活性、巯基转移酶活性。超表达内源性GST后，转基因烟草体内的GST和GPX活性不但显著增强，而且对高温、高盐、除草剂等的耐受性也得到了提高。转野生大豆GST基因的烟草对脱水和甘露醇模拟干旱的抗性明显提高。

4. 水孔蛋白和转运体

植物水孔蛋白存在于细胞膜上，是一种跨膜蛋白。它能够快速形成通道，灵敏地调节细胞内与细胞间的水分流动，促进水的长距离运输和一些溶质的转移，从而促进细胞的水稳态（Park等，1996）。它们可以通过保持根系的水力传导性来增强抗旱能力。例如，在杂交杨树中，根组织中的水通道蛋白表达水平由于环境驱动的改变而与茎水分势的恢复密切相关。此外，水通道蛋白的表达与葡萄的气孔导率和叶片水力导率有关（Zarrouk等，2016）。还有研究表明，水孔蛋白在干旱胁迫的响应中起信号转导作用。

参与渗透调节生物可溶性有机小分子物质是怎么运输的呢？主要是靠一些转运蛋白，例如负责脯氨酸等物质运输的脯氨酸转运体，负责葡萄糖、果糖等物质运输的单糖运输蛋白和介导蔗糖跨膜转运的蔗糖转运体等，除此之外，还有大家最为熟悉的ATP转运体（Rea，2007）。

5. 具有保护作用的蛋白酶类

由于环境干旱的刺激会使植物产生一些不可逆损伤的蛋白或多肽，而这种不可逆损伤的蛋白会对细胞产生某种毒害作用或者干扰正常代谢过程的进行，在这种情况下，会有许多蛋白酶通过蛋白质水解作用清除非正常和具有潜在毒性的蛋白或多肽，包括泛素-蛋白酶体途径、半胱氨酸蛋白酶、酪蛋白质裂解酶等。

泛素-蛋白酶体途径是细胞内蛋白质选择性降解的重要途径：泛素标记需要降解的蛋白质，被标记的靶蛋白继而被26S蛋白酶体识别并降解掉。小麦泛

素基因 *Ta-Ub1* 在干旱条件下呈上调表达，且表达量随着干旱胁迫的加剧逐渐增加，其反义转基因烟草株系的抗旱性则下降。小麦泛素基因 *Ta-Ub2* 的表达同样受干旱的影响，中度干旱胁迫诱导 *Ta-Ub2* 基因表达，但严重的干旱胁迫抑制该基因的表达，表达丰度低于正常供水对照，超表达该泛素基因则提高了转基因烟草的抗旱性。

半胱氨酸蛋白酶也称为巯基蛋白酶，不仅在干旱等胁迫条件下 mRNA 会累积，还和植物程序化死亡有关。在遭受干旱胁迫而衰老的植物叶片中，多个半胱氨酸蛋白酶起主要作用，但有些成员在自然衰老的叶片中未见表达。马铃薯的半胱氨酸蛋白酶主要定位于干旱诱导叶细胞的细胞核、叶绿体和原生质中，而其相应基因只受干旱诱导，不受 ABA 诱导。

酪蛋白质裂解酶蛋白酶是位于叶绿体基质的 ATP 依赖型多亚基丝氨酸蛋白酶，其底物还包括非正常的和短命的调节蛋白。通常认为酪蛋白质裂解酶蛋白酶在正常生长条件下是组成型表达，在严重干旱下才提高活性。但也有不同的实验结果，小麦酪蛋白质裂解酶蛋白酶在水分充足时微弱表达，在严重干旱胁迫时表达则增强，而且抗旱小麦品种中的表达强于敏感品种中的表达。

虽然人们已通过各种方法鉴定和克隆了一些植物抗旱基因，在表达调控上也做了大量研究，并通过基因工程的方法获得了具有一定抗旱能力的转基因植物，但由于植物抗旱性是由多基因控制的数量性状，其生理生化过程是基因相互作用、共同调节的结果。不同的品种有不同的抗旱机制，即使同一品种在不同时期的抗旱机制也有差异。任何通过单基因的改变而改善植物抗旱性的方法都有一定的局限性。只有彻底阐明植物干旱胁迫的分子机制，才能最终解决困扰农业发展的水分利用效率问题，今后研究的重点有信号转导途径中的详细组分及普遍转导模式、细胞内信号分子的去路及在不同路径中的交互关系、调节性蛋白的调控作用及其基因表达特性、干旱响应基因编码的蛋白生理功能等。

参考文献

蒋明义，1999. 水分胁迫下植物体内·OH 的产生与细胞的氧化损伤 [J]. 植物学报，41：229-234.

台培东，郭书海，宋玉芳，等，2000. 草原地区不同生态类型的植物生理特性的比较研究 [J]. 应用生态学报，11：53-56.

张正斌，山仑，1998. 小麦抗旱生理指标与叶片卷曲度和蜡质关系研究 [J]. 作物学报，24：608-612.

ALEMAN F，YAZAKI J，LEE M，et al.，2016. An ABA-increased interaction of the

PYL6 ABA receptor with MYC2 Transcription Factor: A putative link of ABA and JA signaling [J]. Scientific Reports, 6: 28941.

ANJUM S A, XIE X Y, WANG L C, et al., 2011. Morphological, physiological and biochemical responses of plants to drought stress [J]. African Journal of Agricultural Research, 6 (9): 2026-2032.

BOUDSOCQ M, BARBIER-BRYGOO H, LAURIERE C, 2004. Identification of nine sucrose nonfermenting 1-related protein kinases 2 activated by hyperosmotic and saline stresses in Arabidopsis thaliana [J]. Journal of Biological Chemistry, 279: 41758-41766.

BRANDT B, MUNEMASA S, WANG C, et al., 2015. Calcium specificity signaling mechanisms in abscisic acid signal transduction in Arabidopsis guard cells [J]. eLife, 4: e03599.

CASTILLO M C, LOZANO-JUSTE J, GONZALEZ-GUZMAN M, et al., 2015. Inactivation of PYR/PYL/RCAR ABA receptors by tyrosine nitration may enable rapid inhibition of ABA signaling by nitric oxide in plants [J]. Science Signaling, 8: 89.

CENTRITTO M, LUCAS M E, JARVIS P G, 2002. Gas exchange, biomass, whole-plant water-use efficiency and water uptake of peach (Prunus persica) seedlings in response to elevated carbon dioxide concentration and water availability [J]. Tree Physiology, 22 (10): 699-706.

CHEONG J J, CHOI Y D, 2003. Methyl jasmonate as a vital substance in plants [J]. Trends in Genetics, 19 (7): 409-413.

COUÉE I, SULMON C, GOUESBET G, et al., 2006. Involvement of soluble sugars in reactive oxygen species balance and responses to oxidative stress in plants [J]. Journal of Experimental Botany, 57 (3): 449-459.

CUTLER S R, RODRIGUEZ P L, FINKELSTEIN R R, et al., 2010. Abscisic acid: emergence of a core signaling network [J]. Annual Review of Plant Biology, 61: 651-679.

DE ZELICOURT A, COLCOMBET J, HIRT H, 2016. The role of MAPK modules and ABA during abiotic stress signaling [J]. Trends in Plant Science, 21: 677-685.

DRERUP M M, SCHLÜCKING K, HASHIMOTO K, et al., 2013. The Calcineurin B-like calcium sensors CBL1 and CBL9 together with their interacting protein kinase CIPK26 regulate the Arabidopsis NADPH oxidase RBOHF [J]. Molecular Plant, 6: 559-569.

DUMONT S, RIVOAL J, 2019. Consequences of oxidative stress on plant glycolytic and respiratory metabolism [J]. Frontiers in Plant Science, 10: 166.

FANG Y, LIAO K, DU H, et al., 2015. A stress-responsive NAC transcription factor SNAC3 confers heat and drought tolerance through modulation of reactive oxygen species in rice [J]. Journal of Experimental Botany, 66 (21): 6803-6817.

FUJII H, VERSLUES P E, ZHU J K, 2011. Arabidopsis decuple mutant reveals the importance of SnRK2 kinases in osmotic stress responses in vivo [J]. Proceedings of the National Academy of Sciences of the United States of America, 108: 1717-1722.

FUJII H, ZHU J K, 2009. Arabidopsis mutant deficient in 3 abscisic acid - activated protein kinases reveals critical roles in growth, reproduction, and stress [J]. Proceedings of the National Academy of Sciences of the United States of America, 106: 8380 - 8385.

GEIGER D, SCHERZER S, MUMM P, et al., 2009. Activity of guard cell anion channel SLAC1 is controlled by drought - stress signaling kinase - phosphatase pair [J]. Proceedings of the National Academy of Sciences of the United States of America, 2106: 21425 - 21430.

GILL S S, TUTEJA N, 2010. Reactive oxygen species and antioxidant machinery in abiotic stress tolerance in crop plants [J]. Plant Physiology and Biochemistry, 48: 909 - 930.

GONZALEZ - GUZMAN M, PIZZIO GA, ANTONI R, et al., 2012. Arabidopsis PYR/PYL/RCAR receptors play a major role in quantitative regulation of stomatal aperture and transcriptional response to abscisic acid [J]. Plant Cell, 24: 2483 - 2496.

GRONDIN A, RODRIGUES O, VERDOUCQ L, et al., 2015. Aquaporins Contribute to ABA - Triggered Stomatal Closure through OST1 - Mediated Phosphorylation [J]. Plant Cell, 27: 1945 - 1954.

GUPTA A, RICO - MEDINA A, CANO - DELGADO A I, 2020. The physiology of plant responses to drought [J]. Science, 368: 266 - 269.

GURURANI M A, VENKATESH J, TRAN L S P, 2015. Regulation of photosynthesis during abiotic stress - induced photoinhibition [J]. Molecular Plant, 8 (9): 1304 - 1320.

HARB A, KRISHNAN A, MADANA M R, 2010. Molecular and physiological analysis of drought stress in Arabidopsis reveals early responses leading to acclimation in plant growth [J]. Plant Physiology, 154 (3): 1254 - 1271.

HATTORI T, SONOBE K, INANAGA S, et al., 2008. Effects of silicon on photosynthesis of young cucumber seedlings under osmotic stress [J]. Journal of Plant Nutrition, 31 (6): 1046 - 1058.

HAYAT S, ALI B, AHMAD A, et al., 2007. Salicylic acid: biosynthesis, metabolism and physiological role in plants [M]. Berlin: Springer.

HE M, HE CQ, DING N, 2018. Abiotic stresses: General defenses of land plants and chances for engineering multi stress tolerance [J]. Frontiers in Plant Science, 9: 1771.

HOU Q, UFER G, BARTELS D, 2016. Lipid signalling in plant responses to abiotic stress [J]. Plant Cell and Environment, 39: 1029 - 1048.

HU Y, WANG B, HU T X, et al., 2015. Combined action of an antioxidant defence system and osmolytes on drought tolerance and post - drought recovery of Phoebe zhennan S. Lee saplings [J]. Acta Physiologiae Plantarum, 37 (4): 84.

HUA D, WANG C, HE J, et al., 2012. A plasma membrane receptor kinase, GHR1, mediates abscisic acid - and hydrogen peroxide - regulated stomatal movement in Arabidopsis [J]. Plant Cell, 24: 2546 - 2561.

HUSSAIN M, MALIK M A, FAROOQ M, et al., 2008. Improving drought tolerance by exogenous application of glycinebetaine and salicylic acid in sunflower [J]. Journal of Agronomy and Crop Science, 194 (3): 193 - 199.

JAMMES F, SONG C, SHIN D, et al., 2009. MAP kinases MPK9 and MPK12 are preferentially expressed in guard cells and positively regulate ROS - mediated ABA signaling [J]. Proceedings of the National Academy of Sciences of the United States of America, 106: 20520 - 20525.

JOJOA - CRUZ S, 2018. Cryo - EM structure of the mechanically activated ion channel OSCA1. 2 [J]. eLife, 7: e41845.

KAUR G, ASTHIR B, 2015. Proline: a key player in plant abiotic stress tolerance [J]. Biologia Plantarum, 59 (4): 609 - 619.

KEISUKE K, MASAKO I, MASAHIKO I, et al., 2007. Location of PsbY in oxygen - evolving photosystem Ⅱ revealed by mutagenesis and X - ray crystallography [J]. Febs Letters, 581 (25): 4983 - 4987.

KHAN M S, AHMAD D, KHAN M A, 2015. Utilization of genes encoding osmoprotectants in transgenic plants for enhanced abiotic stress tolerance [J]. Electronic Journal of Biotechnology, 18 (4): 257 - 266.

KIBA T, KUDO T, KOJIMA M, et al., 2011. Hormonal control of nitrogen acquisition: roles of auxin, abscisic acid, and cytokinin [J]. Journal of Experimental Botany, 62 (4): 1399 - 1409.

LAWLOR D W, CORNIC G, 2002. Photosynthetic carbon assimilation and associated metabolism in relation to water deficits in higher plants [J]. Plant Cell and Environment, 25 (2): 275 - 294.

LIU X, WANG J, SUN L, 2018. Structure of the hyperosmolality - gated calcium - permeable channel OSCA1. 2. [J]. Nature Communication, 9: 5060.

MA Y, SZOSTKIEWICZ I, KORTE A, et al., 2009. Regulators of PP2C phosphatase activity function as abscisic acid sensors [J]. Science, 324: 1064 - 1068.

MAITY K, 2019. Cryo - EM structure of OSCA1. 2 from Oryza sativa elucidates the mechanical basis of potential membrane hyperosmolality gating [J]. Proceedings of the National Academy of Sciences of the United States of America, 116: 14309 - 14318.

MARIA - HELENA C D C, 2008. Drought stress and reactive oxygen species: Production, scavenging and signaling [J]. Plant Signaling and Behavior, 3 (3): 156 - 165.

MARTINEZ V, MESTRE T C, RUBIO F, et al., 2016. Accumulation of flavonols over hydroxycinnamic acids favors oxidative damage protection under abiotic stress [J]. Frontiers in Plant Science, 7: 838.

MATHIVANAN S, 2021. Abiotic stress - induced molecular and physiological changes and adaptive mechanisms in plants [M]. London: UK.

MELCHER K, NG L M, ZHOU X E, et al., 2009. A gate - latch - lock mechanism for hormone signalling by abscisic acid receptors [J]. Nature, 462: 602 - 608.

MILLER G, SUZUKI N, CIFTCIYILMAZ S, et al., 2010. Reactive oxygen species homeostasis and signalling during drought and salinity stresses [J]. Plant Cell and Environment, 33 (4): 453-467.

NOCTOR G, MHAMDI A, FOYER C H, 2014. The roles of reactive oxygen metabolism in drought: not so cut and dried [J]. Plant Physiology, 164 (4): 1636-1648.

NOCTOR G, VELJOVIC-JOVANOVIC S, DRISCOLL S, et al., 2002. Drought and oxidative load in the leaves of C3 plants: a predominant role for photorespiration? [J]. Annals Botany, 89 (7): 841-850.

OBER E S, SHARP R E, 2003. Electrophysiological responses of maize roots to low water potentials: relationship to growth and ABA accumulation [J]. Journal of Experimental Botany, 54 (383): 813-824.

OSAKABE Y, OSAKABE K, SHINOZAKI K, et al., 2014. Response of plants to water stress [J]. Frontiers in Plant Scienc, 5 (5): 86.

PARK J H, SAIER M H, PHYLOGENETIC J, 1996. Structural and functional characteristics of the Na-K-Cl cotransporter family [J]. Journal of Membrane Biology, 149: 161-168.

PARK S Y, FUNG P, NISHIMURA N, et al., 2009. Abscisic acid inhibits type 2C protein phosphatases via the PYR/PYL family of START proteins [J]. Science, 324: 1068-1071.

PELEG Z, BLUMWALD E, 2011. Hormone balance and abiotic stress tolerance in crop plants [J]. Current Opinion in Plant Biology, 14 (3): 290-295.

POSPÍŠILOVÁ J, SYNKOVÁ H, RULCOVÁ J, 2000. Cytokinins and water stress [J]. Biologia Plantarum, 43 (3): 321-328.

REA P A, 2007. Plant ATP-binding cassette transporters [J]. Avnual Review of Plant Biology, 58: 347-375.

RODRIGUEZ L, GONZALEZ-GUZMAN M, DIAZ M, et al., 2014. C2-domain abscisic acid-related proteins mediate the interaction of PYR/PYL/RCAR abscisic acid receptors with the plasma membrane and regulate abscisic acid sensitivity in Arabidopsis [J]. Plant Cell, 26: 4802-4820.

SARUHASHI M, KUMAR GHOSH T, ARAI K, et al., 2015. Plant Raf-like kinase integrates abscisic acid and hyperosmotic stress signaling upstream of SNF1-related protein kinase2 [J]. Proceedlings the National Academy of Sciences of the United States of America, 112: E6388-E6396.

SHINOZAKIK, YAMAGUCHI-SHINOZKI K, 2007. Gene networks inwolved in drought stress response and tolerance [J]. Journal of Experimental Botany, 58: 221-227.

SIRICHANDRA C, GU D, HU H C, et al., 2009. Phosphorylation of the Arabidopsis AtrbohF NADPH oxidase by OST1 protein kinase [J]. FEBS Letters, 583: 2982-2986.

SOON F F, NG L M, ZHOU X E, et al., 2012. Molecular mimicry regulates ABA signaling by SnRK2 kinases and PP2C phosphatases [J]. Science, 335: 85-88.

TRAN L S P, NAKASHIMA K, SAKUMA Y, et al., 2004. Isolation and functional analysis Arabidopsis stress-inducible NAC transcription factors that bind to a droug responsive cis－element in the early responsive to dehydration stress I promoter [J]. Plant Cell，16：2481－2498.

WANG P，DU Y，HOU Y J，et al.，2015. Nitric oxide negatively regulates abscisic acid signaling in guard cells by S－nitrosylation of OST1 [J]. Proceedings of the National Academy of Sciences of the United States of America，112：613－618.

WANG P，XUE L，BATELLI G，et al.，2013. Quantitative phosphoproteomics identifies SnRK2 protein kinase substrates and reveals the effectors of abscisic acid action [J]. The National Academy of Sciences of the United States of America，110：11205－11210.

YUAN F，YANG H，XUE Y，et al.，2014. OSCA1 mediates osmotic－stress－evoked Ca^{2+} increases vital for osmosensing in Arabidopsis [J]. Nature，514：367－371.

ZARROUK O，GARCIA－TEJERO I，PINTO C，et al.，2016. Aquaporins isoforms in cv. Touriga Nacional grapevine under water stress and recovery－regulation of expression in leaves and roots [J]. Agricultural Water Management，164：167－175.

ZHANG H，ZHAO Y，ZHU J K，2020. Thriving under stress：how plants balance growth and the stress response [J]. Developmental Cell，55：529－543.

ZHAO Y，XING L，WANG X，et al.，2014. The ABA receptor PYL8 promotes lateral root growth by enhancing MYB77－dependent transcription of auxinresponsive genes [J]. Science Signaling，7：ra53.

ZHU J K，2001. Cell signaling under salt，water and cold stresses [J]. Current Opinion in Plant Biology，4 (5)：401－406.

ZHU J K，2002. Salt and drought stress signal transduction in plants [J]. Annual Review of Plant Biology，53：247－273.

ZHU J K，2016. Abiotic stress signaling and responses in plants [J]. Cell，167，313－324.

ZLATEV Z，2009. Drought－induced changes in chlorophyll fluorescence of young wheat plants [J]. Biotechnology and Biotechnological Equipment，23 (1)：438－441.

第三节　植物与盐碱胁迫

土壤盐渍化是全球性问题，不仅限制作物的生长、发育，还导致作物产量降低，对世界粮食生产和生态安全都有严重影响。世界上大约20％的灌溉农田受到土壤盐碱化的不利影响。自然环境恶化、不良的灌溉措施和气候变化加剧了土壤盐碱化问题。因此，研究盐胁迫对作物的影响，并找出提高作物盐胁迫耐受性的方法，对保障农业粮食安全生产具有重大意义。

一、盐碱胁迫对植物的毒害表现

盐碱胁迫对植物的危害表现在三个方面，即渗透胁迫、离子毒害和高 pH

胁迫。盐碱胁迫的渗透胁迫效应指当土壤环境中盐分浓度过高时，土壤水势降低，致使植物根系吸水难度增大，对植物造成渗透胁迫。盐碱胁迫的离子毒害效应则主要包括两方面：一是氧自由基对膜脂的破坏作用，即细胞内盐离子过量积累，会造成氧自由基产生与清除之间的动态平衡被破坏，引发或加剧膜脂过氧化和膜脂脱脂化作用（Senaratna 等，1985），从而危害植物的正常生理活动；二是过量的 Na^+ 可取代质膜和细胞内膜上的 Ca^{2+}，膜结构破坏及功能改变，质膜透性加大，致使细胞内 K、P 和有机溶质外渗（Tuna 等，2007），离子平衡失调，植物的生长发育受到抑制。盐碱胁迫的高 pH 胁迫效应对植物的危害最为严重，根环境的高 pH 会直接引起根周围或质外体空间 H^+ 的匮缺，阻碍根细胞膜跨膜电位的建立，NO_3^-、K^+ 和 Na^+ 等离子的吸收或外排受到抑制；同时，高 pH 导致植物必需矿质元素的游离度和活度急剧下降，其中对 P 元素存在状态的影响尤为明显，致使 $H_2PO_4^-$ 严重匮乏，P、Ca、Mg、Fe、Cu 等元素大量沉淀，从而使根系周围离子供应严重失衡（李长有，2009），造成根系微环境紊乱，并最终在植物的外部形态结构和内部生理生化特性上表现出来。

二、盐碱胁迫对植物生长发育和生理生化代谢的影响

1. 盐碱胁迫对植物种子萌发和生长发育的影响

种子萌发是植物生活史中的第一阶段，也是关键和敏感阶段，是植物生长发育的前提（Hubbard 等，2012）。充足的水分是种子正常萌发的必要条件之一，种子萌发过程中受到盐碱胁迫时，不同浓度盐产生的渗透势降低了种子的吸水速率，且浓度越高阻碍作用越明显，种子内淀粉、蛋白质、脂肪等大分子物质的利用率也随之降低，导致种子无法萌发或者延迟萌发（Rehman 等，2009）。盐碱胁迫下种子细胞膜系统的修复与重建受阻，膜的离子选择吸收能力下降，使 Na^+ 大量进入种子，造成离子毒害并引起自由基的产生，破坏种子胶体结构，使种子内部的生理活动减慢，呈现发育迟缓（Almansouri 等，2001）。另外，盐碱逆境下种子萌发还要应对高 pH 胁迫，种子主要依赖自身储存的营养物质进行新陈代谢，高 pH 会影响水解酶特别是 α-淀粉酶活性，细胞的新陈代谢受到破坏或抑制，种子萌发会推迟，出现休眠，甚至死亡。受环境条件的限制，大多数种子萌发对盐碱胁迫的响应表现为减弱效应和完全阻抑效应，但适宜的低盐浓度对种子萌发有一定的增强效应，原因可能是在适当的盐浓度下，通过质外体空间进入的离子诱导或激活了胚细胞中一些酶或激素

的合成（李长有，2009），增强了细胞的渗透调节能力，进而提高了胚的活性和种子的生命力。

盐碱胁迫对植物的生长发育具有显著的影响作用，总的特征是抑制组织器官的生长和分化，加速植物发育进程。根系是植物吸收水分和养分的主要器官，也是直接感受逆境信号的重要部位，盐碱逆境下高 pH 使根系受到离子毒害和渗透胁迫加剧，导致质子匮缺、营养失衡，破坏根系对离子的选择性吸收功能，引起根系生长受阻，并直接或间接抑制植物地上部的生长，导致叶片黄化发软、叶面积减少、植株干鲜重显著降低，造成植物枯萎，甚至衰老死亡（Hubbard 等，2012；Zhang 等，2013）。目前认为，盐碱胁迫下植物生长发育受到抑制主要有三方面的原因：一是盐碱环境中的低水势引起植物不得不额外吸收一定量的矿质元素，使细胞水势低于环境水势，以保持植物细胞正常吸水，而进行离子的吸收和运输就必然要消耗大量能量，致使生长发育受阻；二是在盐碱环境下，细胞壁大量积累盐分导致细胞膨压下降或丧失，造成细胞代谢失调和脱水（Alshammary 等，2004），加速植物各器官组织的衰老；三是盐碱胁迫影响某些特定的激素、酶类或代谢过程，进一步导致植物生长发育受到抑制（李晓宇，2010）。

2. 盐碱胁迫对植物形态解剖学特征的影响

盐碱胁迫对植物个体形态发育的影响总体上表现为抑制作用，但不同器官对盐分的适应性不同（Munns，Tester，2008），因此在形态解剖学水平上，各器官呈现出不同的响应特征。叶片是植物与外界进行物质和能量交换的主要器官，盐胁迫导致叶片角质层厚度、表皮及叶肉细胞厚度、栅栏及海绵细胞的长度和直径增加（Parida，Das，2005）；促进大液泡形成、内质网局部膨胀、线粒体脊减少和线粒体增大，引起细胞变圆并整齐排布、细胞间隙和叶绿体数量缩减（Mitsuya 等，2000）；同时盐胁迫使类囊体排列紊乱、质体小球数量和体积增加、淀粉粒数量骤增、基粒结构及排列方向改变、基粒和基质片层界限模糊不清、被膜破损或消失等（Khavari - Nejad，Mostofi，1998）。根系是暴露于盐碱环境中的首要组织，盐碱胁迫下根系外皮层细胞壁有所加厚，同时内皮层细胞壁加厚，紧挨着内皮层的皮层细胞内切向壁也有加厚，这可能是阻止大部分有毒有害离子进入植物体的关键之一（郭立泉，2009）；旱生植物根系中的通气组织是植物适应盐碱逆境的产物，有利于促进地上部空气向下运输，维持盐碱胁迫下植物根系的正常呼吸和新陈代谢（闫永庆，2009）。茎部对盐碱胁迫的适应性则主要表现为角质层、表皮层及机械组织加厚，维管束数目明显增多、排列不规则且贴近茎边缘分布，导管的运输能力显著提高（郭立泉，2009）。另外，植物形态解剖结构的变化对盐碱胁迫的响应存在较大的种间和种内差异，并且与植物个体发育阶段有关。

3. 盐碱胁迫对植物光合荧光特性的影响和水分代谢的影响

光合作用指高等植物利用光能在叶绿体中将光能转化为化学能的过程，为植物生存提供物质和能量，是植物生长、发育和形态发生的基础，它几乎贯穿在整个生命活动中。光合反应主要涉及气孔的气体交换过程、光能捕获转化过程和碳固定过程。植物的光合特性可通过净光合速率、蒸腾速率、气孔导度、胞间 CO_2 浓度及水分利用效率等指标来反映。盐碱胁迫下植物的光合作用降低，其原因可能是：①盐碱胁迫首先会影响保卫细胞形态发生变化，引起气孔运动，促进气孔关闭，气孔导度降低，从而减少蒸腾耗水，同时也会阻碍 CO_2 进入细胞；②盐碱胁迫可能破坏了类囊体和叶绿体基粒片层结构，使叶绿素含量降低，光的捕获减少，影响了光合同化力的产生，PSI 和 PSⅡ 活性受到抑制；③盐碱胁迫可能影响光合产物如蔗糖和苹果酸的转运、分配、利用，从而形成了反馈抑制；④盐碱胁迫可能干扰了暗反应一系列的生物化学过程，如提高或降低卡尔文循环中 1,5 -二磷酸核酮糖羧化酶的活性和含量，改变酶促反应速率，进而抑制 1,5 -二磷酸核酮糖及磷酸基团的再生，而这两种物质再生能力的大小对光合碳循环是至关重要的（Mittal 等，2012；Chen，Hoehenwarter，2015）。盐碱逆境对植物光合功能的伤害机制比较复杂，哪种机制占主导地位在不同物种和不同胁迫强度下可能有所不同。当然，不同的植物、不同的植物器官、不同的生育时期、不同的盐胁迫浓度和胁迫处理时间均会影响光合作用。

水孔蛋白是细胞间和细胞内水分运输的主要通道，在植物水分运输、渗透调节和离子的选择透过性等生理过程中起重要作用（李仁等，2012）。当植物遭受干旱、盐碱等逆境胁迫时，体内各组织间的水分平衡被打破，而水孔蛋白的表达调控是植物保持细胞水分稳态和对胁迫快速响应的重要途径（于利刚等，2011）。研究表明，在盐胁迫下，植物会通过控制水孔蛋白基因家族在不同组织和细胞中的表达情况来抵御胁迫。例如，用 0.8%的 NaCl 处理番茄植株，发现根中 *LePIP1* 和 *LeTIP* 均下调表达，而 *LePIP2* 的表达不变；叶中 *LePIP1* 的表达量不变、*LePIP2* 下调表达，而 *LeTIP* 表现出微弱下调趋势。迄今为止，盐胁迫对水孔蛋白的表达调控研究主要集中于 PIPs 和 TIPs 亚类，这种水孔蛋白的开放或关闭可能影响水在植物体不同部位及细胞内不同区域间的分布，有助于维持盐碱逆境中植物体内的水分平衡，从而增强植物对胁迫的耐受能力（于利刚等，2011）。

4. 盐碱胁迫对植物离子稳态和矿质营养的影响

维持细胞内离子平衡及 pH 的稳定是保障植物各种物质和能量代谢过程正常进行的必要条件。在盐碱胁迫下，Na^+、Cl^-、SO_4^{2-}、HCO_3^-、CO_3^{2-} 等离子含量过高，抑制了 K^+、NO_3^-、PO_4^{3-}、Ca^{2+}、Mg^{2+} 等营养离子的吸收（麻莹，2011），从而破坏植物细胞中原有的离子稳态和跨膜电化学势梯度，产生离子毒害，影响酶反应过程，并使蛋白质等生物大分子降解，严重干扰细胞正常生理代谢（Gao 等，2008）。研究表明，在盐渍条件下，植物通常在液泡中积累大量 Na^+ 用于渗透调节，由于 Na^+ 和 K^+ 水合半径相似，使 Na^+ 可通过非选择性阳离子通道、高亲和 K^+ 通道两种途径进入细胞（Munns，Tester，2008；Parida，Das，2005），因此当植物遭受盐碱逆境时，其组织中 Na^+ 含量往往会急剧升高。此外，在盐碱胁迫下，植物组织中 Na^+ 含量骤增可能还与盐过度敏感（Salt overly sensitive，SOS）信号系统受到干扰有关。目前以华裔科学家朱健康为代表的研究人员已基本阐述了植物的 SOS 信号系统：盐胁迫诱导根系细胞外 Ca^{2+} 内流，使细胞内 Ca^{2+} 激增；Ca^{2+} 作为第二信使与 SOS3 结合，导致 SOS3 与 SOS2 相互作用，激活 SOS2 的激酶活性，形成 SOS2 - SOS3 激酶复合体；此激酶复合体则通过 SOS2 的激酶活性提高 SOS1（即 Na^+/H^+ 逆向转运蛋白）活性（图 1 - 4），进而促进 Na^+ 外排。然而，盐碱胁迫的高 pH 效应导致根系周围 Ca^{2+} 沉淀，Ca^{2+} 内流明显受阻，进而影响 SOS 系统激活，Na^+ 外排受到抑制；另外，SOS1 介导的 Na^+ 外排作用需依赖细胞膜两侧的质子梯度，但根外高 pH 导致质子亏缺，质子梯度难于建立（Wang 等，2011），进一步抑制了 Na^+ 外排，从而使植物组织中 Na^+ 过量积累，影响植物生长发育甚至导致其死亡。

盐碱逆境对植物矿质营养的影响可分为两个方面：其一，盐度对矿质元素存在状态影响相对较小，可能仅限于对离子之间亲和力的影响，如 Na^+ 过多产生了离子竞争作用，抑制了对 K^+、Ca^{2+} 等离子的吸收；其二，碱度（高 pH）强烈地影响离子对的形成，导致 Ca^{2+}、Mg^{2+}、Fe^{2+} 等矿质阳离子被沉淀，引起营养胁迫，并且碱度越高这种胁迫效应越明显（李长有，2009）。盐碱胁迫不仅影响阳离子代谢，还强烈干扰阴离子的积累和分布。植物对硝酸盐的吸收和转运主要是通过低亲和及高亲和硝酸盐- H^+ 反向转运体（孔敏等，

2011)，这个过程需根两侧的质子梯度作为化学动力，而盐碱胁迫下质子亏缺，致使 NO_3^- 的吸收和转运受阻，造成 NO_3^- 含量偏低。这也可能是盐碱逆境下植物组织中其他阴离子含量下降的主要原因之一。

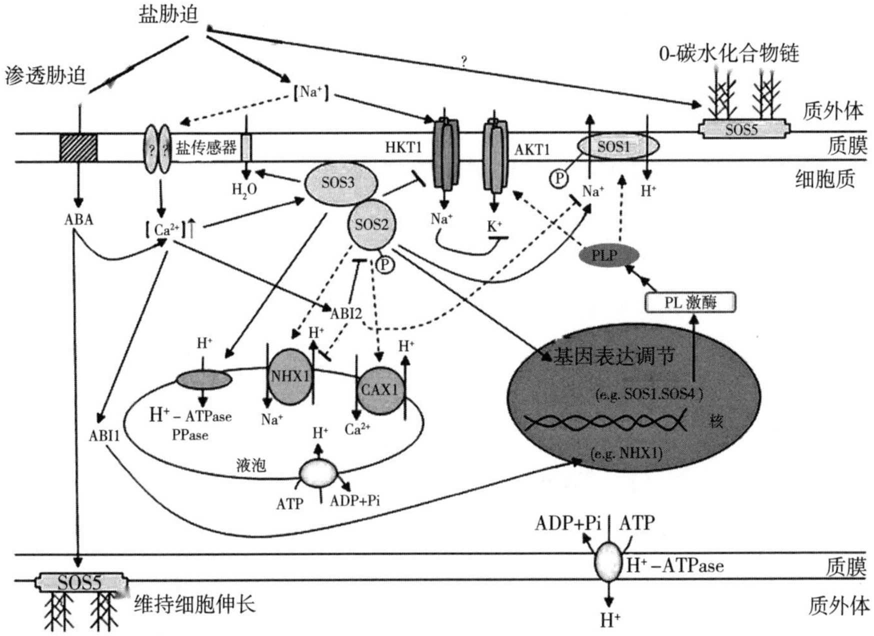

图 1-4　SOS 信号通路介导的植物盐胁迫适应性离子稳态调控
(Türkan，Demiral，2009)

5. 盐碱胁迫对植物碳氮代谢的影响

碳氮代谢是植物体内最主要的两大代谢过程，为植物正常生长发育和高产提供物质基础。植物体内的碳氮代谢是密切相关的，一方面氮代谢需依赖碳代谢提供碳源和能量，另一方面碳代谢又需要氮代谢提供酶和光合色素，二者需共同的还原力、ATP 和碳骨架，因而光合碳同化与氨同化在植物细胞内是同步进行的。作为光合碳同化的终端产物，糖被认为是衡量逆境对植物胁迫程度及植物对逆境适应能力的重要信号分子（Gupta，Kaur，2005），因此，盐碱逆境对植物碳代谢的影响主要表现在糖类代谢过程中。大量研究表明，在盐碱胁迫下，植物组织中可溶性糖含量增加，且随着盐浓度的增大而逐渐升高（戴凌燕等，2012；梁新华，刘凤敏，2006）；但也有研究指出，盐碱胁迫对可溶性糖含量的影响及可溶性糖含量随胁迫强度和胁迫时间的变化趋势因物种和部位而异，甚至同一物种不同品种间也有明显区别（Wang 等，2011）。可溶性糖浓度的增大有利于降低植物细胞渗透势，提高其吸水能力，但同时也可能会减少 CO_2 的同化速率，进而反馈抑制植物的光合作用（惠红霞等，2004）。因而盐碱胁迫下可溶性糖的变化比较复杂，存在较大争议。此外，有报道称，在盐胁迫下，植株体内还原糖、蔗糖和果聚糖含量增加（Singh 等，2000）；还有报道显示，植物在盐胁迫下淀粉含量降低，而还原和非还原糖含量均增加（Parida 等，2002）。

植物氮代谢的主要途径是介质中硝酸盐被根系吸收后还原为铵，铵直接参与氨基酸的合成与转化。在这个过程中，硝酸还原酶、亚硝酸还原酶、谷氨酸脱氢酶、谷氨酰胺合成酶、谷氨酸合成酶和转氨酶等关键酶参与了催化和调节（Zhang 等，2013）。目前，关于盐碱胁迫对植物氮代谢影响的研究并不多见，一些报道已初步证实盐碱逆境强烈地干扰氮吸收和代谢。盐碱逆境对氮代谢的影响与植物种类和胁迫条件有关。在小麦中，低盐胁迫明显抑制了硝态氮（NO_3^-－N）吸收，但对铵态氮（NH_4^+－N）吸收影响较小（Botella 等，1997），NO_3^- 含量降低导致硝酸还原酶活性下降（张润花等，2006b）；在玉米中，盐胁迫导致叶片硝态氮含量下降，根系铵态氮含量增加，而根中硝酸还原酶活性依然降低（Abd－El Baki 等，2000），推测玉米根中硝酸还原酶活性下降可能还与根际离子毒害有关。另外，通常认为谷氨酰胺合成酶和谷氨酰胺合酶循环在无机氮转化为有机氮及降低氨毒的过程中起关键作用，而谷氨酸脱氢酶途径仅是植物氨同化的一个支路；在盐碱胁迫下，植物谷氨酰胺合成酶和谷氨酰胺合酶活性显著降低，而谷氨酸脱氢酶活性则有所升高（Zhang 等，2013），表明谷氨酸脱氢酶途径在盐碱逆境下可被激活，部分代替谷氨酰胺合成酶和谷氨酰胺合酶循环的功能，将过量积累的 NH_4^+ 转化为谷氨酸，从而缓解高氨对植株的毒害。

总之，盐碱胁迫对植物碳氮代谢的影响是多方面的，对于不同的物种或品种甚至不同的组织或器官都可能有所不同，关于其作用机制还有待进一步研究。

6. 盐碱胁迫对植物体内活性氧代谢的影响

活性氧是一类具有极强氧化能力的自由基，是植物体内有氧代谢过程中的中间产物，主要包括 O_2^-·、·OH 和 H_2O_2 等。通常情况下，植物体内的活性氧处于产生和淬灭的动态平衡中。逆境下活性氧的正常代谢受干扰，并能在细胞内和细胞外间依次传递活性氧信号（图 1－5），一方面提高了活性氧产生速率，另一方面又破坏了以抗氧化酶为主导的细胞保护系统（Suzuki 等，2012）。在盐碱胁迫下，由于光合作用被抑制，植物细胞能荷显著下降、电子传递链严重饱和，导致细胞内和细胞器（叶绿体、线粒体、过氧化物体等）中活性氧浓度急剧升高，诱发膜脂过氧化作用，破坏细胞质和细胞器中生物大分子的结构和功能，进而使细胞内环境发生紊乱，干扰植物的正常新陈代谢（高战武，2011）。活性氧优先进攻蛋白质的氨基酸残基，组氨酸、脯氨酸、精氨酸和赖氨酸是其氧化作用的主要位点，导致蛋白质迅速降解；活性氧还可对蛋白质进行氢抽提，使蛋白质发生聚合而失活，或进攻蛋白质的巯基（李瑞利，2010），促进分子内和分子间的交联，如二硫键的形成和蛋白质的断裂。过量的活性氧还可导致 DNA 氧化断裂和端粒缩短，使维持细胞正常生理功能的基因失去其遗传活力（赵晨阳，郑荣梁，2000），引起细胞衰老。另外，盐碱胁迫下植物体内抗氧化系统变得脆弱，活性氧产生与清除的平衡被破坏（郭伟，2011），导致细胞内活性氧含量进一步升高，膜脂过氧化程度不断增强，质膜透性持续加大，离子平衡严重失调，最终使植物遭受日益严重的盐碱危害，甚至导致植物死亡。

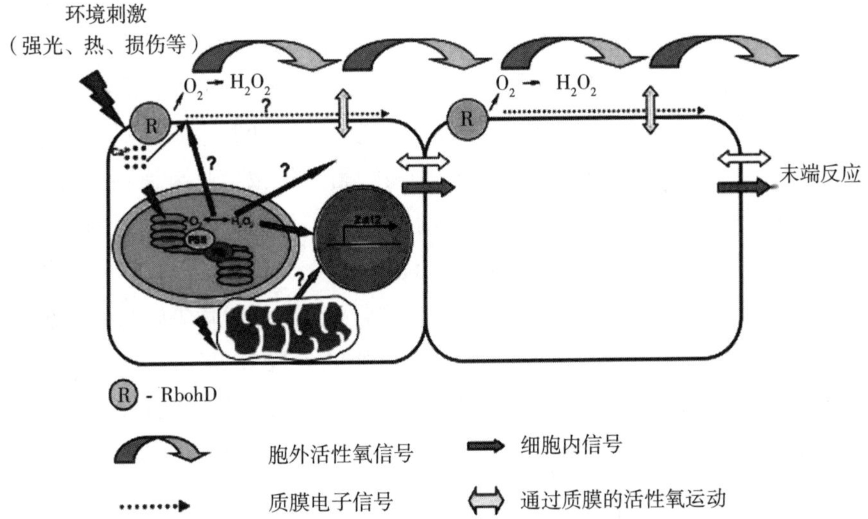

图 1-5　非生物胁迫下植物细胞的活性氧信号转导途径（Suzuki 等，2012）

7. 盐胁迫对渗透调节物质和内源植物激素的影响

渗透调节对植物提高耐盐胁迫能力具有重要作用，被认为是植物适应盐胁迫的重要过程之一，它有助于维持组织代谢活性。当作物遇到盐渗透胁迫时，体内细胞从外界吸收无机离子，同时自身也会主动积累一些小分子物质、降低自身水势，增加吸水能力，确保作物的用水需求。在盐胁迫下，植物可以通过促进有机物质、无机离子的积累和区隔化来影响渗透势，从而减少失水。参与植物渗透压调控的物质大致主要分为两种：一类是脯氨酸、可溶性糖、可溶性蛋白等；另一类是 Na^{+}、K^{+}、Ca^{2+} 等无机离子，这些物质有利于维持细胞的膨压，原因是这些物质极性电荷较小、水溶解性高和分子表面有较厚的水化层等，这可以保证细胞质中酶蛋白的结构，并确保其不受盐离子的影响，从而避免了酶变性失活。

植物激素最初被定义为一组天然存在的有机物质，除了在植物的生长、发育、营养分配方面的基本功能之外，还在非生物胁迫影响植物生长发育时发挥重要作用。研究发现，盐胁迫影响植株体内 ABA、IAA、CTK、GA 等激素的平衡，改变内源激素的含量。ABA 被认为是一种胁迫应激调节激素，能参与非生物胁迫反应，在植物响应逆境胁迫过程中具有很大的调节作用。在盐胁迫条件下，植株中的 ABA 浓度显著上升，这很可能是由于胁迫所导致的 ABA 在根的合成和向叶片的运输增加。通过加速 ABA 合成和向叶片的运输来促进气孔关闭，并迅速改变离子流入保卫细胞，减少水分的蒸腾。研究表明，施用外源 ABA 处理可显著促进盐胁迫下甘薯幼苗生根，维持细胞膜稳定性和离子平衡，提高甘薯耐盐性。IAA 是一种重要的植物激素，可调节植物器官的发育、形态建成、顶端优势和组织分化等。研究表明，盐胁迫下通过调控生长素的浓度和重新分配，可以调节拟南芥的侧根数目及侧根生长。植物通过提高茎尖 IAA 合成和促进 IAA 的极性运输来调控拟南芥在高盐浓度下的侧根生长发育，以应对高盐胁迫环境。CTK 是一类促进细胞分裂、分化和植物组织生长的化学物质。胁迫限制木质部中 CTK 的生物合成，促进其分解代谢，使植物木质部分泌物中的 CTK 含量降低。抗热性强的作物在胁迫条件下通过提高 CTK 的合成来延缓叶片衰老，从而提高了胁迫耐受性。CTK 直接或间接清除了自由基，防止脂质过氧化，提高 SOD、POD 等的活性，促进水稻幼苗的生长。

总之，盐胁迫导致植物细胞的各种生理和分子变化，通过抑制光合作用阻碍植物生长，从而减少可用资源，抑制细胞分裂和扩张（Van Zelm 等，2020）。盐胁迫也影响糖信号，并改变糖的水平，如蔗糖、果糖和糖酵解（Shumilina 等，2019）。为了适应环境和生存，植物必须发展各种策略来适应盐渍环境。这些策略包括一系列的信号转导途径，这些通路参与了从盐胁迫感知到许多盐胁迫响应基因的表达，这些基因调节离子转运、渗透稳态和解毒等过程。这些机制依赖于多种调节元件，如植物激素、脂质、细胞壁和细胞骨架（Gong，2021；Van Zelm等，2020）。阐明这些对盐胁迫的生理生化响应机制，可以为提高农业作物产量提供有价值的策略。

三、植物对盐胁迫响应及其潜在调控机制

1. 盐胁迫信号感知

植物感知盐胁迫信号后，启动了一系列复杂的转导途径。触发盐胁迫反应的早期信号包括过量的 Na^+、细胞内 Ca^{2+} 水平的改变、活性氧的积累（Park等，2016）。在盐胁迫下，过量的 Na^+ 被快速感知，并触发下游的钠胁迫反应（Gong，2021）。盐胁迫诱导离子和渗透胁迫，导致细胞质中 Ca^{2+} 浓度升高，因此，盐胁迫和渗透压的变化总是与 Ca^{2+} 通道的激活有关。Ca^{2+} 作为一个重要的二级信使，通过结合并激活 Ca^{2+} 传感器，从而诱发特定的钙信号级联反应（Zhang等，2020）。

2. 离子平衡

在盐胁迫下，高浓度的 Na^+ 在植物细胞中积累，最终达到毒性水平，导致离子稳态的破坏（Park等，2016）。植物会启动去除细胞质中的 Na^+ 来维持低水平的 Na^+ 系统，这主要是通过 Na^+/H^+ 逆向转运体来实现的，它转运 Na^+ 以交换 H^+（Zhu，2002）。定位在质膜上 Na^+/H^+ 反转运体将 Na^+ 转运到质外体，而定位在液泡膜上的 Na^+/H^+ 反转运体负责维持 Na^+ 在液泡中的分隔。

SOS植物在盐胁迫下的调控途径是通过调节 Na^+/H^+ 反转运体的活性来调节离子稳态（Park等，2016）。SOS通路由 Na^+/H^+ 逆向转运蛋白SOS1、蛋白激酶SOS2，以及两个钙传感器SOS3和SCaBP8－SOS2组成。SOS1在将 Na^+ 从细胞质运输到质外体中起着关键作用。Na^+ 的流出是由质膜 H^+-ATP酶产生的质子梯度驱动的。同时，SOS3/SOS2也能调节参与离子稳态的其他转运体的活性。例如，K^+ 和 Na^+ 转运体、液泡 Na^+/H^+ 交换器、液泡 H^+-ATP酶和焦磷酸酶（PPase）均受SOS通路调控。总之，SOS通路维持了 Na^+ 的稳态，并将过量的 Na^+ 从细胞质运输到质外体，以防止 Na^+ 积累到毒性水平，如图1－6所示。

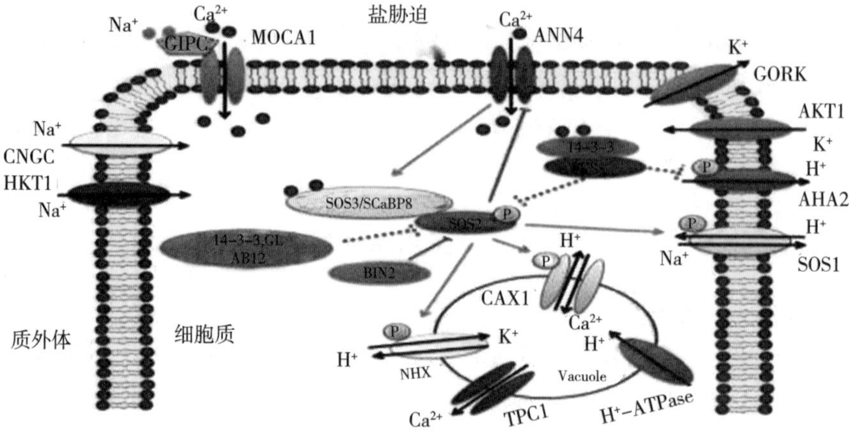

图 1-6　盐胁迫诱导细胞内 Na^{+} 和 Ca^{2+} 的积累

注：位于质膜上诱导 Ca^{2+} 增加的葡萄糖醛酸基转移酶 1（MOCA1）是质膜上的 Ca^{2+} 渗透通道。糖基肌醇磷酸化神经酰胺（GIPC）感知并与 Na^{+} 结合，激活 MOCA1 介导的 Ca^{2+} 内流。环状核苷酸门控离子通道（CNGC）、高亲和力钾离子（K^{+}）转运体（HKT1）是 Na^{+} 转运到细胞中所必需的。拟南芥内整流 K^{+} 通道 K^{+} 转运体（AKT1）、外整流 K^{+} 通道保护细胞外整流 K^{+} 通道（GORK）有助于维持 Na^{+}/K^{+} 平衡。SOS 途径在 Na^{+} 排除过程中起着重要作用。钙传感器 SOS3/SCaBP8 将 SOS2 固定到质膜上，并促进 SOS2 介导的 Na^{+}/H^{+} 逆向转运体 SOS1 的磷酸化。在盐胁迫条件下，14-3-3 和 GI 被降解，释放 SOS2，使 SOS1 磷酸化。然后，14-3-3 抑制 PKS5，从而激活 SOS2。在盐胁迫条件下，糖原合成酶激酶 3（GSK3）激活，油菜素内醇不敏感 2（BIN2）微调 SOS2 的活性，以防止过度激活。膜联蛋白成员 ANN4 作为 Ca^{2+} 通透性转运体，与 SCaBP8 和 SOS2 相互作用，并在盐胁迫下调节钙信号通路。在盐胁迫下，SOS2 激活液泡 H^{+}/Ca^{2+} 逆向转运蛋白 CAX1，促进 Ca^{2+} 增强，调节液泡 K^{+}/H^{+} 交换器 NHX，维持 K^{+} 平衡（Zhao 等，2021）。

3. 渗透稳态

在盐胁迫下，植物细胞的离子失衡和缺水引起渗透胁迫，导致了多种短暂的生物物理变化，如细胞膨压的降低、质膜的收缩和细胞壁的物理变化（Park 等，2016）。为了缓解渗透胁迫，植物依赖于渗透信号通路，调节从基因表达和渗透调节物质生物合成酶的激活到水分运输系统的各种过程（Yang，Guo，2017）。比如渗透调节物质脯氨酸、多元醇和糖在盐胁迫下的积累。这些渗透调节物质通过降低胞质腔室中的渗透势来参与渗透压的调节。它们还可以作为信号分子，诱导 ABA 的积累，影响相关基因的表达，调节盐胁迫下植物的生长（Marusig，Tombesi，2020）。蛋白激酶作为快速渗透调节和盐胁迫信号的关键酶在植物抗渗透、抗盐胁迫中发挥重要作用（Chen 等，2021）。例如，在渗透处理下，组氨酸激酶、MAP3K、MAP2K、MAPK 的 mRNA 水平升高，导致渗透调节物质的合成和积累增加（Zhou 等，2016）。大量研究表明，MAPKs 参与了活性氧稳态（Zhang 等，2013）。在植物中，盐胁迫引发的离子胁迫和渗透胁迫导致代谢失衡和活性氧的毒性积累，诱导植物氧化损伤。在盐胁迫下，许多植物细胞器都产生活性氧，如叶绿体、过氧化物酶体、线粒体和质外体。植物细胞感知积累的活性氧，并利用快速调节机制清除活性氧，激活一系列下游适应性反应（Park 等，2016；Zhu，2002；Van Zelm 等，2020）。例如，一些蛋白通过激活活性氧清除剂或介导活性氧应答基因的表达来参与氧化应激调节（Nadarajah，2020）。多项研究表明，活性氧清除酶和抗氧化剂的活性是由盐胁迫刺激触发的。例如，抗坏血酸盐过氧化物酶和 CAT 酶被盐胁迫激活，提高了对盐胁迫和氧化胁迫的耐受性（Sofo 等，2015）。

4. 植物激素信号介导 ABA 信号和 BR 信号

为了抵御环境中不断变化的胁迫条件，植物已经具备了植物激素介导的抗逆性机制，并在植物响应盐胁迫中起着重要作用。植物激素通过调节植物的生长发育适应，并在盐胁迫信号的感知和防御系统的调节具有重要作用。9 种植物激素被分为两类：生长促进激素和应激反应激素（Yu 等，2020）。生长促进激素由 IAA、GA、CTKs、油菜素内酯和独角金内酯组成。一些生长促进激素也可以在应激反应中发挥作用，如油菜素内酯和独角金内酯。应激反应激素中含有 ABA、ETH、SA、JA 和多胺等。不同植物激素之间的相互作用对盐胁迫的响应也很重要。

在 9 种植物激素中，ABA 是调节胁迫反应最重要的激素。ABA 作为一个重要的二级信号分子，在盐胁迫反应中激活激酶级联并介导基因表达（图 1-7）。在胁迫条件下，ABA 的合成被快速诱导，导致 ABA 水平的快速增加。高水平的 ABA 激活激酶级联，提高应激识别和应激防御反应（Zhu，2016）。盐胁迫限制了水分的吸收，导致细胞脱水和细胞膨压的变化，产生渗透胁迫。在高盐度条件下，内源 ABA 水平的增加导致气孔关闭，以调节水平衡和渗透稳态（Verma 等，2016）。因此，渗透调节是 ABA 介导的植物盐胁迫响应的一个重要功能。ABA 首先在根尖的质体中合成，然后运输到茎和叶片，在根-茎远距离信号传导中调节气孔运动（Takahashi 等，2018）。另外，在盐胁迫下，ABA 水平迅速升高。盐胁迫诱导的 ABA 信号通路通过靶向其启动子调控区域的 ABREs 来上调许多基因的表达。

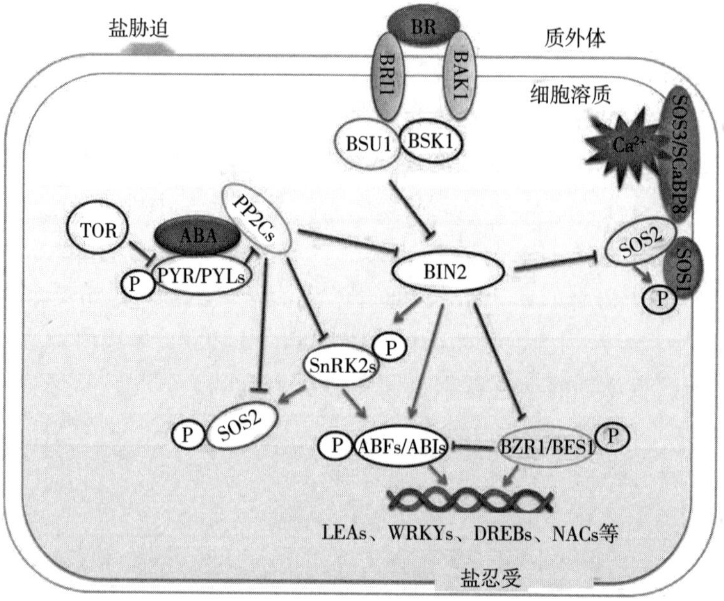

图 1-7　盐胁迫下 ABA 和 BR 信号的传递

注：盐胁迫促进 ABA 的积累。蔗糖非发酵-1 相关蛋白激酶 2（SnRK2）和支链 A 型 2C 蛋白磷酸酶（PP2C）在介导 ABA 和盐胁迫信号之间的串扰中起着关键作用。ABA 受体 PYR/PYLs 感知 ABA 并抑制 PP2C，从而激活下游激酶 SnRK2。SnRK2 磷酸化转录因子脱落酸响应元件结合因子（ABFs）和 ABIs，调控胁迫响应基因的表达。雷帕霉素（TOR）的靶点磷酸化 PYL，抑制 ABA 信号通路和应激反应。作为 PP2C 中的一员，ABI2 与 SOS2 结合抑制其激酶活性，从而负向调节耐盐性。此外，在盐胁迫下，SnRKs 磷酸化 SOS2，激活渗透调节。盐胁迫也上调了 BR 的生物合成。膜受体油菜素内酯不敏感 1（BRI1）感知 BR 分子，并与其共受体 BRI1 相关受体激酶 1（BAK1）作用，启动下游磷酸化级联。BRI1 和 BAK1 将 BR 信号转导至 BR 信号激酶 1（BSK1）并激活 BRI1 抑制因子 1（BSU1）。BSU1 抑制 BIN2，促进转录因子 BZR1/BES1 诱导 BR 响应基因表达，增强耐盐能力。在盐胁迫下，BIN2 磷酸化并抑制 SOS2。BIN2 的这种磷酸化调控阻止了 SOS2 的过度激活。箭头和柱状分别表示正调控和负调控。实线和虚线分别表示直接调控和间接调控。

油菜素内酯（BR）是一种甾体激素，介导各种生理过程，包括细胞生长发育、开花和结果，以及植物的胁迫耐受性（Nolan 等，2020）。在盐胁迫下，通过增加 BR 生物合成，维持离子稳态和渗透调节来提高植物的耐受性。外源性 BR 的应用减少了活性氧的产生，增强了渗透调节和离子稳态，诱导了应激反应基因的表达，并导致应激反应蛋白的翻译变化。例如，在苹果中，外源 BR 可调节 Na^+/H^+ 反转运体和 NHX 的活性，降低了胞质 Na^+ 水平，增加了 K^+ 的吸收，缓解了盐胁迫（Su 等，2020）。在盐胁迫下，BR 通过与 ABA 等其他激素的相互作用，发挥抗胁迫作用。ABA 抑制了 BR 在盐胁迫下的促生长作用。ABA 和 BR 可拮抗性地调节盐胁迫下植物的生长。BR 受体 BAK1 调控 SnRK2. 6，调节气孔关闭（Shang 等，2019）。BIN2 通过磷酸化 SnRK2. 6，间接激活 ABA 信号通路中的关键转录因子 ABI5（Hu，Yu，2014），BR 与 ABA 具有共同的转录靶点，表明 BR 与 ABA 具有拮抗作用，调节应激反应。BR 通路也可以与 SOS 通路进行交互。BRs 诱导细胞质中钙的积累，进而激活 SOS 通路，调节离子和渗透胁迫（Yan 等，2015）。最近的一项研究报道，BIN2 抑制 SOS2 激酶活性，并负向调控盐胁迫耐受性，作为盐胁迫后植物向强健生长转变的分子开关（Li 等，2020）。

5. 细胞骨架功能

细胞骨架在多种细胞过程中起着重要作用，包括细胞形状的决定、细胞运动、囊泡运输、尖端生长和对外部胁迫刺激的反应等（Wang，Mao，2019）。植物的细胞骨架由肌动蛋白丝和微管组成，它们在结构上不断发生动态变化。细胞骨架在植物盐胁迫响应中具有重要作用，通过动态组织变化帮助植物抵御胁迫（Yang，Guo，2017）。细胞骨架相关蛋白包括微管相关蛋白和肌动蛋白结合蛋白，与细胞骨架结合并调节细胞骨架组织。微管分离蛋白 65 - 1（MAP65 - 1）在盐胁迫下调节微管的稳定性。磷脂酸直接与 MAP65 - 1 结合，调节其微管活性（Zhang 等，2012）。盐胁迫通过调节动态事件，如成核和聚合、切断和解聚、交联/捆绑和生长/收缩，来触发细胞骨架结构的变化（Lian 等，2021）。在盐胁迫下，皮质微管首先被解聚，然后被重组。皮质微管的不稳定增强了植物的盐胁迫耐受性（Ma，Han，2020）。同样，肌动蛋白的解聚和稳定对植物的耐盐性也很重要（Liu 等，2012；Ye 等，2013；Zhou 等，2016）。

6. 细胞壁调节

越来越多的研究证据表明，细胞壁在植物对盐胁迫的响应中起着不可或缺的作用（Endler 等，2015）。盐胁迫通过抑制细胞的扩张和分裂来抑制植物的生长和发育。细胞壁是决定细胞形状和功能的重要因素，是抵御盐胁迫的第一层防御手段。盐胁迫导致植物细胞缺水，导致细胞膨压的变化。细胞壁提供了机械强度来承受这些细胞膨胀变化（Monniaux，Hay，2016）。普遍认为，细胞壁是盐胁迫的早期传感器之一。胁迫信号被定位于质膜上的细胞壁传感器感知后，诱导下游事件发生。其中一种细胞壁传感器是 FER，它是一种受体样激酶，具有与 RALF（快速碱化因子）多肽的结合活性（Liao 等，2017）。

FER感知盐诱导的细胞壁变化，反过来，发送细胞壁完整性损伤的下游信号。细胞壁富亮氨酸重复延伸蛋白（LRX）3/4/5与RALF肽和FER一起通过调节细胞壁变化来调节盐胁迫下的植物生长（Zhao等，2018）。细胞壁是由一个复杂的多糖网络组成的，包括纤维素、果胶和木质素。次生细胞壁由纤维素、半纤维素、木质素和其他物质组成，分布在木质部、纤维和花药细胞中。在盐胁迫下，细胞壁成分的合成受到复杂的转录机制的调控（Zhong等，2010）。除了受到转录因子的调控外，细胞壁的合成还受到植物激素，特别是ABA的严格调控。ABA的合成和信号转导都参与了次生细胞壁增厚和木质化（Wang等，2020）。细胞壁成分（如纤维素、木质素和其他多糖）在植物响应盐胁迫中具有重要的生物学功能（Liu等，2018）。纤维素是细胞壁的主要成分，由质膜上的纤维素合酶复合物合成，并在蛋白纤维素合酶相互作用，以稳定的速度沿着皮质微管运动。一种纤维素合酶-微管解偶联（CMU）蛋白已被发现影响纤维素合酶复合物的功能。CMU与质膜相关，并与微管相互作用，通过调节微管位移来调节细胞的扩张和发育（Liu等，2016）。最近的研究报道，纤维素合成蛋白的伴生蛋白是纤维素合酶复合物与微管结合所必需的。纤维素合成蛋白1是一种微管蛋白，调节微管动力学维持盐胁迫下植物的生长（Kesten等，2019）。

总之，盐胁迫是世界上严重的非生物胁迫之一。植物为了生存，必须有效地调整它们的生长以适应逆境胁迫。确定盐胁迫信号通路和上游盐胁迫传感器的特征对调控盐胁迫，提高作物产量，促进农业发展具有重要的指导意义。盐胁迫对植物的生长发育产生不利影响，而植物进化出了许多调节机制，使它们能够适应这些不利的条件。例如，由于盐胁迫的影响，植物光合作用下降，生长受到抑制。然而，植物会主动减缓自身的生长速度来应对盐胁迫，促进存活率增加。为了应对和防御盐胁迫，植物细胞发生巨大变化。例如，盐胁迫诱发离子胁迫，通过激活植物细胞上离子转运体和离子通道来重建离子平衡。在离子输运过程，Na^+被排出、K^+内流、Ca^+泵和Na^+/H^+交换都对植物的耐盐性很重要。此外，缓解盐胁迫造成的渗透和氧化策略也被利用。上游调节器识别、高分辨率传感器的鉴定、转运体、Na^+和K^+的离子通道及新的通道、钙离子库的识别都将是未来值得关注的领域。

高通量和高效的生物技术是研究盐胁迫相关基因挖掘的重要手段。迄今为止，RNA测序已被证明是用于研究植物耐盐分子调控的一种快速有效的方法。转录组测序技术已被广泛用于识别与调控植物的盐胁迫反应相关的新基因

(Geng 等，2019；Song 等，2020)。将来新的测序技术的发展会使得筛选耐盐基因更加容易 (Xiong 等，2019)。全球关于利用 RNA - Seq 技术对植物盐胁迫响应的转录组谱和 MicroRNA 水平研究为耐盐机制提供了有用的见解 (Cai，Gao，2020)。这些结果也为利用盐相关基因的生物技术方法培育耐盐品种提供了丰富的资源。

参考文献

戴凌燕，张立军，阮燕晔，等，2012. 盐碱胁迫下不同品种甜高粱幼苗生理特性变化及耐性评价 [J]. 干旱地区农业研究，30 (2)：77 - 83.

高战武，2011. 紫花苜蓿和燕麦抗盐碱机制研究 [D]. 长春：东北师范大学.

郭立泉，2009. 星星草抗碱生理适应机制的研究 [D]. 长春：东北师范大学.

郭伟，2011. 盐碱胁迫对小麦生长的影响及腐植酸调控效应 [D]. 沈阳：沈阳农业大学.

惠红霞，许兴，李守明，2004. 盐胁迫抑制光合作用的可能机理 [J]. 生态学杂志，23 (1)：5 - 9.

孔敏，杨学东，侯喜林，等，2011. 白菜 *NRT2* 基因的克隆及表达模式分析 [J]. 园艺学报，38 (12)：2309 - 2316.

梁新华，刘凤敏，2006. NaCl 和 Na_2CO_3 胁迫对甘草幼苗渗透调节物质含量的影响 [J]. 农业科学研究，27 (2)：96 - 98.

李仁，吴新新，李蔚，等，2012. 番茄水通道蛋白基因 SlAQP 的克隆与序列分析 [J]. 中国农业科学，45 (2)：302 - 310.

李晓宇，2010. 盐碱胁迫及外源植物激素对小麦和羊草生长发育的影响 [D]. 长春：东北师范大学.

李长有，2009. 盐碱地四种主要致害盐分对虎尾草胁迫作用的混合效应与机制 [D]. 长春：东北师范大学.

李瑞利，2010. 两种典型盐生植物耐盐机理及应用耐盐植物改良盐渍土研究 [D]. 天津：南开大学.

麻莹，2011. 碱地肤抗盐碱胁迫的生理机制研究 [D]. 长春：东北师范大学.

闫永庆，2009. 松嫩平原盐碱胁迫对目的园林植物生理生态学影响 [D]. 哈尔滨：东北林业大学.

于利刚，解莉楠，李玉花，2011. 植物抗逆反应中水孔蛋白的表达调控研究 [J]. 生物技术通报，8：5 - 14.

赵晨阳，郑荣梁，2000. DNA 氧化性损伤与端粒缩短 [J]. 生物化学与生物物理进展，27 (4)：351 - 354.

张润花，郭世荣，樊怀福，2006. 外源亚精胺对盐胁迫下黄瓜植株氮化合物含量和硝酸还原酶活性的影响 [J]. 武汉植物学研究，24 (4)：381 - 384.

ABD - EL BAKI G K，SIEFRITZ F，MAN H M，et al.，2000. Nitrate reductase inZea mays L. under salinity [J]. Plant Cell and Environment，23：515 - 521.

ALMANSOURI M, KINET J M, LUTTS S, 2001. Effect of salt and osmotic stresses on germination in durum wheat (Triticum durum Desf.) [J]. Plant and Soil, 231: 243 - 254.

ALSHAMMARY S F, QIAN Y L, WALLNER S J, 2004. Growth response of four turfgrass species to salinity [J]. Agricultural Water Management, 66: 97 - 111.

BOTELLA M A, MARTÍNEZ V, NIEVES M, et al., 1997. Effect of salinity on the growth and nitrogen uptake by wheat seedlings [J]. Journal of Plant Nutrition, 20: 793 - 804.

CAI Z Q, GAO Q, 2020. Comparative physiological and biochemical mechanisms of salt tolerance in five contrasting highland quinoa cultivars [J]. BMC Plant Biology, 20: 1 - 15.

CHEN X, DING Y, YANG Y, et al., 2021. Protein kinases in plant responses to drought, salt, and cold stress [J]. Journal of Integrative Plant Biology, 63: 53 - 78.

CHEN Y, HOEHENWARTER W, 2015. Changes in the phosphoproteome and metabolome link early signaling events to rearrangement of photosynthesis and central metabolism in salinity and oxidative stress response in Arabidopsis [J]. Plant Physiology, 69: 3021 - 3033.

ENDLER A, KESTEN C, SCHNEIDER R, et al., 2015. A mechanism for sustained cellulose synthesis during salt stress [J]. Cell, 162: 1353 - 1364.

GAO C Q, WANG Y C, LIU G F, et al., 2008. Expression profiling of salinity - alkali stress responses by large - scale expressed sequence tag analysis in Tamarix hispid [J]. Plant Molecular Biology, 66: 245 - 258.

GENG G, LV C, STEVANATO P, et al., 2019. Transcriptome analysis of salt - sensitive and tolerant genotypes reveals salt - tolerance metabolic pathways in sugar beet [J]. International Journal of Molecular Sciences, 20: 5910.

GONG Z, 2021. Plant abiotic stress: New insights into the factors that activate and modulate plant responses [J]. International Journal of Molecular Sciences, 63, 429 - 430.

GUPTA A K, KAUR N, 2005. Sugar signalling and gene expression in relation to carbohydrate metabolism under abiotic stresses in plants [J]. Journal of Biosciences, 30 (5): 761 - 776.

Hu Y, Yu D. 2014. BRASSINOSTEROID INSENSITIVE2 Interacts with ABSCISIC ACID INSENSITIVE5 to Mediate the Antagonism of Brassinosteroids to Abscisic Acid during Seed Germination in Arabidopsis [J]. Plant Cell, 26, 4394 - 4408.

HUBBARD M, GERMIDA J, VUJANOVIC V, 2012. Fungal endophytes improve wheat seed germination under heat and drought stress [J]. Botany, 90: 137 - 149.

KESTEN C, WALLMANN A, SCHNEIDER R, et al., 2019. The companion of cellulose synthase 1 confers salt tolerance through a Tau - like mechanism in plants [J]. Nature Communication, 10: 1 - 14.

KHAVARI - NEJAD R A, MOSTOFI Y, 1998. Effects of NaCl on photosynthetic pigments, saccharides, and chloroplast ultrastructure in leaves of tomato cultivars [J]. Photosynthetica, 35 (1): 151 - 154.

LI J ZHOU H, ZHANG Y, et al., 2020. The GSK3 - like Kinase BIN2 Is a Molecular Switch between the Salt Stress Response and Growth Recovery in Arabidopsis thaliana [J]. Developmental Cell, 55: 367 - 380.

LIAN N, WANG X, JING Y, et al., 2021. Regulation of cytoskeleton - associated protein activities: Linking cellular signals to plant cytoskeletal function [J]. Journal of Integrative Plant Biology, 63: 241 - 250.

LIAO H, TANG R, ZHANG X, et al., 2017. FERONIA Receptor kinase at the crossroads of hormone signaling and stress responses [J]. Plant Cell and Physiology, 58, 1143 - 1150.

LIU Q, LUO L, ZHENG L, 2018. Lignins: Biosynthesis and biological functions in plants [J]. International Journal of Molecular Sciences, 19: 335.

LIU S G, ZHU D Z, CHEN G H, et al., 2012. Disrupted actin dynamics trigger an increment in the reactive oxygen species levels in the Arabidopsis root under salt stress [J]. Plant Cell Reports, 31: 1219 - 1226.

LIU Z, SCHNEIDER R, KESTEN C, et al., 2016. Cellulose - microtubule uncoupling proteins prevent lateral displacement of microtubules during cellulose synthesis in Arabidopsis [J]. Developmental Cell, 38: 305 - 315.

MA D, HAN R, 2020. Microtubule organization defects in Arabidopsis thaliana [J]. Plant Biology, 22: 971 - 980.

MARUSIG D, TOMBESI S, 2020. Abscisic acid mediates drought and salt stress responses in vitis vinifera - a review [J]. International Journal of Molecular Sciences, 21: 8648.

MITSUYA S, TAKEOKA Y, MIYAKE H, 2000. Effects of sodium chloride on foliar ultrastructure of sweet potato (Ipomoea batatas Lam.) plantlets grown under light and dark conditions in vitro [J]. Journal of Plant Physiology, 157: 661 - 667.

MITTAL S, KUMARI N, SHARMA V, 2012. Differential response of salt stress on Brassica juncea: photosynthetic performance, pigment, proline, D1 and antioxidant enzymes [J]. Plant Physiology and Biochemistry, 54: 17 - 26.

MONNIAUX M, HAY A, 2016. Cells, walls, and endless forms [J]. Current Opinion in Plant Biology, 34: 114 - 121.

MUNNS R, TESTER M, 2008. Mechanisms of salinity tolerance [J]. Annual Review of Plant Biology, 59: 651 - 681.

NADARAJAH K K, 2020. ROS homeostasis in abiotic stress tolerance in plants [J]. International Journal of Molecular Sciences, 21: 5208.

NOLAN T M, VUKAŠINOVIC N, LIU D, et al., 2020. Brassinosteroids: Multidimensional regulators of plant growth, development, and stress responses [J]. Plant Cell, 32: 295 - 318.

PARIDA A K, DAS A B, 2005. Salt tolerance and salinity effects on plants: a review [J]. Ecotoxicology and Environmental Safety, 60: 324 - 349.

PARIDA A K, DAS A B, DAS P, 2002. NaCl stress causes changes in photosynthetic pigments, proteins and other metabolic components in the leaves of a true mangrove, Bruguiera parviflora, in hydroponic cultures [J]. Journal of Plant Biology, 45 (1): 28 - 36.

PARK H J, KIM W Y, YUN A D J, 2016. A new insight of salt stress signaling in plant [J]. Molecular Cells, 39: 447 - 459.

REHMAN S, KHATOON A, IQBAL Z, et al., 2009. Prediction of salinity tolerance based on biological and chemical properties of Acacia seeds [M]. Berlin: Springer.

SENARATNA T, MCKERSIE B D, STINSON R H, 1985. Simulation of dehydration injury to membranes from soybean axes by free radicals [J]. Plant Physiology, 77: 472 - 474.

SHANG Y, YANG D, HA Y, et al., 2019. RPK1 and BAK1sequentially form complexes with OST1to regulate ABA - induced stomatal closure [J]. Journal of Experimental Botany, 71: 1491 - 1502.

SHUMILINA J, KUSNETSOVA A, TSAREV A, et al., 2019. Glycation of plant proteins: Regulatory roles and interplay with sugar signalling? [J]. International Journal of Molecular Sciences, 20: 2366.

SINGH S K, SHARMA H C, GOSWAMI A M, et al., 2000. In vitro growth and leaf composition of grapevine cultivars as affected by sodium chloride [J]. Plant biology, 43 (2): 283 - 286.

SOFO A, SCOPA A, NUZZACI M, et al., 2015. Ascorbate peroxidase and catalase activities and their genetic regulation in plants subjected to drought and salinity stresses [J]. International Journal of Molecular Sciences, 16: 13561 - 13578.

SONG Q, JOSHI M, JOSHI V, 2020. Transcriptomic Analysis of short - term salt stress response in watermelon seedlings [J]. International Journal of Molecular Sciences, 21: 6036.

SU Q, ZHENG X, TIAN Y, et al., 2020. Exogenous brassinolide alleviates salt stress in malus hupehensis rehd. By regulating the transcription of nhx - type Na^+ (K^+) /H^+ antiporters [J]. Frontiors in Plant Sciences, 11: 38.

SUZUKI N, KOUSSEVITZKY S, MITTLER R, et al., 2012. ROS and redox signalling in the response of plants to abiotic stress [J]. Plant Cell and Environment, 35 (2): 259 - 270.

TAKAHASHI F, SUZUKI T, OSAKABE Y, et al., 2018. A small peptide modulates stomatal control via abscisic acid in long - distance signalling [J]. Nature Cell Biology, 556: 235 - 238.

TUNA AL, KAYA C, ASHRAF M, et al., 2007. The effects of calcium sulphate on growth, membrane stability and nutrient uptake of tomato plants grown under salt stress [J]. Environmental and Experimental Botany, 59: 173 - 178.

TÜRKAN I, DEMIRAL T, 2009. Recent developments in understanding salinity tolerance [J]. Environmental and Experimental Botany, 67: 2 - 9.

VAN ZELM E, ZHANG Y, TESTERINK C, 2020. Salt tolerance mechanisms of plants [J]. Annual Review of Plant Biology, 71: 403 - 433.

VERMA V, RAVINDRAN P, KUMAR P P, 2016. Plant hormone - mediated regulation of stress responses [J]. BMC Plant Biology, 16: 1-10.

WANG L, HART B E, KHAN G A, et al., 2020. Associations between phytohormones and cellulose biosynthesis in land plants [J]. Annals of Botany, 126: 807-824.

WANG X, MAO T, 2019. Understanding the functions and mechanisms of plant cytoskeleton in response to environmental signals [J]. Current Opinion in Plant Biology, 52: 86-96.

WANG X P, GENG S J, RI Y J, et al., 2011. Physiological responses and adaptive strategies of tomato plants to salt and alkali stresses [J]. Scientific Horticure, 130: 248-255.

XIONG Y, YAN H, LIANG H, et al., 2019. RNA-Seq analysis of Clerodendrum inerme (L.) roots in response to salt stress [J]. BMC Genomics, 20: 1-18.

Yan J, Guan L, Sun Y, et al., 2015. Calcium and ZmCCaMK are involved in brassinosteroid induced antioxidant defense in maize leaves [J]. Plant and Cell Physiology, 56: 883-896.

YANG Y, GUO Y, 2017. Elucidating the molecular mechanisms mediating plant salt-stress responses [J]. New Phytologist, 217: 523-539.

YE J, ZHANG W, GUO Y, 2013. Arabidopsis SOS3 plays an important role in salt tolerance by mediating calcium-dependent microfilament reorganization [J]. Plant Cell Reports, 32: 139-148.

YU Z, DUAN X, LUO L, et al., 2020. How plant hormones mediate salt stress responses [J]. Trends in Plant Science, 25: 1117-1130.

ZHANG D, JIANG S, PAN J, et al., 2013. The overexpression of a maize mitogen-activated protein kinase gene (ZmMPK5) confers salt stress tolerance and induces defence responses in tobacco [J]. Plant Biology, 16: 558-570.

ZHANG Q, LIN F, MAO T, et al., 2012. Phosphatidic Acid Regulates Microtubule Organization by Interacting with MAP65-1 in Response to Salt Stress in Arabidopsis [J]. Plant Cell, 24: 4555-4576.

ZHANG S, WU Q R, LIU L L, et al., 2020. Osmotic stress alters circadian cytosolic Ca^{2+} oscillations and OSCA1 is required in circadian gated stress adaptation [J]. Plant Signaling and Behavior, 15: 1836883.

ZHAO C, ZAYED O, YU Z, et al., 2018. Leucine-rich repeat extensin proteins regulate plant salt tolerance in Arabidopsis [J]. Proceedings of the National Academy of Sciences of the United States of America, 115: 13123-13128.

ZHAO S, ZHANG Q, LIU M, et al., 2021. Regulation of plant responses to salt stress [J]. International Journal of Molecular Sciences, 22: 4609.

ZHONG R, LEE C, YE Z H, 2010. Evolutionary conservation of the transcriptional network regulating secondary cell wall biosynthesis [J]. Trends in Plant Sciences, 15: 625-632.

ZHOU X, NAGURO I, ICHIJO H, et al., 2016. Mitogen-activated protein kinases as key players in osmotic stress signaling [J]. Biochimica et Biophysica Acta-General Subjects, 1860: 2037-2052.

ZHU J K, 2002. Salt and drought stress signal transduction in plants [J]. Annual Review of Plant Biology, 53: 247-273.
ZHU J K, 2016. Abiotic stress signaling and responses in plants [J]. Cell, 167: 313-324.

第四节 植物与涝胁迫

由于世界范围内的气温升高和降雨量增加，造成雨涝灾害频发，对作物生长、产量和品质带来严重危害。植物受到涝胁迫后，根系周围的氧气含量迅速下降，形成严重的低氧胁迫。低氧胁迫下，根系氧化磷酸化受到抑制，ATP的合成大量减少，从而引来一系列生长问题，如原生根活力下降、叶片黄化、生长发育受阻等（Sauter，2013）。为了生存和适应这种变化，植物会迅速调整代谢功能，以减缓淹涝胁迫带来的低氧伤害；同时逐渐产生适应性形态变化以增强氧气的吸收。研究植物耐涝性机理，挖掘耐涝基因，并利用现代分子生物学手段创新种质是作物耐涝性改良的根本途径。本节内容主要针对涝胁迫对植物生理代谢与形态适应机制的影响，重点围绕植物激素合成、代谢及信号转导相关途径对植物涝胁迫响应的生理代谢和形态机制的调控展开论述，最终提出植物耐涝领域研究的难点和亟须突破的方向。

一、植物响应涝胁迫的生理代谢适应机制

1. 涝胁迫下植物细胞能量代谢变化

涝胁迫对植物的伤害是由于淹水造成的次生胁迫，并非是因为水分过多而造成的直接伤害。淹涝胁迫抑制植物根部有氧呼吸，使植物细胞处于无氧呼吸状态。无氧呼吸会导致植株的根系缺乏能量，降低其对矿质养分的吸收。此时植物线粒体的电子传递、氧化磷酸化、三羧酸循环都将会停止（Capon 等，2009）。植物为了缓解涝胁迫造成的能量供应危机，会迅速通过糖酵解和乙醇发酵等无氧呼吸途径来获得必要的能量（Loreti，Striker，2020）。但是在无氧呼吸条件下，1mol 葡萄糖仅能产生 2mol ATP，远低于有氧呼吸条件下三羧酸循环产生的 36～38mol ATP。因此，植物需要调整糖酵解、乙醇发酵途径底物消耗较多与维持生命活动所需能量之间的矛盾。有些植物（如黄瓜、棉花和大豆）淹涝胁迫后，发酵途径的关键酶丙酮酸脱羧酶（Pyruvate decarboxylase，PDC）、乙醇脱氢酶（Alcohol dehydrogenase，ADH）和乳酸脱氢酶（Lactate dehydrogenase，LDH）活性及基因表达水平迅速上调（Komatsu

等，2011）。因此，在植物涝胁迫研究中已将 PDC、ADH 和 LDH 三个酶的基因作为涝胁迫响应的标志基因。由于乙醇发酵途径会快速消耗植物体内的碳水化合物，且乙醇发酵途径产生的乙酸积累易引起胞浆酸化，为了维持细胞质的 pH，植物体内丙氨酸合成被加强以减缓碳元素流失和促进乙酸向 γ-氨基丁酸的转化（Ricoult 等，2006）。此外，一些耗能过程（如蛋白质）合成过程被抑制，而在植物组织中蔗糖和淀粉代谢过程也会发生改变，以满足低氧胁迫下对碳水化合物的需求（Loreti 等，2016；De Ollas 等，2021）。

2. 涝胁迫下植物细胞活性氧变化

如前所述，活性氧是一种重要的信号分子，在植物的生长、发育和对生物或非生物刺激的响应等诸多生物过程中发挥着重要的调控作用。当植物受到淹涝胁迫或者胁迫解除时，都会诱导产生大量的活性氧。活性氧的产生可以通过酶系统和非酶系统两种途径，而这两个系统的激活取决于细胞内的 O_2 浓度（Steffens 等，2011）。当细胞内 O_2 浓度高于 10^{-4} mg/L 时，主要通过非酶系统产生活性氧，而当 O_2 浓度低于 10^{-4} mg/L 时，NADPH 氧化酶就成为活性氧的主要来源。在淹涝胁迫下，根系细胞氧气浓度迅速下降，从而导致了 NADPH 酶系统的快速响应。NADPH 氧化酶以胞质 NADPH 为电子供体，催化细胞外 O_2 快速生成大量的 O_2^- ·，O_2^- ·很快被歧化为·OH 和 H_2O_2 等活性氧物质。活性氧的过多积累容易对植物造成氧化胁迫，植物会通过启动多种通路维持活性氧的动态平衡以减轻氧化胁迫伤害。其中，具有清除活性氧功能的酶类如碳酸酐酶、CAT、POD、抗坏血酸等酶活性在淹涝胁迫过程中和淹涝胁迫解除后均被显著诱导。淹涝胁迫下黄瓜的胚轴 H_2O_2 含量迅速升高，表明活性氧在不定根发生的早期起重要调控作用。黄瓜 NADPH 氧化酶基因在涝胁迫下被显著诱导表达，且在淹涝过程中持续升高，采用 NADPH 氧化酶活性抑制剂处理明显抑制了不定根的形成。这些现象表明活性氧参与调控黄瓜的涝胁迫响应（沈家涛等，2022）。

二、植物响应涝胁迫的形态适应机制

植物在长期的进化过程中，会产生适应淹涝胁迫的形态变化以利于 O_2 的吸收，主要有三种类型的形态发生：通气组织形成、不定根形成、节间伸长（Pedersen 等，2021）。

1. 通气组织形成

过量的水会对植物的生产能力造成不利的影响。O_2 在水中的扩散速度比在空气的扩散速度慢 1 万倍。因此，淹水胁迫的主要症状是缺氧（Loreti 等，2016）。因此，大多数与淹水耐受性相关的机制有助于满足植物对氧的呼吸需求（Jackson，Colme，2005）。湿地物种的一个关键适应机制是其具有通气组织，通气组织是纵向连接空气和植物受涝部位的气体孔道，具有运输气体（O_2、CO_2、ETH 和甲烷）的功能（图 1-8a、b）（Loreti 等，2016）。因此，通气组织可以促进根部氧化磷酸化，从而维持正常的 ATP 水平，同时避免 ETH 积累过多而限制生长（Malik，2004）。通气组织通过细胞分离或细胞死亡形成于茎和根皮质，通过压力流的作用促进气体的扩散，这种通气组织通过允许 O_2 进一步向下扩散来缓解植物细胞缺氧（Loreti 等，2016；Jackson，Colmer，2005），还可以通过根际的氧化，减少缺氧土壤对植物的有害影响（Pezeshki，DeLaune，2012）。相比其他植物来说，玉米耐涝性较差，但和它具有亲缘关系的野生玉米对涝胁迫却具有较高的耐受性（Mano 等，2007）。人们研究了这种玉米耐受性的遗传机理，并将其耐受基因转移到栽培玉米上。研究发现，这种野生玉米对涝胁迫耐受性的基础大多数都具有通气组织。

2. 不定根形成

当淹涝胁迫持续较长时间，主根系很容易因缺氧而功能受损、活力下降，从而导致能量短缺。为了弥补主根系损伤带来的不利影响，一些植物从下胚轴或茎部形成一些不定根（气生根），新形成的不定根不仅建立了空气层与水下器官的氧气连通，同时也可以代替受损的原生根系进行水分和营养的吸收（Steffens，Rasmussen，2016）。气生根形成后，在一定程度上取代了地下根，大大减少了氧气扩散所需的距离。此外，它们还可通过质外体屏障的存在来减少径向氧损失，这些屏障物质通常包括软木脂或木质素（图 1-8c、d）。通过这种屏障降低径向氧损失也是水生物种的地下根系外围层的共同构成特征（Vartapetian 等，2003）。气生根的形成是由 ETH 促进的，ETH 是响应淹水的生物合成产物（Rasmussen 等，2017）。通气组织和根质外体屏障的存在不一定是本身固有的，它们也可以通过乙烯信号传导通道来诱导产生。

3. 节间伸长

植物通气组织和不定根的形成可以缓解淹涝胁迫导致的氧气匮乏，但是这两种形态变化并不足以应对强降雨导致的没顶淹涝。在长期进化过程中，一些植物通过涝胁迫下植物根系释放的 ETH 介导的 GA 的产生，诱导叶片和茎在水面上伸长生长，从而有助于 CO_2 的有氧代谢和更有效的光合固定（图1－8e、f），这种生长策略被称之为低氧逃逸策略（Voesenek，Bailey－Serres，2013，2015）。这种逃逸策略在相对较浅的、长期的淹涝胁迫下是极为有效的。与此相对，在1～2 周的短期淹涝胁迫下，有些种类的植物会停止生长以减少能量消耗，从而有助于涝胁迫解除后的恢复生长，这种策略称为低氧忍耐策略。低氧忍耐策略在相对较深、持续时间较短的淹涝胁迫下有效（Bailey－Serres，Voesenek，2008）。

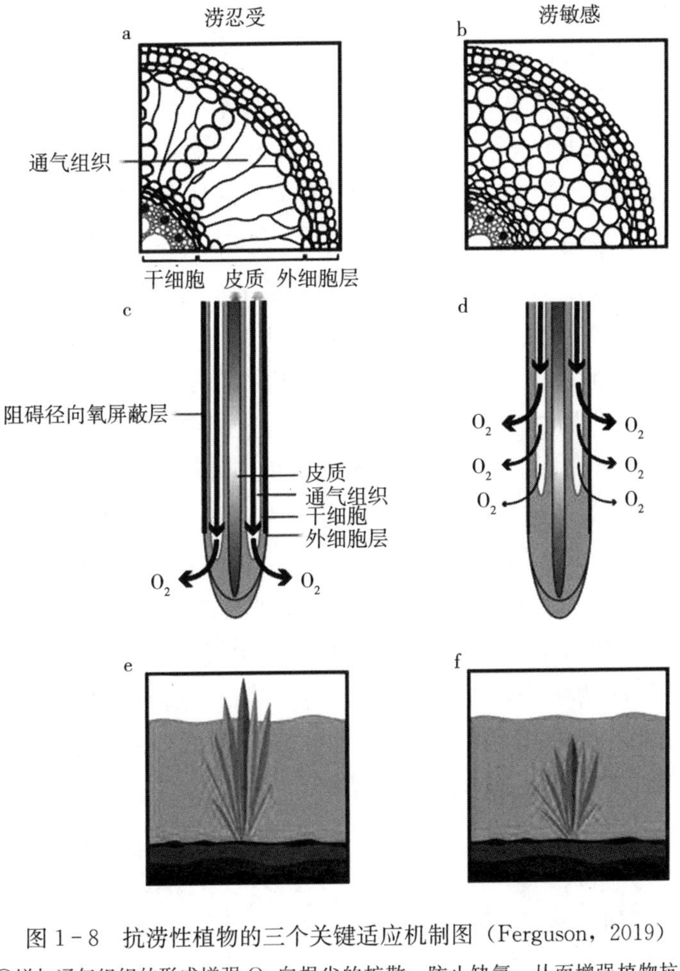

图 1－8　抗涝性植物的三个关键适应机制图（Ferguson，2019）

注：①增加通气组织的形成增强 O_2 向根尖的扩散，防止缺氧，从而增强植物抗涝性（a 和 b）；②通过增强由软木脂和/或木质素组成的质外体屏障而降低径向氧的损失（c 和 d）；③通过快速生长使植株超过水位，从而进行有氧代谢（e 和 f），逃避涝害。

三、植物激素对植物涝胁迫响应形态机制的调控

植物在涝胁迫下发生形态适应性改变，如通气组织形成、不定根形成和控制枝条（如叶片、叶柄或节间）的伸长，这些形态变化主要受 ETH、IAA、ABA 和 GA 等植物激素的调控（Kuroha 等，2018；Sasidharan 等，2018）。

1. 植物激素对通气组织形成的调控

ETH 是涝胁迫下诱导通气组织形成的最为重要的植物激素。外源或内源 ETH 均会诱导禾本科植物如玉米、水稻和小麦根中通气组织形成，而 ETH 合成抑制剂则抑制了通气组织形成（Yamauchi 等，2015）。水稻根系淹水处理后，水稻体内饱和超长链脂肪酸浓度增加。增加的饱和超长链脂肪酸上调了编码1 -氨基环丙烷- 1 -羧酸（1 - aminocyclopropane - 1 - carboxylic acid，ACC）合成酶 ACS1 基因的表达，从而增加了 ETH 的积累，诱导了水稻根中通气组织的形成。ACS1 和编码脂肪酸伸长酶的基因在低氧条件下主要在根的皮层部位表达，而皮层正是通气组织形成的部位。这些结果证实了饱和超长链脂肪酸通过促进皮层 ETH 合成，进而诱导水稻根通气组织形成（Yamauchi 等，2015）。在玉米初生通气组织形成过程中，与活性氧生成（如 RBOH）、Ca^{2+} 信号传导及细胞程序性死亡等相关的基因在皮层中表达上调（Rajhi 等，2011），而 ETH 作用抑制剂预处理抑制了这些基因的上调表达。*MT* 基因在皮层中的表达被特异性下调，而且这种下调也依赖 ETH 途径（Yamauchi 等，2015）。即使在有氧条件下，ETH 处理也会诱导玉米初生根通气组织的形成，而 NADPH 氧化酶抑制剂处理则抑制了通气组织形成（Takahashi 等，2015）。小麦中，ACC 也通过上调 *RBOH* 基因表达诱导通气组织形成，而 NADPH 氧化酶抑制剂预处理则抑制了 ACC 诱导的通气组织形成（Yamauchi 等，2014）。在水稻中，ETH 诱导活性氧的产生通常与叶鞘和节间通气组织的形成直接相关，但是其调控机制可能存在基因型特异性。早期也有研究报道，生长素、ABA、GA 和 CTK 影响玉米根系通气组织形成（Konings 等，1984）。生长素的一种萘乙酸（NAA）和 ABA 抑制了玉米根系中的通气组织形成，但是 GA 和激动素（一种合成的 CTK）则通过促进 ETH 的产生诱导通气组织形成。随后，研究发现低水平 NAA 促进玉米根系通气组织的形成，但高水平 NAA 抑制了通气组织的形成（Justin，Armstrong，1991）。后来在水稻中的研究也表明，生长素运输抑制剂会抑制通气组织形成，而生长素信号 IAA13 和 ARF19 通过诱导侧边器官生长转录因子调控通气组织的发生（Yamauchi 等，

2019)。此外，生长素在依赖 ETH 的通气组织发生途径中也起重要作用。

2. 植物激素对不定根形成的调控

生长素具有诱导根尖分生组织的功能，因此是调控涝胁迫下不定根形成的重要因素（Verstraeten 等，2013）。生长素调控不定根形成主要通过其运输与信号转导途径（陈开等，2020）。黄瓜受到涝胁迫后，生长素调控的侧边器官生长转录因子被诱导表达，启动不定根根原基形成，生长素诱导的不定根发生还受到蔗糖信号的调控，涝胁迫下积累的蔗糖诱导侧边器官生长基因表达，刺激生长素的运输，诱导不定根根原基的发生及不定根的形成（Qi 等，2019，2020）。ETH 在涝胁迫诱导的不定根发生过程中也起重要作用。深水稻中，外源 ETH 刺激不定根根原基的细胞分裂活性从而促进不定根形成（Lorbiecke，Sauter，1999）。番茄中，ETH 抑制剂氨基乙基乙烯基甘氨酸处理导致受涝植株不定根形成数量减少也证实了 ETH 的作用（Vidoz 等，2010）。此外，ETH 往往与生长素协同调控不定根的形成。生长素不敏感的番茄突变体在涝胁迫下不定根数量较对照减少，且 ETH 合成受抑制。外源生长素的施用增加了野生型番茄茎的不定根形成，但对 ETH 不敏感的突变体的不定根发育影响很小或几乎没有影响（Clark 等，1999），这表明 ETH 响应是生长素促进不定根形成的必要条件。

除生长素和 ETH 外，GA 和 ABA 也参与了淹水诱导的不定根发生。单独外源施用 GA 对不定根的发生几乎没有影响，但是 GA 可以增强 ETH 诱导的不定根形成（Steffens 等，2006）。GA 生物合成抑制剂多效唑抑制深水稻不定根伸长，但并不抑制不定根根原基起始发育。淹水导致 ABA 水平的降低也是促进水稻不定根形成的重要因素（Bailey - Serres，Voesenek，2008)。外源 ABA 强烈抑制 ETH 诱导的不定根启动和 GA 促进的不定根生长，这表明 ABA 是 GA 和 ETH 信号转导的抑制子。在水稻中，GA 和 ETH 协同诱导表皮程序性细胞死亡和不定根发生，ABA 则与 ETH 产生拮抗作用，抑制此过程（Steffens 等，2006）。

3. 植物激素对节间伸长的调控

在淹水条件下，采用逃逸策略的植物节间会迅速伸长，而采用静止策略的植物则与之相反。同一物种也可能采取不同的策略响应涝胁迫，但是这两种机制都是依赖 ETH 信号通路。在酸模属植物中，沼泽草和酸模两种植物在受涝条件下分别采取逃逸策略和静止策略。淹水后，沼泽草的叶片从水平方向变为垂直方向，然后叶柄迅速伸长（Cox 等，2006），而酸模叶柄伸长则受到抑制

(Pierik 等，2009)。沼泽草和酸模在受涝部位均积累了大量的 ETH（Benschop 等，2006），沼泽草中积累的 ETH 通过抑制 ABA 的生物合成（编码 ABA 生物合成的关键酶 NCED1 的基因表达明显下调）和促进 ABA 的分解代谢（编码 ABA 羟化酶的基因表达上调）导致叶柄中 ABA 水平下降。沼泽草仅在淹水 6h 后有显著的 GA 水平升高，且 GA 水平的升高依赖于 ETH 诱导 ABA 水平的降低（Benschop 等，2006)。与 GA 信号通路相关的基因表达在沼泽草淹水的早期阶段显著上调也表明沼泽草对 GA 的响应可能出现在 GA 活性水平提升时。与酸模一样，不同品种的水稻节间伸长的机制也不同。例如，深水稻在淹涝胁迫下节间迅速伸长并持续数月以保持叶尖始终处于水面以上，从而可以进行气体交换（Bailey - Serres，Voesenek，2008)。节间伸长过程中，ETH 含量增加，积累的 ETH 通过提高 GA 水平和降低 ABA 水平来提高 GA/ABA 的比值，从而刺激节间伸长（Mergemann，Sauter，2000)。许多浅水稻品种在没顶淹没条件下也具有快速节间伸长的能力，但是多数品种并不能伸出水面。由于持续伸长需要消耗较多的能量，而这些植物在淹涝解除后不能及时恢复而导致严重受损或死亡。因此，有些水稻品系如东印度水稻在没顶淹涝时会停止生长以减少能量消耗。当淹涝胁迫解除时，受涝植株利用保存的能量重新开始生长（Fukao 等，2006)。

此外，植物激素 BR 通过与 Sub1A 相互作用而影响 GA 信号传导，调节淹没条件下水稻的节间伸长（Schmitzl 等，2013)。生长素在植株没顶淹涝引起的节间伸长中也发挥着重要作用（Walters，Osborne，1979)。在沼泽草中，去除新叶抑制生长素向叶柄的运输延缓了叶柄伸长，而外源 2,4 - D 或 NAA 则可以诱导叶柄伸长（Cox 等，2006)。尽管 ETH 是淹涝诱导沼泽草叶柄伸长的必要因素，但是在缺少生长素的情况下，ETH 并不能恢复叶柄伸长，这表明生长素和 ETH 在节间伸长中发挥同样重要的作用。ABA 负向调控节间伸长，在豆瓣菜中，淹涝下的节间伸长则是由于 ABA 含量的下降，而并不依赖于 ETH 和 GA（Müller 等，2019)。

四、激素信号对涝胁迫下植物能量代谢的调控

ETH 是植物激素中唯一的一类气体，在植物适应涝胁迫能量代谢和形态发生过程中起重要的调控作用。ETH 合成包含两个主要的酶促反应：①调控 S-腺苷蛋氨酸转化成 ACC 和甲硫腺苷；②ACC 转化为 ETH。这两步反应分别受到 ACC 合成酶和 ACC 氧化酶的调控，ACC 合成酶和 ACC 氧化酶在淹涝

胁迫组织中被迅速诱导。此外，ETH 在水中的扩散速率下降，这导致 ETH 在植物组织中的大量积累。迅速积累的 ETH 作为信号分子会诱导一系列厌氧基因表达，增强植物耐涝性。除 ETH 外，IAA、GA 和 ABA 也参与调控植物涝胁迫响应过程。

ETH 作为最重要的调控植物涝胁迫的激素，已在多种植物中被证实其作为信号参与调控能量代谢途径。在拟南芥中的研究发现 ETH 合成抑制剂氨基氧乙酸可以抑制低氧胁迫诱导的 ADH 基因活性。这种抑制作用可以被 ETH 合成前体 ACC 恢复。此外，两个 ETH 不敏感突变体在低氧胁迫下的 ADH 基因表达显著下降（Yeung 等，2018）。在水稻中发现 ETH 抑制了 GA 信号转导，并诱导了 PDC 和 ADH 的基因表达，导致耐涝水稻的生长受到抑制，从而保存了植株内的能量（Xu 等，2006；Fukao 等，2006，2008）。但是在玉米和小麦中，ADH 和 PDC 酶活性在 ETH 处理下并没有显著升高，采用 ETH 受体抑制剂硝酸银处理也并未抑制低氧胁迫下的两个酶活性（宋凤斌，戴俊英，2002）。这说明，ETH 调控能量代谢途径在不同作物中存在特异性。

在水稻中的研究也证实了 GA 对涝胁迫下能量代谢的调控作用。在淹水条件下，水稻 GID1（一种可溶性 GA 受体）的突变抑制了叶绿素的降解并促进了碳水化合物的代谢。进一步的分析表明 GID1 通过调节 GA 信号进而控制碳水化合物的代谢消耗来影响植物的耐涝性（Ueguchi 等，2005；Du 等，2015）。在淹涝胁迫下，ABA 缺陷型番茄植株的亚麻酸、谷氨酸和天冬氨酸含量高于对照，而谷氨酸和天冬氨酸是 TCA 循环中草酸盐的前体物质，这说明 ABA 抑制了淹涝胁迫下的 TCA 循环，从而抑制了 ATP 的合成。此外，ABA 缺陷型番茄中的氧化脂类、木脂素、去氢甘氨酸糖碱含量高于对照（De Ollas 等，2021）。

总之，在涝胁迫下 ETH 的快速响应是调控植物涝胁迫抗性机制变化的关键因子。ETH 的生物合成和信号转导途径参与调控在涝胁迫下植物代谢和形态适应变化。例如，通气组织形成、不定根形成和节间伸长，生长素主要调控不定根形成和通气组织形成，GA 则参与节间伸长和不定根的发生。此外，脱落酸在各种涝胁迫适应机制中的负向调控作用也已在多种植物中被证实。但是涝胁迫适应变化是一个复杂的生物学过程，并非依赖于单一激素的调控。例如，ETH、GA 正向协同调控，与脱落酸拮抗调控水稻节间伸长的模式已经被证实。关于通气组织和不定根形成的分子机制尚不清楚，ETH 与其他激素的协同调控机制在不同物种上也存在特异性，因此，亟须探明激素调控的通气组织和不定根形成的分子调控机理。此外，采用特异细胞或组织的多组学联合分析进行关键基因挖掘，将会促进全面解析激素调控植物涝胁迫响应机理。

参考文献

沈家涛，金雅芳，李金灵，等，2022. 植物激素调控植物耐涝响应机理研究进展［J］. 植物生理学报，58（4）：643－653.

宋凤斌，戴俊英，2002. 水分胁迫下玉米叶片乙烯释放和多胺含量的变化及其与玉米耐旱性的关系［J］. 东北农业大学学报，33（4）：345－352.

陈开，唐瑭，张冬平，等，2020. 生长素和细胞分裂素参与构建水稻根系的研究进展［J］. 植物生理学报，56（12）：2495－2509.

BAILEY－SERRES J，VOESENEK L A C J，2008. Flooding stress：acclimations and genetic diversity［J］. Annual Review of Plant Biology，59：313－339.

BENSCHOP J J，BOU J，PEETERS A J M，et al.，2006. Long－term submergence－induced elongation in*Rumex palustris* requires abscisic acid－dependent biosynthesis of gibberellin［J］. Plant Physiology，141（4）：1644－1652.

CAPON S J，JAMESB C S，WILLIAMS L，et al.，2009. Responses to flooding and drying in seedlings of a common Australian desert floodplain shrub：Muehlenbeckia florulenta Meisn［J］. Environmental and Experimental Botany，66：178－185.

CLARK D G，GUBRIUM E K，BARRETT J E，et al.，1999. Root formation in ethylene－insensitive plants［J］. Plant Physiology，121（1）：53－60.

COX M C H，PEETERS A J M，VOESENEK L A C J，2006. The stimulating effects of ethylene and auxin on petiole elongation and on hyponastic curvature are independent processes in submerged *Rumex palustris*［J］. Plant Cell and Environment，29（2）：282－290.

DE OLLAS C，GONZÁLEZ－GUZMÁN M，PITARCH Z，et al.，2021. Identification of aba－mediated genetic and metabolic responses to soil flooding in tomato（*Solanum lycopersicum* L. Mill）［J］. Frontiers in Plant Sciences，12：613059.

DU H，CHANG Y，HUANG F，2015. *GID1* modulates stomatal response and submergence tolerance involving abscisic acid and gibberellic acid signaling in rice［J］. Journal of Integrative Plant Biology，57（11）：954－968.

FERGUSON J N，2019. Climate change and abiotic stress mechanisms in plants［J］. Emerging Topics in Life Sciences，3：165－181.

FUKAO T，BAILEY－SERRES J，2008. Submergence tolerance conferred by *Sub1A* is mediated by *SLR1* and *SLRL1* restriction of gibberellin responses in rice［J］. Proceedings of the National Academy of Sciences of the United States of America，105（43）：16814－16819.

FUKAO T，XU K N，RONALD P C，et al.，2006. A variable cluster of ethylene response factor－like genes regulates metabolic and developmental acclimation responses to submergence in rice［J］. Plant Cell，18（8）：2021－2034.

JACKSON，M B，COLMER T D，2005. Response and adaptation by plants to flooding stress [J]. Annals of Botany, 96: 501 - 505.

JUSTIN S H F W, ARMSTRONG W A, 1991. Reassessment of the influence of NAA on aerenchyma formation in maize roots [J]. New Phytologist, 117: 607 - 618.

KOMATSU S, THIBAUT D, HIRAGA S, et al., 2011. Characterization of a novel flooding stress - responsive alcohol dehydrogenase expressed in soybean roots [J]. Plant Molecular Biology, 77: 309 - 322.

KONINGS W N, OTTO R, TEN BRINK B, et al., 1984. Relation between the protonmotive force and solute transport in bacteria [J]. Biochemical Society Transactions, 12 (2): 152 - 154.

KUROHA T, NAGAI K, GAMUYAO R, et al., 2018. Ethylene - gibberellin signaling underlies adaptation of rice to periodic flooding [J]. Science, 361: 181 - 186.

LORBIECKE R, SAUTER M, 1999. Adventitious root growth and cell cycle induction in deepwater rice (*Oryza sativa* L.) [J]. Plant Physiology, 119 (1): 21 - 30.

LORETI E, STRIKER G, 2020. Plant responses to hypoxia: signaling and adaptation [J]. Plants, 9 (12): 1704.

LORETI E, VAN VEEN H, PERATA P, 2016. Plant responses to flooding stress [J]. Current Opinion in Plant Biology, 33: 64 - 71.

MALIK A I, COLMER T D, LAMBERS H, et al., 2004. Aerenchyma formation and radial O_2 loss along adventitious roots of loss along adventitious roots of wheat with only the apical root portion exposed to O_2 deficiency [J]. Plant Cell and Environment, 26: 1713 - 1722.

MANO Y, OMORI F, TAKAMIZO T, et al., 2007. QTL mapping of root aerenchyma formation in seedlings of a maize × rare teosinte ‘Zea nicaraguensis’ cross [J]. Plant and Soil, 295: 103 - 113.

MERGEMANN H, SAUTER M, 2000. Ethylene induces epidermal cell death at the site of adventitious root emergence in rice [J]. Plant Physiology, 124 (2): 609 - 614.

MÜLLER J T, VAN VEEN H, BARTYLLA M M, et al., 2019. Keeping the shoot above water submergence triggers antithetical growth responses in stems and petioles of watercress (Nasturtium officinale) [J]. New Phytologist, 229 (1): 140 - 155.

PEDERSEN O, MARGRET S, DAVID C T, et al., 2021. Regulation of root adaptive anatomical and morphological traits during low soil oxygen [J]. New Phytologist, 229 (1): 42 - 49.

Pezeshki S R, DeLaune R D, 2012. Soil oxidation - reduction in wetlands and its impact on plant functioning [J]. Biology, 1: 196 - 221.

PIERIK R, VAN AKEN J M, VOESENEK L A C J, 2009. Is elongation induced leaf emergence beneficial for submerged *Rumex* species? [J]. Annal of Botany, 103 (2): 353 - 357.

QI X H, LI Q Q, MA X T, et al., 2019. Waterlogging - induced adventitious root formation in cucumber is regulated by ethylene and auxin through reactive oxygen species signalling [J]. Plant Cell and Environment, 42 (5): 1458 - 1470.

QI X H, LI Q Q, SHEN J T, et al., 2020. Sugar enhances waterlogging induced adventitious root formation in cucumber by promoting auxin transport and signalling [J]. Plant Cell and Environment, 43 (6): 1545 - 1557.

RAJHI L, YAMAUCHI T, TAKAHASHI H, et al., 2011. Identification of genes expressed in maize root cortical cells during lysigenous aerenchyma formation using laser microdissection and microarray analyses [J]. New Phytologist, 190 (2): 351 - 368.

RASMUSSEN A, HU Y, DEPAEPE T, et al., 2017. Ethylene controls adventitious root initiation sites in Arabidopsis hypocotyls independently of strigolactones [J]. Journal of Plant Growth Regulation, 36: 897 - 911.

RICOULT C, ECHEVERRIA L O, CLIQUET J B, et al., 2006. Characterization of alanine aminotransferase (AlaAT) multigene family and hypoxic response in young seedlings of the model legume *Medicago truncatula* [J]. Journal of Experimental Botany, 57 (12): 3079 - 3089.

SASIDHARAN R, HARTMAN S, LIU Z, et al., 2018. Signal dynamics and interactions during flooding stress [J]. Plant Physiology, 176: 1106 - 1117.

SAUTER M, 2013. Root responses to flooding [J]. Current Opinion in Plant Biology, 16 (3): 282 - 286

SCHMITZL A J, FOLSOM J J, JIKAMARU Y, et al., 2013. *SUB1A* mediated submergence tolerance response in rice involves differential regulation of the brassinosteroid pathway [J]. New Phytologist, 198 (4): 1060 - 1070.

STEFFENS B, GESKE T, SAUTER M, 2011. Aerenchyma formation in the rice stem and its promotion by H_2O_2 [J]. New Phytologist, 190 (2): 369 - 378.

STEFFENS B, RASMUSSEN A, 2016. The physiology of adventitious roots [J]. Plant Physiology, 170 (2): 603 - 617.

STEFFENS B, WANG J, SAUTER M, 2006. Interactions between ethylene, gibberellin and abscisic acid regulate emergence and growth rate of adventitious roots in deepwater rice [J]. Planta, 223 (3): 604 - 612.

TAKAHASHI H, YAMAUCHI T, RAJHI I, et al., 2015. Transcript profiles in cortical cells of maize primary root during ethylene - induced lysigenous aerenchyma formation under aerobic conditions [J]. Annal of Botany, 115 (6): 879 - 894.

UEGUCHI T M, ASHIKARI M, NAKAJIMA M, et al., 2005. Gibberellin insensitive DWARF1 encodes a soluble receptor for gibberellin [J]. Nature, 437 (7059): 693 - 698.

VARTAPETIAN B B, VISSER E J W, VOESENEK L A C J et al., 2003. Flooding and plant growth [J]. Annal of Botany, 1: 155 - 172.

VERSTRAETEN I, BEECKMAN T, GEELEN D, 2013. Adventitious root induction in Arabidopsis thaliana as a model for invitro root organogenesis [J]. Methods in Molecular Biology, 959: 159 - 175.

VIDOZ ML, LORETI E, MENSUALI A, et al., 2010. Hormonal interplay during adventitious root formation in flooded tomato plants [J]. The Plant Journal, 63 (4): 551 - 562.

VOESENEK L A C J, BAILEY - SERRES J, 2013. Flooding tolerance: O_2 sensing and sur-

vival strategies [J]. Current Opinion in Plant Biology, 16 (5): 647 - 653.
VOESENEK L A C J, BAILEY - SERRES J, 2015. Flood adaptive traits and processes: an overview [J]. New Phytologist, 206 (1): 57 - 73.
WALTERS J, OSBORNE D J, 1979. Ethylene and auxin - induced cell growth in relation to auxin transport and metabolism and ethylene production in the semi - aquatic plant, *Regnellidium diphyllum* [J]. Planta, 146 (3): 309 - 317.
XU KN, XU X, FUKAO T, et al., 2006. *Sub1A* is an ethylene - response - factor - like gene that confers submergence tolerance to rice [J]. Nature, 442 (7103): 705 - 708.
YAMAUCHI T, SHIONO K, NAGANO M, et al., 2015. Ethylene biosynthesis is promoted by very - long - chain fatty acids during lysigenous aerenchyma formation in rice roots [J]. Plant Physiology, 169 (1): 180 - 193.
YAMAUCHI T, TANAKA A, INAHASHI H, et al., 2019. Fine control of aerenchyma and lateral root development through AUX/IAA and ARF dependent auxin signaling [J]. Proceedings of the National Academy of Sciences of the United States of America, 116 (41): 20770 - 20775.
YAMAUCHI T, WATANABE K, FUKAZAWA A, et al., 2014. Ethylene and reactive oxygen species are involved in root aerenchyma formation and adaptation of wheat seedlings to oxygen - deficient conditions [J]. Journal of Experimental Botany, 65 (1): 261 - 273.
YEUNG E, VAN VEEN H, VASHISHT D, et al., 2018. A stress recovery signaling network for enhanced flooding tolerance in Arabidopsis thaliana [J]. Proceedings of the National Academy of Sciences of the United States of America, 115 (26): 6085 - 6094.

第五节　植物与高温胁迫

在逆境因子中，温度是影响植物生长发育过程的重要生态因子之一。植物体在生长发育过程中，经常会遭到高温胁迫，造成植物萎蔫甚至死亡，这与高温引起植物生理代谢紊乱和细胞组织结构的损伤等有关。高温胁迫又称热胁迫。在热胁迫下，植物光合和呼吸器官功能降低，上调热休克蛋白的转录和翻译、Ca^{2+}内流、增强活性氧的产生等（Bita，Gerats，2013）。研究植物高温伤害的生理生化基础及其机理，将有助于人们采取有效的措施减轻高温的危害。因此，近年来对植物在热胁迫下的生理研究受到广泛关注。

一、热胁迫对植物生长发育的影响

1. 热胁迫对植物表型的影响

热胁迫下植物的外部形态发生改变是热胁迫对植物影响最直接的表现，但是不同生长习性的高等植物的耐热性是不同的。例如，阳生植物的耐热性明显强于阴生植物。在同一地区生长的不同类型的植物耐热性也是不同的。例如，C_4植物的耐热普遍高于C_3植物，木本植物的耐热性也高于肉质植物等。植物受高温危害后，会出现各种热害病症，树干（特别是向阳部分）干燥、裂开；叶片出现死斑，变褐、变黄；鲜果（如葡萄、番茄）烧伤，有时甚至整个果实死亡；出现雄性不育、花序或子房脱落等异常现象。耐热性植物的叶片厚、叶柄短，主根粗大，侧根多，生长速度较缓慢，这些形态特征意味着耐热植物能更好地吸收和保持水分。

2. 热胁迫对植物生理生化的影响

（1）热胁迫对植物光合作用的影响

气孔是限制植物光合速率的主要影响因子之一。热胁迫引起气孔关闭有两种原因：一是因为高温加速了叶片水分蒸腾，为防止叶片含水量的进一步降低，气孔关闭以减小蒸腾速率，进而引起光合作用降低；二是由于高温导致光合作用下降引起细胞间CO_2浓度升高而间接引起气孔的关闭。引起光合作用下降的原因主要分为气孔因素和非气孔因素两大类。目前，对热胁迫引起光合作用下降归因于气孔限制还是非气孔限制的意见不同，这可能与所用的实验材料、实验方法、处理时间等的不同有关。通常认为光合速率的抑制是以气孔限制还是非气孔限制为主导与热胁迫时间有关，一般在热胁迫初期主要以气孔因素为主，而热胁迫后期则是由于光合活性的混乱为主的非气孔因素。

叶片光合色素含量变化是叶片生理活性变化的重要指标之一。光合色素在光能的吸收、传递、转换和激发能的耗散等方面有重要的作用，与光合速率大小具有密切的关系。在热胁迫下，通常呈现出随着胁迫时间的延长叶绿素含量下降的趋势，胁迫开始时叶绿素含量下降幅度较小，后期下降的幅度较大，热胁迫下的甜瓜叶片叶绿素含量呈下降的趋势，且随着胁迫时间的延长，下降的幅度越大。高温下叶绿素总量下降的可能原因有三个：一是高温降低了叶绿素合成相关的酶活性，使植物叶绿素生物合成减少，降低叶绿素的含量；二是热胁迫下叶绿素降解相关的酶活性升高，加速了叶绿素的降解；三是植物体内含量上升的活性氧氧化破坏叶绿素。

（2）热胁迫对抗氧化物质的影响

植物的光抑制能产生大量活性氧，而活性氧的清除则需要 SOD、POD、CAT 等抗氧化物质，因此植物在抵抗热胁迫的过程中会影响抗氧化物质的产生和作用。一般认为，尽管 SOD 可清除氧自由基，减轻膜脂过氧化对细胞内其他部位的伤害，但这种保护作用是有限的。胁迫后期，当胁迫压力超过植物所能承受的极限时，高温会破坏酶的活性中心，通过改变酶的结构或抑制酶的表达，使得酶活性下降。而作为分解 H_2O_2 关键酶的 CAT 与 POD 可能存在着在温度和时间范围上的分工合作。热胁迫下植物中 POD 活性的变化主要有三种趋势：一是 POD 活性先升高后下降；二是一些植物中 POD 活性先下降后上升；三是某些植物经热胁迫后 POD 活性下降。

（3）热胁迫对细胞膜结构的影响

在正常条件下，生物膜的脂类和蛋白质之间是靠静电或疏水键相互联系着，细胞膜是细胞与外界环境之间的一道屏障，生物体中物质代谢、能量转化、代谢调控、激素的作用均与细胞膜有关。因此，细胞膜系统的稳定性是热损伤和抗热的中心所在。植物在高温逆境下的伤害与脂质透性的增加是高温伤害的本质之一，热胁迫引起的膜伤害与自由基的产生及积累有关，高温打破了细胞内活性氧产生与清除之间的平衡，造成超氧化物自由基、羟自由基等活性氧的积累。由于活性氧具有很强的氧化能力，可使细胞内许多功能分子的结构与功能受到破坏，特别是膜脂过氧化作用引起膜蛋白与膜内脂的变化。高温会加剧膜脂过氧化作用，此过程的产物之一是丙二醛，它常作为膜脂过氧化作用的一个重要指标，在热胁迫下大多数植物丙二醛含量都表现出增加的趋势。这主要是因为高温下生物膜功能键断裂，导致膜蛋白变性、膜脂分子液化、膜结构破坏，引发了膜透性增大，细胞内电解质外渗，使膜正常生理功能不能进行，甚至导致细胞死亡。

类囊体膜的稳定性对高温条件下作物的光合效率有直接影响，在很大程度上影响着其他生物膜的稳定性，而且类囊体膜上的脂类在捕光天线复合体组装方面起作用。由于 PSⅡ复合体和类囊体膜整合在一起，有些研究人员认为膜的物理性质对光合作用热稳定性起重要作用。现在认为高温时 PSⅡ的失活和类囊体膜的脂相的变化直接相关。增加温度能增加膜脂的流动性，形成非双层脂类结构。膜脂的变化可能是由于脂类-蛋白质相互作用的去稳定作用，阻碍了 PSⅡ的功能。类囊体膜的稳定性与膜脂的饱和程度有关，而膜脂的饱和程度主要是由膜脂组分及其不饱和脂肪酸的含量决定的。

与冷害相同，植物抗热性也与生物膜膜脂的不饱和脂肪酸含量和不饱和程度有关。脂肪酸的碳链长度和键数不同，在高温条件下的固化温度就不同，抗热性就不同，碳链越长，固化温度越高；相同碳链长时，不饱和键数越少，固化温度越高；固化温度越高，膜越不易维持流动性，细胞不抗高温，易死亡。

（4）热胁迫对渗透调节物质的影响

植物体内脯氨酸是一种理想的有机溶质渗透调节物。在正常状态下，植物体内脯氨酸含量很低，在逆境条件下则在植物细胞内大量积累，积累的游离脯氨酸与其耐热性呈正相关，反映了植物受胁迫时的渗透调节能力。一般耐高温能力强的植物在正常环境下的脯氨酸含量比相同种类耐高温能力弱的植物多，在高温环境下脯氨酸含量上升也较快。铁炮百合幼苗在37℃/32℃（昼/夜）高温处理下，脯氨酸含量、丙二醛含量和相对电导率明显上升，且三种指标之间具有显著相关性，可以作为耐热性鉴定指标。常温下耐高温能力强的基因型植物中的脯氨酸含量比耐高温能力差的要高，而且耐高温能力强的植物中的脯氨酸含量跃升得也较快。可溶性糖是植物体内一类重要的渗透调节物质，对植物提高抗性具有重要的作用。一般在热胁迫下植物体内可溶性糖会累积。热胁迫处理对杉木针叶中果糖含量的影响不明显，但对葡萄糖和蔗糖含量却有显著影响，随着热胁迫程度的加深，葡萄糖和蔗糖含量明显提高。在热胁迫处理下，马尾松、北美乔柏和花旗松针叶中三种可溶性糖含量均呈上升趋势。热胁迫下黄连中的淀粉等大分子物质降解加快，因而体内可溶性糖含量不断增加。

（5）植物的热休克蛋白家族

在高于植物正常生长温度5℃以上，植物体内会产生大量的新的蛋白，称为热休克蛋白，也称为热激蛋白。它最早是在果蝇中发现的，现已证明普遍存在于动物、植物和微生物中。在植物中，热休克蛋白存在于细胞中胞质溶胶、线粒体、叶绿体、内质网等不同部位。亚致死强度的热胁迫会诱导细胞产生热激反应，开始转录新的mRNA，合成热休克蛋白，从而在较大程度上保护细胞和植物体免受更严重的热损伤，并使细胞结构和生理活性恢复正常，最终提高植物的耐热性。热休克蛋白的积累在植物的热激反应和获得耐热性中起着主要作用，信号通路在耐热性中也发挥着重要作用。

二、植物耐高温胁迫机制

热胁迫对植物细胞生理和代谢的影响主要表现在细胞组织和生化组分的改变（Bita，Gerats，2013），如HSPs的上调和热诱导的光抑制增强了活性氧的产生，上调了抗氧化系统等（Park，Seo，2015；Hasanuzzaman等，2013）。热休克蛋白通过作为稳定蛋白变性的伴侣，在蛋白质的功能稳定方面发挥了多种作用（Scharf等，2012）。在植物的正常温度下，这些热休克蛋白结合并阻止热应激转录因子激活热响应基因的表达，并增加各种编码热休克蛋白基因的转录。然而，在高温下，错误折叠的蛋白积累与热休克蛋白结合，从而释放热休克蛋白来激活热应激反应（Scharf 等，2012）。植物激素的生物合成对热胁迫也有很大的反应。例如，SA、ABA、多胺、ETH、NO 等都与钙离子一起作为次级信使，通过信号传导使植物获得抗热性（Verma 等，2016）。例如，SA 可以稳定热休克转录因子的三聚体，从而使它们能够更有效地与番茄中热休克蛋白编码基因的启动子结合（Snyman，Cronjé，2008）。此外，SA 和多胺已被证明可以通过外源应用于作物来促进获得耐热性。

1. 稳定膜流动性

热胁迫使细胞膜流动性增加，当超出最佳值后，会引起脂质双层的解体而导致不可逆的膜损伤（Bita，Gerats，2013）。耐热植物可以通过调节参与膜脂生物合成和饱和度的酶的活性稳定细胞膜的流动性并能维持 CO_2 同化（Wallis，Browse，2002）。例如，一些耐热作物和突变拟南芥通过调节磷脂组成以促进更高比例的饱和脂肪酸，可增加膜的熔化温度，并避免膜的流动性问题（Bita，Gerats，2013）。

2. 光合途径调节

通过 C_4 和景天酸代谢光合途径的物种比 C_3 途径的物种更能适应高温。主要是由于在核酮糖-1,5-二磷酸羧化酶进行氧合羧化的过程中，光呼吸的减少限制了 C_3 植物 25%光合产物的输出（Peterhansel 等，2010），RuBisCO 对 O_2 的鉴别能力随着温度的升高而降低，O_2 相对于 CO_2 的溶解度随热的增加而增加。因此，C_3 物种的光呼吸随着温度的升高而增加，且耐热性降低（Peterhansel 等，2010）。C_4 和景天酸代谢物种可以在 RuBisCO 周围集中碳，这样光呼吸在最佳或高温下不受限制（Kellogg，2013）。因此，围绕光呼吸或提高 RuBisCO 的 CO_2 生物技术方法是应对气候变化、提高 C_3 作物（如小麦、水稻）产量的关键。

3. 光辐射有效利用

通过改善光拦截、提高辐射利用效率来实现植物避热也是提高植物耐热性的途径（Cossani，Reynolds，2012）。高温干扰植物生长、触发叶绿体结构变化、促进叶片衰老，通过光拦截，降低光照强度，从而维持植物生长和保持绿色的能力（Cossani，Reynolds，2012；Abdelrahman 等，2017），可以增强水溶性碳水化合物存储的积累（Xue 等，2008）。叶片的解剖适应性如表皮蜡，也是实现光保护的关键。这些蜡层通常与保持绿色的趋势有关，它们调节冠层温度，从而缓冲热胁迫（Cossani，Reynolds，2012；Rebetzke 等，2016）。事实上，有证据表明，表皮蜡负荷的变化与叶片温度下降的变化有关，其中较厚的蜡层允许光抑制的减少（Mohammadian 等，2007）。叶表皮蜡的程度与水的保留之间存在直接的联系。

参考文献

ABDELRAHMAN M，EL - SAYED M，JOGAIAH S，et al.，2017. The ‘STAY - GREEN’ trait and phytohormone signaling networks in plants under heat stress [J]. Plant Cell Reports，36：1009 - 1025.

BITA C，GERATS T，2013. Plant tolerance to high temperature in a changing environment：scientifific fundamentals and production of heat stress - tolerant crops [J]. Frontiers in Plant Science，4：273.

COSSANI C M，RRYNOLDS M P，2012. Physiological traits for improving heat tolerance in wheat [J]. Plant Physiology，160：1710 - 1718.

HASANUZZAMAN M，NAHAR K，ALAM M M，et al.，2013. Physiological，biochemical，and molecular mechanisms of heat stress tolerance in plants [J]. International Journal of Molecular Science，14：9643 - 9684.

KELLOGG E A，2013. C4 photosynthesis [J]. Current Biology，23：594 - 599.

MOHAMMADIAN M A，WATLING J R，HILL R S，2007. The impact of epicuticular wax on gas - exchange and photoinhibition in Leucadendron lanigerum（Proteaceae）[J]. Acta Oeconomical，31：93 - 101.

PARK C J，SEO Y S，2015. Heat shock proteins：a review of the molecular chaperones for plant immunity [J]. Plant Pathology Journal，31：323 - 333.

PETERHANSEL C，HORST I，NIESSEN M，et al.，2010. Photorespiration. Arabidopsis Book，8：e0130.

REBETZKE G J，JIMENEZ - BERNI J A，BOVILL W D，et al.，2016. High - throughput phenotyping technologies allow accurate selection of stay - green [J]. Journal of Experimental Botany，67：4919 - 4924.

SCHARF KD，BERBERICH T，EBERSBERGER I，et al.，2012. The plant heat stress transcription factor（Hsf）family：structure，function and evolution [J]. Acta Biochimica Et Biophysica Sinica，1819：104 - 119.

SNYMAN M，CRONJÉ M J，2008. Modulation of heat shock factors accompanies salicylic acid - mediated potentiation of Hsp70 in tomato seedlings [J]. Journal of Experimental Botany，59：2125 - 2132.

VERMA V，RAVINDRAN P，KUMAR P P，2016. Plant hormone - mediated regulation of stress responses [J]. BMC Plant Biology，16：86.

WALLIS J G，BROWSE J，2002. Mutants of Arabidopsis reveal many roles for membrane lipids [J]. Progress in Lipid Research，41：254 - 278.

XUE G P，MCINTYRE C L，JENKINS C L D，et al.，2008. Molecular dissection of variation in carbohydrate metabolism related to water - soluble carbohydrate accumulation in stems of wheat [J]. Plant Physiology，146：441 - 454.

第六节 逆境胁迫下植物体内生物激素积累与交互

目前在植物体内已经被人们公认的植物激素有生长素、GA、CTK、ABA和ETH；后来BR、JA、SA和多胺等也在植物体内被发现，它们对植物的生长发育发挥着重要的调控作用。其中，ABA、ET、SA、JA和多胺在介导植物对逆境胁迫的防御反应中起着重要作用（Bari，Jones，2009）。通常在干旱、盐、冷、热胁迫及机械损伤等条件下，植物体内ABA水平增加，因此通常认为ABA在植物抵御非生物胁迫中发挥作用。外源ABA处理也能增强植物对水分等逆境的抗性。在逆境胁迫下，ETH积累也是植物对逆境环境适应的一种普遍的生理现象。例如，水分条件下产生的ETH促进器官衰老，引起枝叶脱落，减少蒸腾面积，有利于保持水分平衡，它是否与其他激素（如ABA等）一起参与对气孔的调节还有争议。ETH可提高与酚类代谢有关的酶类（如苯丙氨酸解氨酶、多酚氧化酶、几丁质酶）活性，并影响植物呼吸代谢，从而直接或间接地参与植物对伤害的修复或对逆境的抵抗过程。然而在植物的抗逆反应中常常不是一种激素，而是多种内源激素以一种复杂的方式在协调起作用。研究表明，植物可能以内源激素作为正负信号，对细胞内各种代谢过程进行有效调控。在此过程中，可能以ABA、ETH、BR、多胺作为正信号，而以生长素、GA_3、CTK等作为负信号，即土壤水分亏缺可作为原初信号被根系细胞感知，并在细胞内引起ABA大量合成，ABA作为细胞信使由根系运至叶片，叶片保卫细胞识别ABA，经胞内信号转导引起气孔关闭，同时造成与植株正常生长有关的代谢活动减弱，如体内生长素GA_3、CTK等促进生长的激素含量减少，从而使植株在形态、生理等方面发生与水分胁迫相适应的变化，提高抗旱性。近几年发现的植物生长物质多胺也参与植物的非生物胁迫忍受，尤其是盐和干旱胁迫（Groppa，Benavides，2008）。近年来的研究为ABA、SA、JA、ETH与生长素、GAs和CTKs的交互调节植物防御反应提供了大量证据（Bari，Jones，2009）。因此，这里将重点介绍非生物胁迫相关的 ABA 的调节作用及其与其他激素的相互作用。

一、植物抗逆反应中脱落酸的角色

在植物应对非生物胁迫反应中，ABA 的突出贡献被广泛深入研究。众所周知，在高盐度和干旱等渗透条件下，ABA 可以刺激气孔关闭等短期反应，从而维持水分平衡，并通过调节胁迫响应基因实现更长期的生长反应（Zhu，2002）。此外，对 ABA 响应基因的启动子分析发现存在多个 ABREs（PyACGTGG/TC），碱性亮氨酸拉链转录因子 AREBs 或者 ABFs 能结合到 ABREs 而上调 ABA 响应基因。来自 MYC、MYB 和 NAC 蛋白家族的其他转录因子也以 ABA 依赖的方式发挥作用（Abe 等，2003）。最近的研究发现，渗透胁迫条件下依赖 ABA 信号通路在脱水反应元件类结合蛋白转录因子的调控中发挥重要作用（Lata，Prasad，2011）。此结论在转基因植物中也得到了验证。

二、植物抗逆反应中激素的交互作用

SA、JA 和 ETH 主要在调控植物对各种病虫害的防御反应中发挥重要作用（Bari，Jones，2009）。ABA、SA、JA 和 ETH 的信号通路在不同节点上相互作用，如激素响应转录因子、调节植物的防御反应等。然而，值得注意的是，整个植物的适应和持续生长是在胁迫条件下适当的防御反应的关键特征。因此，ABA、SA、JA 和 ETH 与主要促生长因子生长素，GAs 和 CTK 的交互在介导胁迫反应中发挥重要作用。此外，植物在应对不同胁迫时激活的防御反应取决于激素信号通路之间的交互类型（阳性或阴性），而不仅仅取决于每种激素的个体贡献。因此，下面将简要概述不同植物激素之间的相互作用，以及这种相互作用在植物防御反应中的调节作用。

1. SA 和 JA 交互提高植物抗病性

因为 SA 和 JA 对生物胁迫反应具有拮抗作用，因此 SA 和 JA 的信号通路在不同的点相交。这种拮抗关系首次在番茄中被报道，与 JA 相关的伤口反应被阿司匹林（一种乙酰水杨酸药物）抑制（Doherty 等，1988）。研究表明，NPR1 在 SA 和 JA 的交互作用中起着关键作用。WRKY 70 转录因子也是介导两种激素之间拮抗作用的关键成分。WRKY70 过表达一方面导致 SA 响应性 PR 基因的构性表达，另一方面导致 JA 响应性 PDF1.2 基因的抑制（Li 等，2004）。

2. JA 和 ETH 交互提高植物抗病性

与 SA 和 JA 的拮抗作用不同，JA 和 ETH 在病原菌感染后协同调节防御相关基因。JA 和 ETH 两种途径都能诱导或稳定 EIN3，从而在根毛发育和抵抗坏死性植物方面发挥协同作用（Zhu 等，2011）。在番茄中，JA 和 ETH 的积极相互作用导致了蛋白酶抑制剂编码基因的产生（Odonnell 等，1996）。同样，JA 和 ETH 都需要同时激活 ERF1 的表达，从而激活 PR 基因（Lorenzo 等，2003）。最近在拟南芥中的研究表明，JA 和 ETH 信号通路也可以对抗昆虫和食草动物的攻击。此外，由于 DREBs 与 ETH 诱导的转录因子 ERF 家族有关。在非生物胁迫下，ETH 还与 ABA 互作，从而促进种子的休眠和萌发（Arc 等，2013）。

长期以来，人们都知道生长素负责调节植物的生长。然而，最近的一些研究也强调了它们在胁迫反应中的作用。生长素与 ETH 结合调节根的发育和结构，这在耐干旱和耐盐性方面起关键作用（Kohli 等，2013）。ETH 通过调节生长素运输对侧根形成的负调控和不定根形成的正调控提供了生长素-乙烯交互在改变根构型中的另一个实例（Negi 等，2010）。此外，用 SA 类似物苯并噻二唑 S-甲酯处理拟南芥，导致了几个生长素响应基因的抑制（Wang 等，2007）。在 SA 的诱导后，大部分生长素反应基因也被抑制，清楚地表明生长素促进疾病的敏感性，需不断抑制生长素信号来增强对疾病的抵抗力。总之，生长素作为激素信号网络的关键组成部分，也调节植物的防御反应。

3. CTK 与 SA 交互增强植物抗病力

CTKs 在生物应激反应中的作用已被一些研究所证实（Kohli 等，2013；Reusche 等，2013）。CTK 水平稳定的转基因拟南芥植株能增强对长孢黄萎病菌的抵抗力（Reusche 等，2013）。CTK 与 SA 信号交互，调节植物防御能力（Jiang 等，2013）。基因表达分析表明，外源添加 ABA 会抑制 CTK 生物合成基因-异戊烯酰基转移酶的表达（Nishiyama 等，2011）。

4. ABA 与 GA 交互调控种子休眠和萌发

种子休眠是一种适应性性状，它推迟发芽，直到环境条件有利于生存，它保护种子不受恶劣环境条件（非生物胁迫）的影响。因此，休眠是植物种子期最重要的防御反应。休眠是由 ABA 维持的，ABA 的水平在胚胎发生过程中上升，并且在成熟种子中较高（Karssen 等，1983）。已有研究表明，ABA 通过防止胚胎细胞壁松动来抑制水分吸收，从而降低胚胎生长潜力（Schopfer，Plachy，1985）。ABA 的抑制作用被 GA 所克服。当光照、温度和水分条件适宜时，GA 能促进成熟种子的萌发。萌发始于种子吸收水分，终止于胚根的出现（Bewley，1997）。在种子吸胀过程中，GA 的生物合成和反应途径被激活，导致生物活性 GA 的增加，这些 GA 诱导编码 ENDO－β－1,3 葡聚糖酶等水解酶基因表达，酶活性升高，水解胚乳，缓解 ABA 对胚胎生长潜力的抑制作用（Leubner－Metzger 等，1995）。研究说明 ABA 和 GA 之间存在拮抗关系：有利的环境条件导致种子中 GA 含量高、ABA 含量低，而不利的环境条件则相反。ABA 和 GA 之间的交互作用调节种子休眠和萌发之间的平衡，也是逃避种子植物早期非生物胁迫的一个主要机制（图 1－9a）。

5. 生长素与 ABA 交互调节胁迫下植物根系的生长

根系的发育是由环境条件决定的，已经被研究者们综述（Dinneny，2019）。在这里，我们重点研究了生长素和 ABA 在水分及盐胁迫下控制根系结构的机制（图 1－9b）。

高浓度的外源 ABA 抑制根的生长，而低浓度（nmol 范围）刺激主根的生长（Zhang 等，2010）。土壤中的水分分布是不均匀的，植物通过向水作用部分解决了这一问题，即根系向水的方向生长。在 ABA 缺乏的突变体中，向水性受损，在水分胁迫期间，ABA 在根组织中积累，这表明在根的向水性生长中，ABA 信号传递的重要作用（Takahashi 等，2002）。对于向水性，蛋白激酶 SnRK2.2 是在根伸长区的皮质细胞中，在那里它促进细胞伸长（Dietrich 等，2017）（图 1－9b）。低浓度 ABA（100nmol/L）通过自抑制 H^+－ATPase 2（ATPase 为 ATP 合酶）减弱 PP2C 介导的质外体 H^+ 外排抑制，从而刺激主根生长（Miao 等，2021）。最近的两项研究也表明油菜素内酯信号通路也存在于植物根生长的向水反应中，尽管其机制目前尚不清楚（Fàbregas 等，2018；Miao 等，2018）。相比之下，在高盐度环境中，侧根进入一个长时间的生长停滞，需要内胚层 ABA 信号（Duan 等，2013）。根系在远离高盐度地区也表现出优先生长，这种现象被称为嗜盐（Galvan－Ampudia 等，2013）。盐处理诱导生长素转运体 PIN－FORMED 2 内化，当根遇到纵向盐度梯度时，生长素在离盐源最远的根一侧积累，从而导致根弯曲（Galvan－Ampudia 等，2013；Korver 等，2020）。有趣的是，向水性似乎并不是通过生长素的再分配来起作用，这表明向盐性是一个独特的过程（Kaneyasu 等，2007；Shkolnik 等，2016）。

ABA 还能在水分胁迫下调节根的木质化。内胚层 ABA 信号通过诱导miR 165 和 miR166 的表达来刺激木质部分化，这是维管发育的两个关键调控因子（Ramachandran 等，2018；Bloch 等，2019）。ABA 也在木质部细胞中发挥作用，它激活了几个与维管相关的 NAC 结构域转录因子的表达，从而促进木质部分化（Ramachandran 等，2021）。

对两种相关的依赖水的根分枝策略的研究发现，水化模式和干分枝是生长素及 ABA 信号传递的需求。侧根起源于主根内的中柱鞘细胞，这是由生长素调节的转录网络控制的（De Smet 等，2007；Moreno - Risueno 等，2010）。这些启动事件的位置被证明与水的可用性有关，这个过程被称为“水化模式”。在水化模式中，初生根周围含水量的差异导致有水的地方优先发生侧根。水化模式与水接触的根生长素的生物合成和信号传递有关（Bao 等，2014）。最近的一项研究表明，水化模式需要生长素响应因子 ARF7（Orosa - Puente 等，2018）（图 1 - 9b）。将幼苗从琼脂培养皿中取出并暴露在空气中，引发了 ARF7 与 SUMO 蛋白的翻译后修饰，ARF7 降低了 DNA 结合活性。根系在土壤中遇到大的空气空间，在这些区域侧根的形成受到抑制。这种沿整个根周的分枝抑制被称为“干分枝”。最近的一项研究表明，ABA 信号在干分枝反应中存在（Orman - Ligeza 等，2018）。大麦植株的根系在短暂的水分亏缺后积累 ABA。ABA 对玉米和大麦根系的短期 ABA 处理导致了一个侧根抑制区，表明 ABA 可以模拟干分枝反应。此外，ABA 处理破坏了根中的生长素信号传导，提示其可能存在侧根抑制的机制（Orman - Ligeza 等，2018）（图 1 - 9b）。

6. GA、ABA 和 ETH 在非生物胁迫下调节开花

一个核心遗传网络调控植物的开花时间，该调控网络受内因、环境和季节的影响（Andrés，Coupland，2012）。关于激素信号如何与主要开花调控因子交叉来介导非生物胁迫对开花时间影响的研究表明：在长期干旱期间，许多物种会加速开花过渡，在死亡前繁殖，这种反应被称为干旱逃逸（Riboni 等，2013）。ABA 在开花过渡过程中的确切作用目前尚不清楚，令人困惑的是，*snrk2. 2snrk2. 3snrk2. 6* 三倍突变体开花早（Wang 等，2013），而 ABA 缺陷突变体和 *areb1 areb2 abf3 abf1* 四倍突变体开花晚（Yoshida 等，2015；Riboni 等，2013）。关于干旱加速开花的研究证据表明了 ABA 信号传递的积极作用。在长日照条件下，ABA 生物合成突变体的开花时间延迟，而对 ABA 超敏的 PP2C 三倍突变体的开花时间提前（Riboni 等，2013）。至关重要的是，干旱胁迫加剧了这种延迟，这表明 ABA 是促进干旱逃逸所必需的（Riboni 等，2013）。

ABA 在干旱诱导的开花中的这种积极作用需要光周期依赖的开花主要调

节蛋白 GIGANTEA（Riboni 等，2013，2016）。此外，*abf3 abf4* 双突变体的干旱逃逸反应被消除，*abf3* 和 *abf4* 可以直接诱导过表达抑制因子（另一种控制开花的基因）的转录（图 1－9c）（Hwang 等，2019）。

与干旱相比，盐胁迫导致拟南芥开花时间的 ETH 依赖性延迟（Achard 等，2006，2007）。盐胁迫通过诱导 ETH 生物合成基因的表达而导致 ETH 的积累（Achard 等，2006）。虽然其潜在机制尚不清楚，但 ETH 干扰 GA 信号转导，导致 DELLA 蛋白的积累。DELLA 蛋白可以通过抑制促开花转录因子 CONSTANS123 来延缓开花（Wang 等，2016）。此外，盐胁迫还通过诱导 GIGANTEA124 的降解来抑制开花（Kim 等，2013）。

7. GA 与 ETH 交互促进耐盐、抗冷和抗涝性

GA 还与其他几种激素相互作用，以调节植物的生长和发育，以应对胁迫。GA 信号通路中起抑制作用的转录因子 DELLAs 已被证明与 ETH 信号交互以促进耐盐性（Achard 等，2006）和抗冷性（Achard 等，2008）。因此，GAs 和 ETH 信号通过 DELLAs 蛋白交互在植物盐和冷胁迫忍受时起显著作用。

随着全球气候的恶化，水资源分布不平衡，洪涝也是影响农作物生长的环境因素之一。植物具有一系列的发育和生理策略来适应洪水，不同的物种表现出不同的策略（Voesenek，Bailey－Serres，2015）。

植物组织被淹没，阻碍了细胞对 O_2 和 CO_2 的获取，这将严重破坏植物的新陈代谢。此外，根部气体扩散不良导致 ETH 在被水淹的植物组织中积累（Voesenek，Bailey－Serres，2015）。长时间的淹水会导致缺氧，从而激活一个保守的基因表达程序，支持植物在缺氧的环境下生存。在拟南芥中，这些缺氧响应基因的转录需要 5 个转录因子，称为第七组 ETH 响应因子（Gasch 等，2016）。另外，水稻耐淹能力的一个主要数量性状位点包含三个相关的 ERF 基因（Xu 等，2006）。缺氧和高浓度的 ETH 都增强了第七组 ETH 响应因子蛋白的稳定性，导致靶基因的转录（Hartman 等，2019）。ERF 结合到保守的顺时作用元件及这些调节元件的染色质上能够促进水稻的抗涝性（Gasch 等，2016；Reynoso 等，2019）。一些耐涝物种表现出一种逃避策略（Voesenek，Bailey－Serres，2015），水下的芽和叶伸长露出水面寻求呼吸，比如水稻、莲花等。对耐淹水稻品种的研究发现，ETH 信号和 GA 信号交互是控制这种水下生长反应的，GA 通过促进节间生长来促进茎的伸长（Hattori 等，2009；Kuroha 等，2018；Nagai 等，2020）。最近的一项研究报告指出，压实的土壤导致 ETH 在根系中积累，进而抑制植物的进一步生长，这可能是植物避开土壤透气性差的地区的策略（Pandey 等，2021）。这表明 ETH 浓度升高可能是植物用来适应生长的缺氧环境中的一种策略（图 1-9d）。

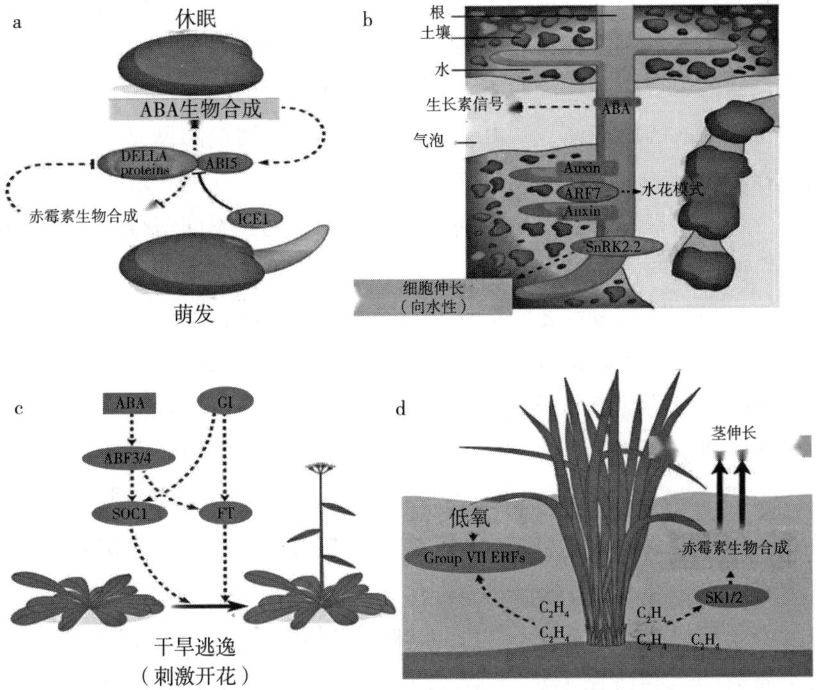

图 1-9 非生物胁迫下激素对植物生长发育的控制（Waadt 等，2022）

注：a. 种子萌发过程中 ABA 和 GA 交互。在休眠种子中，DELLA 蛋白和 ABA-sensitive 5（ABI5）通过刺激 ABA 生物合成基因和 ABI5 基因的表达来促进 ABA 信号传递，并通过抑制 GA 生物合成来抑制 GA 反应。CBF 表达诱导剂 1（ICE1）可拮抗 DELLA 和 ABI5 活性，并促进萌发。在萌发期间，GA 水平增加，GA 触发 DELLA 蛋白降解，导致 ABA 信号减弱。b. 渗透胁迫下生长素和 ABA 调节根发育。水在土壤中分布不均匀，土壤颗粒之间形成大的气穴。主根表现出亲水性或向高含水量地区倾斜生长。这一过程依赖于延伸区皮层细胞中蔗糖非发酵 1 相关蛋白激酶 2.2（SnRK2.2）的活性。当根进入空气空间时，侧根的形成受到抑制（干分枝），这一过程依赖于 ABA 对生长素信号的抑制。生长在水不对称分布地区的根系显示出一种被称为水模式的生长过程，在这种生长过程中，侧根优先形成于与水接触的一侧。在水化模式中，生长素响应因子 ARF7 刺激优先的侧根起始。c. ABA 介导的干旱逃避。在长期干旱期间，植物加速开花繁殖，这一过程被称为干旱逃逸。在干旱胁迫下，ABA 激活的转录因子 ABA 响应元件结合因子 3（ABF3）和 ABF4 以及花调节剂 GIGANTEA（GI）刺激开花诱导因子（SOC1）和开花位点 T（FT）的表达，促进开花。d. 淹没的植物组织经历缺氧和 ETH 气体水平升高。这些激活了被称为第 VII 组 ETH 反应因子的转录因子。第 VII 组 ERF 启动了一个保守的缺氧诱导的转录程序。在深水水稻品种中，ETH 浓度升高激活了 ERFs SNORKEL1 和 SNORKEL2（SK1/2），从而诱导 GA 的生物合成。GA 信号促进了洪涝逃逸策略，使茎伸长露出空气。图中虚线表示间接机制。

从前面的论述可以清楚地看出，植物利用复杂的信号通路来应对环境胁迫。除了 Ca^{2+} 和活性氧等其他小分子信号物质外，植物激素在非生物或生物胁迫感知上触发特定的信号级联。比如 ABA、ETH、SA 和 JA 等几个关键激素水平的波动是植物受到胁迫的早期反应。这些激素影响植物细胞代谢过程，最终导致植物生长模式的改变，以适应环境胁迫。最近的研究成果有助于阐明复杂的信号网络和发生在不同激素信号通路之间复杂的相互作用。这些交互有助于整合各种输入的胁迫信号，并使植物对它们做出适当的反应。植物生长反应的调整和对胁迫的耐受性的提高是植物生存的关键。在分子水平上，这种胁迫耐受性由每种激素的多个信号中间体的存在和它们在不同信号水平上的相互作用的能力所促进的。

很显然，多种植物激素之间的信号相互作用在控制各种生长发育过程。植物可以在不同的点上控制激素的作用，例如，通过调节给定植物激素的生物合成，通过修改可用的激素分子池或通过复杂的调节信号传递过程等。植物生物学家早就认识到这个激素调控网络的复杂性。最近研究发现的多种受体和信号中间体（如超过 20 个细胞分裂素信号的反应调节因子、超过 20 个生长素信号的 AUX/IAA 基因或类似数量的 JA 信号中间体的存在）表明了植物激素多重作用背后的众多分子参与者。在通常是冗余的众多信号中间体之间错综复杂的串扰网络正开始得到更好的理解。未来利用基因组尺度系统生物学方法来解决这类重大问题的研究无疑将使人们对植物发育有更详细的了解。因此，促进逆境生长中的植物协调发展，探索各种激素之间更多的交互机制将是未来逆境胁迫生物学研究的重要方面。此外，找到植物激素信号交互点也将为植物的遗传改良提供有价值的新途径，以满足面对全球气候变化的未来粮食生产目标。

参考文献

ABE H，URAO T，ITO T，et al.，2003. Arabidopsis AtMYC2（bHLH）and AtMYB2（MYB）function as transcriptional activators in abscisic acid signaling [J]. Plant Cell，15（1）：63-78.

ACHARD P，BAGHOUR M，CHAPPLE A，et al.，2007. The plant stress hormone ethylene controls floral transition via DELLA-dependent regulation of floral meristem-identity genes [J]. Proceedings of the National Academy of Sciences of the United States of America，104：6484-6489.

ACHARD P，CHENG H，D E GRAUWE L，et al.，2006. Integration of plant responses to environmentally activated phytohormonal signals [J]. Science, 311 (5757): 91-94.

ACHARD P, GONG F, CHEMINANT S, et al., 2008. The cold-inducible CBF1 factor-dependent signaling pathway modulates the accumulation of the growth-repressing DELLA proteins via its effect on gibberellin metabolism [J]. Plant Cell, 20 (8): 2117-2129.

ANDRÉS F, COUPLAND G, 2012. The genetic basis of flowering responses to seasonal cues [J]. Nature Reviews Genetics, 13: 627-639.

ARC E, SECHET J, CORBINEAU F, et al., 2013. ABA crosstalk with ethylene and nitric oxide in seed dormancy and germinatio [J]. Frontiers in Plant Science, 4: 63.

BAO Y, ROBBINS N E, STURROCK C J, et al., 2014. Plant roots use a patterning mechanism to position lateral root branches toward available water [J]. Proceedings of the National Academy of Sciences of the United States of America, 111: 9319-9324.

BARI R, JONES J D, 2009. Role of plant hormones in plant defence responses [J]. Plant Molecular Biology, 69 (4): 473-488.

BEWLEY J D, 1997. Seed germination and dormancy [J]. Plant Cell, 9 (7): 1055-1066.

BLOCH D, PULI M R, MOSQUNA A, et al., 2019. Abiotic stress modulates root patterning via ABAregulated microRNA expression in the endodermis initials [J]. Development, 146: 159202.

DE SMET I, TETSUMURA TAKUYA, RYBEL B D, et al., 2007. Auxin-dependent regulation of lateral root positioning in the basal meristem of Arabidopsis [J]. Development, 134: 681-690.

DIETRICH D, PANG L, KOBAYASHI A, et al., 2017. Root hydrotropism is controlled via a cortex-specific growth mechanism [J]. Nature Plants, 3: 17057.

DINNENY J R, 2019. Developmental responses to water and salinity in root systems [J]. Annual Review of Cell and Developmental Biology, 35: 239-257.

DOHERTY H M, SELVENDRAN R R, BOWLES D J, 1988. The wound response of tomato plants can be inhibited by aspirin and related hydroxy-benzoic acids [J]. Physiological and Molecular Plant Pathology, 33 (3): 377-384.

DUAN L, DIETRICH D, NG C H, et al., 2013. Endodermal ABA signaling promotes lateral root quiescence during salt stress in Arabidopsis seedlings [J]. Plant Cell, 25: 324-341.

FÀBREGAS N, LOZANO-ELENA F, BLASCO-ESCÁMEZ D, et al., 2018. Overexpression of the vascular brassinosteroid receptor BRL3 confers drought resistance without penalizing plant growth [J]. Nature Communication, 9: 4680.

GALVAN-AMPUDIA C S, JULKOWSKA M M, DARWISH E, et al., 2013. Halotropism is a response of plant roots to avoid a saline environment [J]. Current Biology, 23: 2044-2050.

GASCH P, FUNDINGER M, MÜLLER J T, et al., 2016. Redundant ERF-VII transcription factors bind to an evolutionarily conserved cis-motif to regulate hypoxia-responsive gene expression in Arabidopsis [J]. Plant Cell, 28: 160-180.

GROPPA M D, BENAVIDES M P, 2008. Polyamines and abiotic stress: recent advances [J]. Amino Acids, 34: 35 - 45.

HARTMAN S, LIU Z, VEEN H, et al., 2019. Ethylene - mediated nitric oxide depletion pre - adapts plants to hypoxia stress [J]. Nature Communication, 10: 4020.

HARTMAN S, SASIDHARAN R, VOESENEK L A C J, 2021. The role of ethylene in metabolic acclimations to low oxygen [J]. New Phytologist, 229: 64 - 70.

HATTORI Y, NAGAI K, FURUKAWA S, et al., 2009. The ethylene response factors SNORKEL1 and SNORKEL2 allow rice to adapt to deep water [J]. Nature, 460: 1026 - 1030.

HWANG K, SUSILA H, NASIM Z, et al., 2019. Arabidopsis ABF3 and ABF4 transcription factors act with the NF - YC complex to regulate SOC1 expression and mediate drought - accelerated flowering [J]. Molecular Plant, 12: 489 - 505.

JIANG C J, SHIMONO M, SUGANO S, et al., 2013. Cytokinins act synergistically with salicylic acid to activate defense gene expression in rice [J]. Molecular Plant - Microbe Interaction, 26 (3): 287 - 296.

KANEYASU T, KOBAYASHI A, NAKAYAMA M, et al., 2007. Auxin response, but not its polar transport, plays a role in hydrotropism of Arabidopsis roots [J]. Journal of Experimental Botany, 58: 1143 - 1150.

KARSSEN C M, SWAN D L C, BREEKLAND A E, et al., 1983. Induction of dormancy during seed development by endogenous abscisic acid: studies on abscisic acid deficient genotypes of Arabidopsis thaliana (L.) Heynh [J]. Planta, 157: 158 - 165.

KIM W Y, ALI Z, PARK J H, et al., 2013. Release of SOS2 kinase from sequestration with GIGANTEA determines salt tolerance in Arabidopsis [J]. Nature Communication, 4: 1352.

KOHLI A, SREENIVASULU N, LAKSHMANAN P, et al., 2013. The phytohormone crosstalk paradigm takes center stage in understanding how plants respond to abiotic stresses [J]. Plant Cell Reports, 32 (7): 945 - 957.

KORVER RA, BERG T, MEYER AJ, et al., 2020. Halotropism requires phospholipase D-zetal - mediated modulation of cellular polarity of auxin transport carriers [J]. Plant Cell and Environment, 43: 143 - 158.

KUROHA T, NAGAI K, GAMUYAO R, et al., 2018. Ethylene - gibberellin signaling underlies adaptation of rice to periodic flooding [J]. Science, 361: 181 - 186.

LATA C, PRASAD M, 2011. Role of DREBs in regulation of abiotic stress responses in plants [J]. Journal of Experimental Botany, 62 (14): 4731 - 4748.

LEE T A, BAILEY - SERRES J, 2021. Conserved and nuanced hierarchy of gene regulatory response to hypoxia [J]. New Phytologist, 229: 71 - 78.

LEUBNER - METZGER G, FRUNDT C, VOGELI - LANGE R, et al., 1995. Class I [beta] - 1,3 - glucanases in the endosperm of tobacco during germination [J]. Plant Physiology, 109 (3): 751 - 759.

LI J, BRADER G, PALVA E T, 2004. The WRKY70 transcription factor: a node of convergence for jasmonate - mediated and salicylate - mediated signals in plant defense [J]. Plant Cell, 16 (2): 3.

LORENZO O, PIQUERAS R, SANCHEZ - SERRANO J J, et al., 2003. ETHYLENE RESPONSE FACTOR1 integrates signals from ethylene and jasmonate pathways in plant defense [J]. Plant Cell, 15 (1): 165 - 178.

MIAO R, WANG M, YUAN W, et al., 2018. Comparative analysis of Arabidopsis ecotypes reveals a role for brassinosteroids in root hydrotropism [J]. Plant Physiology, 176: 2720 - 2736.

MIAO R, YUAN WEI, WANG Y, et al., 2021. Low ABA concentration promotes root growth and hydrotropism through relief of ABA INSENSITIVE 1 - mediated inhibition of plasma membrane H^+ - ATPase [J]. Science Advance, 7: 4113 - 4130.

MORENO - RISUENO M A, NORMAN J M V, MORENO A, et al., 2010. Oscillating gene expression determines competence for periodic Arabidopsis root branching [J]. Science, 329: 1306 - 1311.

NAGAI K, MORI Y, ISHIKAWA S, et al., 2020. Antagonistic regulation of the gibberellic acid response during stem growth in rice [J]. Nature, 584: 109 - 114.

NEGI S, SUKUMAR P, LIU X, et al., 2010. Genetic dissection of the role of ethylene in regulating auxin - dependent lateral and adventitious root formation in tomato [J]. The Plant Journal, 61 (1): 3 - 15.

NISHIYAMA R, WATANABE Y, FUJITA Y, et al., 2011. Analysis of cytokinin mutants and regulation of cytokinin metabolic genes reveals important regulatory roles of cytokinins in drought, salt band abscisic acid responses, and abscisic acid biosynthesis [J]. Plant Cell, 23 (6): 2169 - 2183.

ODONNELL P J, CALVERT C, ATZORN R, et al., 1996. Ethylene as a signal mediating the wound response of tomato plants [J]. Science, 274: 5294.

ORMAN - LIGEZA B, MORRIS E C, PARIZOT B, et al., 2018. The xerobranching response represses lateral root formation when roots are not in contact with water [J]. Current Biology, 28: 3165 - 3173.

OROSA - PUENTE B, LEFTLEY N, WANGENHEIM D, et al., 2018. Root branching toward water involves posttranslational modification of transcription factor ARF7 [J]. Science, 362: 1407 - 1410.

PANDEY B K, HUANG G Q, BHOSALE R, et al., 2021. Plant roots sense soil compaction through restricted ethylene diffusion [J]. Science, 371: 276 - 280.

RAMACHANDRAN P, AUGSTEIN F, MAZUMDAR S, et al., 2021. Abscisic acid signaling activates distinct VND transcription factors to promote xylem differentiation in Arabidopsis [J]. Current Biology, 31: 3153 - 3161.

RAMACHANDRAN P, WANG G, AUGSTEIN F, et al., 2018. Continuous root xylem formation and vascular acclimation to water deficit involves endodermal ABA signalling via

miR165 [J]. Development，145 (3)：159202.
REUSCHE M，KLASKOVA J，THOLE K，et al.，2013. Stabilization of cytokinin levels enhances Arabidopsis resistance against Verticillium longisporum [J]. Molecular Plant - Microbe Interaction，26 (8)：850 - 860.
REYNOSO M A，KAJALA K，BAJIC M，et al.，2019. Evolutionary flexibility in flooding response circuitry in angiosperms [J]. Science，365：1291 - 1295.
RIBONI M，GALBIATI M，TONELLI C，et al.，2013. GIGANTEA enables drought escape response via abscisic acid - dependent activation of the florigens and suppressor of overexpression of constans [J]. Plant Physiology，162：1706 - 1719.
RIBONI M，TEST AR，GALBIATI M，et al.，2016. ABA - dependent control of GIGANTEA signalling enables drought escape via up - regulation of FLOWERING LOCUS T in Arabidopsis thaliana [J]. Journal of Experimental Botany，67：6309 - 6322.
SCHOPFER P，PLACHY C，1985. Control of seed germination by abscisic acid [J]. Plant Physiology，77 (3)：676 - 686.
SHKOLNIK D，KRIEGER G，NURIEL R，et al.，2016. Hydrotropism：root bending does not require auxin redistribution [J]. Molecular Plant，9：757 - 759.
TAKAHASHI N，GOTO N，OKADA K，et al.，2002. Hydrotropism in abscisic acid，wavy，and gravitropic mutants of Arabidopsis thaliana [J]. Planta，216：203 - 211.
VOESENEK L A C J，BAILEY - SERRES J，2015. Flood adaptive traits and processes：an overview [J]. New Phytologist，206：57 - 73.
WAADT R，SELLER C A，HSU P K，et al.，2022. Plant hormone regulation of abiotic stress responses [J]. Nature，23：681.
WANG D，PAJEROWSKA - MUKHTAR K，CULLER A H，et al.，2007. Salicylic acid inhibits pathogen growth in plants through repression of the auxin signaling pathway [J]. Current Biology，17 (20)：1784 - 1790.
WANG H，PAN J J，LI Y，et al.，2016. The DELLA - CONSTANS transcription factor cascade integrates gibberellic acid and photoperiod signaling to regulate flowering [J]. Plant Physiology，172：479 - 488.
WANG P，XUE L，BATELLI G，et al.，2013. Quantitative phosphoproteomics identifies SnRK2 protein kinase substrates and reveals the effectors of abscisic acid action [J]. Proceedings of the National Academy of Sciences of the United States of America，110：11205 - 11210.
XU K，XU XIA，FUKAO T，et al.，2006. Sub1A is an ethylene - response - factor - like gene that confers submergence tolerance to rice [J]. Nature，442：705 - 708.
YOSHIDA T，FUJITA Y，MARUYAMA K，et al.，2015. Four Arabidopsis AREB/ABF transcription factors function predominantly in gene expression downstream of SnRK2 kinases in abscisic acid signalling in response to osmotic stress [J]. Plant Cell and Envinment，38：35 - 49.
ZHANG H，HAN WOONG，SMET I D，et al.，2010. BA promotes quiescence of the qui-

escent centre and suppresses stem cell differentiation in the Arabidopsis primary root meristem [J]. The Plant Journal, 64: 764-774.
ZHU J K, 2002. Salt and drought stress signal transduction in plants [J]. Annual Review of Plant Biology, 53: 247-273.
ZHU Z, AN F, FENG Y, et al., 2011. Derepression of ethylene-stabilized transcription factors (EIN3/EIL1) mediates jasmonate and ethylene signaling synergy in Arabidopsis [J]. Proceedings of the National Academy of Sciences of the United States of America, 108 (30): 12539-12544.

第七节　提高作物抗逆性策略

植物不能移动，因此它们必须忍受干旱、盐度和极端温度等非生物胁迫。这些胁迫源极大地限制了植物的分布，改变了它们的生长和发育，并降低了作物的生产力。为了提高植物的生存率和生产效率，研究者们已经研究了不同的方法来提高植物的抗性（Mishra 等，2017；Anwar 等，2018；Rajput 等，2021；Al-Khayri 等，2023）。传统的育种技术用于变异种质产生的遗传变异和种间或种间杂交，在细胞和组织培养水平上诱导突变，以增加植物对环境胁迫的抵抗力。虽然传统的育种技术显著提高了作物产量，但是这些技术存在许多局限性，比如把不良的基因通过杂交转移到理想的基因产生新的植株需要较长的时间，并且由于胁迫反应和机制的复杂性，生产效率低，并不能保证在数以百万的杂交组合中获得一个特定的优良基因组合等。因此，为了满足人们日益增长的食物需求和非生物胁迫对农业生产影响的普遍复杂性，需要新的方法和技术来改善作物生产，以满足粮食需求（Mishra 等，2017），利用转基因手段创造抗性品种已经刻不容缓。植物自身为了抵御环境压力，进化出了相互关联的调节途径，能够及时地做出反应和适应环境。非生物胁迫条件影响植物生理的许多方面，并引起细胞过程的广泛变化。其中一些变化是非适应性反应，然而，大部分变化又是适应性反应，通过一系列变化，导致植物抗逆性增加，因此这些可以作为作物改良的潜在目标。

一、利用作物的自然遗传变异进行作物改良提高植物抗逆性

对非生物胁迫下植物分子反应的了解大多来自对拟南芥的研究。虽然从拟南芥中发现的一般原理在很大程度上适用于作物，但对分子深层次研究在不同植物上往往是不相同的。这主要是由于大多数植物基因存在于基因家族中，由

于蛋白质结构和时空表达模式的进化差异，拟南芥与作物基因同源物之间往往也没有精确的一一对应关系。尽管如此，对拟南芥相关基因和途径的进一步研究对于作物的生物技术改进也非常重要，并且有助于设计和探讨自然遗传变异的研究，这为培育抗性强的作物新品种提供了丰富的资源（Hirsch 等，2014；Liu 等，2020；Qin 等，2021）。

传统育种一直是开发自然等位基因适应性性状遗传多样性的主要策略。基因组的出现和基因定位工具，成为可以提高植物在各种胁迫下产量和性能的等位基因的工具。例如，全基因组关联研究和使用，近年来，通过数量性状位点方法和全基因组关联研究，越来越多的人在作物物种中发现了非生物胁迫反应和自然等位基因变异的重要调控因子。通过这些方法确定的基因和等位基因可以用于培育具有更好的环境适应能力和更高生产力的作物。例如，水稻、小麦和玉米中的 HKT1 等位基因已被确定为控制植物耐盐性的主要数量性状位点，并使标记辅助育种的小麦在盐碱地增产（Munns 等，2012；Zhang 等，2018a）。在非洲水稻亚种栽培稻中，热耐受性 1 被鉴定为一个主要的热耐性数量性状位点，在当地环境适应性中起着重要作用（Li 等，2015）。通过全基因组关联研究，Na^+ 和 K^+ 转运体基因 *SlHAK20* 的遗传变异被证明是导致番茄根系 Na^+/K^+ 比值变化和驯化过程中耐盐性丧失的原因（Wang 等，2020）。全基因组关联研究分析还显示，番茄 SOS1 基因的自然变异导致了番茄耐盐表型的变异（Wang 等，2021），而编码液泡 H^+ - PPase ZmVPP1 和 NAC 转录因子 ZmNAC111 的基因变异则导致了玉米幼苗的抗旱性（Mao 等，2015；Wang 等，2016）。

二、基因工程与分子育种提高植物抗逆性

1. 提高植物抗逆性育种生物技术方法

植物生物技术方法如分子育种和基因工程，为在短时间内获得改良和基因组编辑作物提供了可能性。基因工程也解决了不同植物类群之间的生殖障碍（Noman 等，2017）。转基因育种通过基因改造和改良，有效地提高了作物产量。

基因组序列已经被适用于不同的植物品种（如拟南芥、黄瓜、番茄、水稻等），包括具有大而复杂的基因组的物种（Nepolean 等，2018；Hameed 等，2018）。此外，所谓的“新一代测序”技术的出现，提供了相对快速和廉价的对新作物和不同品种进行测序的可能性，用于开发分子育种的新标记（Tayeh

等，2015；Djami - Tchatchou 等，2017）。

数量性状位点定位是植物育种中出现的一种新兴技术，是研究非生物胁迫遗传复杂系统的一种完美的方法（Shen 等，2018）。在环境/非生物胁迫条件下提高作物产量，控制特定的农艺性状和生理机制，提高作物产量。利用数量性状位点鉴定不同非生物胁迫下植物耐受性的候选基因对于开发具有增强干旱胁迫耐受性的转基因作物至关重要。一旦通过数量性状位点定位确定了控制某个性状的基因，这些基因就可以通过基因工程和标记辅助选择杂交纳入任何理想品种的基因文库中（Noman 等，2017；Hameed 等，2018）。根据数量性状位点的稳定性和对非生物胁迫的响应，可分为"适应性"和"构成型"（Collins 等，2008）。构成型数量性状位点在大多数环境中经常被发现，但适应性数量性状位点在特定的环境条件下被检测到，如在温度升高或降低条件下表达的数量性状位点，这说明数量性状位点负责控制温度应力。

另外，基于 CRISPR - Cas9 的基因编辑是一种强大的基因工程方法，可用于作物通过碱基编辑、引物编辑和定向序列插入、缺失或者替换产生随机的小的突变或精确的碱基变化（Lu 等，2020；Wang 等，2019）。特别是，靶向序列插入技术可以在重要的胁迫反应基因中高效插入转录或翻译调控序列，从而产生表达增加或减少的等位基因，为研究和育种提供了宝贵的工具（Zhan 等，2021；Zhu 等，2020）。

2. 提高植物抗逆性转基因育种研究

抗胁迫植物可以通过上调或下调参与胁迫反应的关键调控因子的表达或活性进行基因改造。尽管调控因子在任何水平的分子反应都可以被操纵，但研究比较成功的是在蛋白激酶和其他信号元件、转录因子、代谢酶和离子转运体上获得调控因子。例如，ABA 依赖的转录因子 OsDREB2A 过表达的转基因水稻表现出了对脱水胁迫的耐受性（Cui 等，2011；Mallikarjuna 等，2011）。胁迫条件往往导致细胞毒性代谢物甲基乙二醛的过度积累。在水稻中，过度表达用于解毒甲基乙二醛的乙二醛酶途径的基因导致水稻对高盐、干旱和高温等非环境胁迫的耐受性增加（Gupta 等，2018）。利用短串联靶模拟系统在水稻中敲除 miR166 会增强其抗旱性（Zhang 等，2018b）。除了植物基因，一些微生物基因，如稳定 RNA 的枯草芽孢杆菌冷休克蛋白 B，已被用于开发商业化的转基因抗胁迫作物（Simmons 等，2021）。

过表达渗透胁迫激活的和 ABA 激活的 *SnRK2* 基因 *SAPK1* 和 *SAPK2* 导致水稻耐盐性增加，而通过 CRISPR - Cas 基因组编辑生成的这些基因的功能缺失突变体则显示耐盐性降低，这说明 *SAPK1* 和 *SAPK2* 在这一过程中发挥了重要作用（Lou 等，2018）。

三、在不牺牲成长的前提下提高抗胁迫能力

植物对胁迫反应的调控与其他重要的生物过程，特别是与生长相关的途径具有内在的协调作用（Zhang 等，2020）。因此，作物抗逆性的增强往往伴随着植物生长速度和产量的降低。然而，在胁迫诱导启动子的控制下，表达耐胁迫基因可以减轻这些生长和产量的损失。例如，在转基因小麦和大麦植株中，TaDREB2、TaDREB3 的过表达提高了抗冻能力，但伴随而来的是生长迟缓和花期推迟（Morran 等，2011）。而在干旱诱导启动子的控制下，表达 TaDREB2、TaDREB3 的转基因小麦和大麦植株在严重干旱胁迫下表现出较高的成活率，而在非胁迫条件下没有表现出明显的生长缺陷（Morran 等，2011）。同样，水稻在干旱诱导的 Oshox24 启动子控制下过表达转录因子基因 *OsNAC6*，提高了水稻对脱水和高盐胁迫的耐受性，而不出现表型过表达所观察到的生长迟缓和低产量（Nakashima 等，2014）。

胁迫反应和植物生长之间的拮抗反应反映了这些过程之间的紧密调节平衡，如 PYL 蛋白和 TOR 激酶的相互调节（Zhang 等，2020，Wang 等，2018）。TOR 是一种进化上保守的主调控因子，在所有真核生物中整合多个细胞过程以促进生长。在未受胁迫的拟南芥中，TOR 磷酸化 PYL 蛋白，从而阻止 ABA 介导的胁迫反应的激活，而胁迫激活 SnRK2，SnRK2 磷酸化 TOR 复合体结合蛋白，导致 TOR 活性被抑制（Wang 等，2018）。胁迫激素 ABA 和促进生长的油菜素类固醇激素之间也会发生交互，以平衡植物的生长和应激反应（Wang 等，2018）。在胁迫反应和植物生长之间取得最佳平衡对于改善田间条件下产量稳定性至关重要。

四、保护植物免受非生物胁迫的化学干预

抗逆性也可以通过小分子化合物的处理来调节，小分子化合物通过影响植物胁迫反应网络过程中分子的活性提高植物抗逆性。例如，外源 ABA 处理可以保护植物免受几种非生物胁迫，但由于其高昂的成本和化学不稳定性，其在田间的应用受到了阻碍。ABA 受体的鉴定及其结构的阐明促进了旨在开发高效 ABA 模拟物的研究工作；这些小分子表现出 ABA 类活性，包括与 ABA 受体结合，诱导气孔关闭和激活胁迫响应基因的表达等（Cao 等，2013；Vaidya

等，2019）。利用转基因植物中的胁迫诱导 ABA 受体，ABA 模拟物的效果可以进一步提高，从而达到更高的抗旱性（Cao 等，2017）。除此之外，JA、SA、多胺也被广泛用于提高植物抗逆性的研究中（Wang 等，2020a；Shao 等，2022；Chen 等，2023）。

五、纳米技术在植物对抗非生物胁迫中的应用

纳米技术是处理植物的高温胁迫、热胁迫、干旱胁迫和盐胁迫等非生物胁迫的最新方法和最有前途的方法之一，同时也是一种农业环保技术。随着细胞抗氧化剂、营养吸收、光合效率、分子和生化途径的深入研究，纳米材料显著提高了植物抵御非生物胁迫的寿命（Rana 等，2021）。纳米技术在改善植物胁迫条件下的生长和发育，推动农业现代化方面取得了大的进步（Rana 等，2021）。

研究表明纳米材料在修复土壤污染方面发挥着重要作用（Hussain 等，2018；Manzoor 等，2021）。对氧化亚铁纳米材料的研究发现，它们可以通过提高生物量、叶绿素水平和抗氧化酶来缓解干旱胁迫，降低镉毒性（Manzoor 等，2021；Hussain 等，2019；Adrees 等，2020）。氧化亚铁纳米材料处理还提高了小麦植株的生长、叶绿素浓度和抗氧化酶，从而降低了盐胁迫的影响（Manzoor 等，2021）。硅氮处理也提高了植物抵御干旱胁迫的能力。例如，在缺水的情况下，硅纳米材料促进了黄瓜的生长和产量（Alsaeedi 等，2019）。为了更好地了解纳米材料如何提高植物对盐分和其他非生物胁迫的抵抗力，还需要进行更多的分子和生理研究。据报道，一方面纳米材料引起植物多种形态、生理和生物化学变化，从而提高其对干旱胁迫的抗性（Kandhol 等，2022）。例如，通过减少淹水胁迫引起的蛋白质的错误折叠（Mustafa 等，2015），锌纳米材料的施用提高了干旱条件下脯氨酸、甘氨酸甜菜碱、游离氨基酸和糖的水平等。另一方面非生物胁迫下对植物的纳米材料处理，可以通过诱导上述一种或多种分子反应来缓解胁迫。目前研究较多的纳米材料包括氧化铝纳米材料、硅纳米材料、氧化锌纳米材料、多壁碳纳米管和二氧化钛纳米材料。Zhao 等（2022）的研究表明，银和氧化铜等纳米材料通过诱导胁迫反应和防御机制成为潜在的纳米材料，从而提高植物的抗性。

六、展望

由于我们对植物胁迫反应不完全了解，即使采用遗传和化学结合的方法可

能也不足以在田间保护植物免受胁迫。那么微生物可能为这个问题提供了一个解决方案。自然界中的植物与根际中各种各样的土壤微生物共存。根系分泌物受植物基因型和环境胁迫条件的影响，在确定被称为根系菌群的根系相关微生物群落的组成方面起着关键作用（Reinhold－Hurek 等，2015；Vilchez 等，2020）。根菌群中的许多有益土壤微生物能够增强植物对干旱和其他非生物胁迫的抗性，但其潜在的分子机制大多未知。结合遗传、化学和微生物策略的综合方法可以为培育高抗逆性和高产的植物提供新的解决方案。解释有益微生物保护作用的分子机制可能为提高遗传、化学和微生物保护的有效性提供新的策略。

总之，对模式植物和作物的遗传、生化和分子研究，提高了我们在多分子水平上对非生物胁迫响应的理解。在这些水平上的关键调节都是保护作物免受胁迫的潜在操纵目标。提高作物在逆境条件下的生产力需要整合遗传方法（如 CRISPR－Cas－based 基因编辑）、化学物质（如持久影响促进气孔关闭和诱导干旱响应基因表达 ABA 的受体激动剂 AMF4）和与有益微生物互作等多学科方法进行研究。

在自然环境中，植物不可避免会同时面对多种非生物胁迫，因此了解常见的和胁迫特异性反应途径如何相互作用是很重要的。同样，植物对生物和非生物刺激的反应也可能集中在某些调控节点，如活性氧的产生和气孔关闭。当同时被激活时，这些不同的反应和它们之间的相互作用可能导致附加的、协同的或拮抗的效应，从而增强或削弱抗胁迫能力。因此，揭示植物在分子水平上对多重胁迫的反应，将为确定田间培育抗胁迫作物的关键分子靶标提供重要理论。

对于纳米颗粒在非生物胁迫的应用方面，虽然纳米颗粒在非生物胁迫耐受性方面的有效性得到了很好的证明，但大多数这些研究仍处于实验室阶段。对于纳米颗粒在植物的广泛使用引发了人们对其环境潜在不利影响的担忧，以及对纳米颗粒在食品安全方面的担忧，需要进行重点关注和研究，旨在建立适当的评价方法来评价纳米颗粒和纳米肥料对生物、非生物生态系统成分的影响。此外，纳米颗粒对人类的影响和确定可接受的极限也是必要的。未来的研究应集中于设计可负担得起、无毒、生态安全和可自降解的纳米材料，以便将纳米技术从实验室向农业生产领域推广普及。

参考文献

ADREES M，KHAN Z S，ALI S，et al.，2020. Simultaneous mitigation of cadmium and drought stress in wheat by soil application of iron nanoparticles [J]. Chemosphere,

238: 124681.

AL - KHAYRI J M, RASHMI R, SURYAULHAS R, et al., 2023. The role of nanoparticles in response of plants to abiotic stress at physiological, biochemical, and molecular levels [J]. Plants, 12: 292.

ALSAEEDI A, EL - RAMADY H, ALSHAAL T, et al., 2019. Silica nanoparticles boost growth and productivity of cucumber under water deficit and salinity stresses by balancing nutrients uptake [J]. Plant Physiology and Biochemistry, 139: 1 - 10.

ANWAR A, BAI L, MIAO L, et al., 2018. 24 - Epibrassinolide ameliorates endogenous hormone levels to enhance low - temperature stress tolerance in cucumber seedlings [J]. International Journal of Molecular Sciences, 19: 2497.

CAO M J, LIU X, ZHANG Y, et al., 2013. An ABA - mimicking ligand that reduces water loss and promotes drought resistance in plants [J]. Cell Research, 23: 1043 - 1054.

CAO M J, ZHANG Y L, LIU X, et al., 2017. Combining chemical and genetic approaches to increase drought resistance in plants [J]. Nature Communication, 8: 1183.

CHEN S, ZHAO C B, REN R M, et al., 2023. Salicylic acid had the potential to enhance tolerance in horticultural crops against abiotic stress [J]. Frontiers in Plant Science, 14: 1141918.

COLLINS N C, TARDIEU F, TUBEROSA R, 2008. Quantitative trait loci and crop performance under abiotic stress: Where do we stand? [J]. Plant Physiology, 147: 469 - 486.

CUI M, ZHANG W J, ZHANG Q, et al., 2011. Induced over - expression of the transcription factor OsDREB2A improves drought tolerance in rice [J]. Plant Physiology and Biochemistry, 49: 1384 - 1391.

DJAMI - TCHATCHOU A T, SANAN - MISHRA N, NTUSHELO K, et al., 2017. Functional roles of microRNAs in agronomically important plants - potential as targets for crop improvement and protection [J]. Frontiers in Plant Science, 8: 378.

GUPTA B K, SAHOO K K, GHOSH A, et al., 2018. Manipulation of glyoxalase pathway confers tolerance to multiple stresses in rice [J]. Plant Cell and Environment, 41: 1186 - 1200.

HAMEED A, ZAIDI S S, SHAKIR S, et al., 2018. Applications of new breeding technologies for potato improvement [J]. Frontiers in Plant Science, 9: 925.

HIRSCH C N, FOERSTER J M, JOHNSON J M, et al., 2014. Insights into the maize pan - genome and pan - transcriptome [J]. Plant Cell, 26: 121 - 135.

HUSSAIN A, ALI S, RIZWAN M, et al., 2019. Responses of wheat (Triticum aestivum) plants grown in a Cd contaminated soil to the application of iron oxide nanoparticles [J]. Ecotoxicology and Environmental Safety, 173: 156 - 164.

HUSSAIN A, ALI S, RIZWAN M, et al., 2018. Zinc oxide nanoparticles alter the wheat physiological response and reduce the cadmium uptake by plants [J]. Environmental Pollution, 242: 1518 - 1526.

KANDHOL N, JAIN M, TRIPATHI D K, 2022. Nanoparticles as potential hallmarks of drought stress tolerance in plants [J]. Physiologia Plantarum, 174: e13665.

LI X M, CHAO B Y, WU Y, et al., 2015. Natural alleles of a proteasome α2 subunit gene contribute to thermotolerance and adaptation of African rice [J]. Nature Genetics, 47: 827 - 833.

LIU Y C, DU H L, LI P C, et al., 2020. Pan - genome of wild and cultivated soybeans [J]. Cell, 182: 162 - 176.

LOU D, WANG H, YU D, 2018. The sucrose non - fermenting - 1 - related protein kinases SAPK1 and SAPK2 function collaboratively as positive regulators of salt stress tolerance in rice [J]. BMC Plant Biology, 18: 203.

LU Y, TIAN Y, SHEN R, et al., 2020. Targeted, efficient sequence insertion and replacement in rice [J]. Nature Biotechnology, 38: 1402 - 1407.

MALLIKARJUNA G, MALLIKARJUNA K, REDDY M K et al., 2011. Expression of OsDREB2A transcription factor confers enhanced dehydration and salt stress tolerance in rice (Oryza sativa L.) [J]. Biotechnology Letters, 33: 1689 - 1697.

MANZOOR N, AHMED T, NOMAN M, et al., 2021. Iron oxide nanoparticles ameliorated the cadmium and salinity stresses in wheat plants, facilitating photosynthetic pigments and restricting cadmium uptake [J]. Science of the Total Environment, 769: 145221.

MAO H D, WANG H W, LIU S X, et al., 2015. A transposable element in a NAC gene is associated with drought tolerance in maize seedlings [J]. Nature Communication, 6: 8326.

MISHRA G P, SINGH B, SETH T, et al., 2017. Biotechnological advancements and begomovirus management in Okra (*Abelmoschus esculentus* L.), status and perspectives [J]. Frontiers in Plant Science, 8: 360.

MORRAN S, EINI O, PYVOVARENKO T, et al., 2011. Improvement of stress tolerance of wheat and barley by modulation of expression of DREB/CBF factors [J]. Plant Biotechnology Journal, 9: 230 - 249.

MUNNS R, JAMES R, XU B, et al., 2012. Wheat grain yield on saline soils is improved by an ancestral Na^+ transporter gene [J]. Nature Biotechnology, 30: 360 - 364.

MUSTAFA G, SAKATA K, KOMATSU S, 2015. Proteomic analysis of flflooded soybean root exposed to aluminum oxide nanoparticles [J]. Journal Proteomics, 128: 280 - 297.

NAKASHIMA K, JAN A, TODAKA D, et al., 2014. Comparative functional analysis of six drought - responsive promoters in transgenic rice [J]. Planta, 239: 47 - 60.

NEPOLEAN T, KAUL J, MUKRI G, et al., 2018. Genomics - enabled next - generation breeding approaches for developing system - specifific drought tolerant hybrids in maize [J]. Frontiers in Plant Science, 9: 361.

NOMAN A, AQEEL M, DENG J, et al., 2017. Biotechnological advancements for improving floral attributes in ornamental plants [J]. Frontiers in Plant Science, 8: 530.

QIN P, LU H W, DU H L, et al., 2021. Pan - genome analysis of 33 genetically diverse rice accessions reveals hidden genomic variations [J]. Cell, 184: 1 - 17.

RAJPUT V, MINKINA T, KUMARI A, et al., 2021. Coping with the challenges of abiotic stress in plants: New dimensions in the field application of nanoparticles [J]. Plants, 10: 1221.

RANA R A, SIDDIQUI M N, SKALICKY M, et al., 2021. Prospects of nanotechnology in improving the productivity and quality of horticultural crops [J]. Horticulturae, 7: 332.

REINHOLD - HUREK B, BUNGER W, BURBANO C S, et al., 2015. Roots shaping their microbiome: global hotspots for microbial activity [J]. Annual Review of Phytopathology, 53: 403 - 424.

SHAO J, HUANG K, BATOOL M, et al., 2022. Versatile roles of polyamines in improving abiotic stress tolerance of plants [J]. Frontiers in Plant Science, 13: 1003155.

SHEN L, WANG C, FU Y, et al., 2018. QTL editing confers opposing yield performance in different rice varieties [J]. Journal of Integrative Plant Biology, 60: 89 - 93.

SIMMONS C R, LAFITTE H R, REIMANN K S, et al., 2021. Successes and insights of an industry biotech program to enhance maize agronomic traits [J]. Plant Science, 307: 110899.

TAYEH N, AUBERT G, PLET - NAYEL M L, et al., 2015. Genomic tools in cowpea breeding programs: Status and perspectives [J]. Frontiers in Plant Science, 6: 1037.

VAIDYA A S, HELANDER J D M, PETERSON F C, et al., 2019. Dynamic control of plant water use using designed ABA receptor agonists [J]. Science, 366: eaaw8848.

VILCHEZ J I, YANG Y, HE D X, et al., 2020. DNA demethylases are required for myo - inositol - mediated mutualism between plants and beneficial rhizobacteria [J]. Nature Plants, 6: 983 - 995.

WANG H J, TANG J, LIU J, et al., 2018. Abscisic acid signaling inhibits brassinosteroid signaling through dampening the dephosphorylation of BIN2 by ABI1 and ABI2 [J]. Molecular Plant, 11: 315 - 325.

WANG J, SONG L, GONG X, et al., 2020. Functions of jasmonic acid in plant regulation and response to abiotic stress [J]. International Journal of Molecular Science, 21 (4): 1446.

WANG M G, WANG Z, MAO Y, et al., 2019. Optimizing base editors for improved efficiency and expanded editing scope in rice [J]. Plant Biotechnology Journal, 17: 1697 - 1699.

WANG P C, ZHAO Y, LI Z, et al., 2018. Reciprocal regulation of the TOR kinase and ABA receptor balances plant growth and stress response [J]. Molecular Cell, 69: 100 - 112.

WANG X, WANG H W, LIU S X, et al., 2016. Genetic variation in ZmVPP1 contributes to drought tolerance in maize seedlings [J]. Nature Genetics, 48: 1233 - 1241.

WANG Z, HONG Y C, ZHU G T, et al., 2020a. Loss of salt tolerance during tomato domestication conferred by variation in a Na^+/K^+ transporter [J]. EMBO Journal,

39: 103256.

WANG Z, HONG Y, LI Y, et al., 2021. Natural variations in SlSOS1 contribute to the loss of salt tolerance during tomato domestication [J]. Plant Biotechnology Journal, 19: 20-22.

ZHAN X, LU Y, ZHU J K, et al., 2021. Genome editing for plant research and crop improvement [J]. Journal of Integrative Plant Biology, 63: 3-33.

ZHANG H, ZHAO Y, ZHU J K, 2020. Thriving under stress: how plants balance growth and the stress response [J]. Developmental Cell, 55: 529-543.

ZHANG M, CAO Y B, WANG Z P, et al., 2018a. A retrotransposon in an HKT1 family sodium transporter causes variation of leaf Na^+ exclusion and salt tolerance in maize [J]. New Phytologist, 217: 1161-1176.

ZHANG J, ZHANG H, SRIVASTAVA A K, et al., 2018b. Knockdown of rice microRNA166 confers drought resistance by causing leaf rolling and altering stem xylem development [J]. Plant Physiology, 176: 2082-2094.

ZHAO L, BAI T, WEI H, et al., 2022. Nanobiotechnology-based strategies for enhanced crop stress resilience [J]. Nature Food, 3: 829-836.

ZHU H, LI C, GAO C, 2020. Applications of CRISPR-Cas in agriculture and plant biotechnology [J]. Nature Reviews Molecular Cell Biology, 21: 661-677.

第二章
植物体内的多胺

多胺是一种继五大激素后发现的植物生长调节剂，广泛存在于生物体内，是一类低分子量具有生物活性、含有一个或多个氨基的脂肪族含氮碱，在正常发育过程中具有很强的生物活性，在植物应对不同胁迫的耐受性中具有不可或缺的功能（Thomas 等，2020）。目前在植物方面研究较多的多胺主要包含有腐胺（Putrescine，Put）、亚精胺（Spermidine，Spd）和精胺（Spermine，Spm）。这些多胺像激素一样参与了许多细胞、生理和生化过程的调控，如细胞分裂与伸长（Carbonell 等，2009）、器官发生与胚胎发育（Vondrakova 等，2015）、花的诱导和发育（Ben Mohamed 等，2012）、叶片衰老、果实和种子的形成（Wang 等，2012）等。除此之外，这些多胺由于在生理 pH 范围内通常带正电荷，除了能与带负电荷的分子（如 RNA、DNA、磷脂或蛋白质）非共价结合，形成非共价结合态多胺（Aktar 等，2021），在提高酶活性、调节复制和转录过程及细胞分裂和细胞膜的稳定性方面发挥重要作用外，而且由于它们的阳离子性质，它们还可以共价结合小分子（如羟基肉桂酸、香豆酸、咖啡酸、阿魏酸等）形成酸溶性的共价结合态多胺，在植物中产生一个大的多胺库（作为代谢物）（Mustafavi 等，2018）。除此之外，多胺还可以共价结合到生物大分子（如蛋白质、核酸）或细胞壁木质素上形成酸不溶性共价结合态多胺（Gill，Tuteja，2010），在调节细胞内游离多胺的浓度，提高植物应激耐受性方面发挥重要作用（Mustafavi 等，2018）。多胺被发现存在于各种各样的细胞和细胞器中，由于这些不同的相互作用，在不同的物种、组织和器官，以及不同的发育阶段和不同的环境条件下，多胺的种类及不同种类的多胺含量和代谢有极大的不同，其调节机制也存在很大差异。

第一节 植物体内多胺的种类与分布、运输和结合转化

一、植物体内多胺的种类

在正常生长状况下，植物体内的多胺主要有 Put、Spd 和 Spm 三种。此外，还有尸胺（Cadaverine，Cad）和热精胺（Thermospermine，tSpm，即 Spm 的一种异构体）（Wang 等，2019）。除此之外，在嗜热细菌中发现一些独特的长链多胺和一些分支多胺，这些多胺有助于保护细菌免受氧毒性和调节信号转导。它们作为革兰氏阴性菌的膜成分，具有耐酸性且促进菌斑生物膜的形成等功能（Kusano 等，2008）。

二、植物体内多胺的分布

植物体内的多胺广泛分布于所有生物体中。研究发现，在原核生物中，Put 数量相对较高，Spd 数量较少，而 Spm 通常不存在。相比之下，Put 在真核生物中发现的数量有限，而 Spd 丰富（Bais，Ravishankar，2002）。Spm 和 Spd 被发现与细胞壁中的果胶多糖相关，并调节细胞壁的 pH 和木质化，而 Put 主要报道在细胞质中。根据小麦、玉米、水稻和拟南芥的研究结果，一般可以得出如下结论，Spd 是叶片中最主要的多胺，其次是 Spm 和 Put，而在根中的顺序为 Spd≥Put>Spm（Banyai，2017；Szalai 等，2017；Pal 等，2018；Tajti 等，2019）。在植物发育过程中，不同多胺的比例甚至可能会发生变化，如黑小麦开花期叶片中 Put 最多，抽穗期 Spd 含量最多；在海草幼苗中，Put 占优势，其次是游离态 Spd（fspd）和游离态 Spm（fspd）。然而，在植物中 Spd 和 Spm 的作用效果大于 Put。

三、植物体内多胺吸收和运输

目前在分子水平上，关于多胺运输系统的研究还不十分清楚。普遍的观点认为，多胺进入细胞是通过细胞膜上的运输载体进入，但所有的多胺是否是通过一条单独的运输体进入细胞目前还不清楚。但在高等植物中，对多胺的吸收非常迅速，1～2min 就能达到饱和。多胺运输被生长素所激活，同时吸收的多胺大多存在液泡中，然后通过液泡膜上运输体进入组织和细胞等（Bagni，Pistocchi，1991）。如对胡萝卜细胞吸收的研究结果表明，Put 和 Spd 进入细

胞使细胞膜产生膜电势，同时细胞膜上可能存在逆向运输蛋白体（Pistocchi等，1987）。在玉米根中的研究结果也表明，外源Put进入细胞通过载体穿过质膜，和动物相类似（Di Tomaso等，1992）。关于多胺运输体的发现最早多在细菌、酵母和哺乳动物。例如，在*E. coli*中的研究已经发现4个多胺运输体：Spd优先吸收系统、Put专门吸收系统、Put运输系统和Cad运输系统的存在（Igarashi，Kashiwagi，2006，2010）。Bagni研究小组也报告了胡萝卜液泡和原生质体，以及向日葵的线粒体中都有运输体的存在（Bagni，Tassoni，2001；Pistocchi等，1987；Tassoni等，2010）。

Mulangi等（2012）在水稻上发现了腐胺运输体OsPUT1。后来5个多胺转运体AtPUT1、AtPUT2、AtPUT3、OsPUT2、OsPUT3在拟南芥和水稻中被研究发现（Mulangi等，2012）。利用拟南芥原生质体瞬时表达分析表明，AtPUT1-3可分别从内质网、高尔基体和质膜中分离，OsPUT2可从高尔基体中分离（Fujita，Shinozaki，2015）。这个研究结果说明多胺运输体不仅仅存在于质膜上，而且也存在于其他细胞器上，可以使细胞内的多胺微调达到最佳水平（Fujita，Shinozaki，2015）。最近，拟南芥中的PUT3被鉴定为一种多特异性转运蛋白，负责韧皮部中多胺、维生素B_1和百草枯的转运（Farkas，2019）。当OsPUT3在拟南芥中过表达后，其表型变化与外源施用多胺后检测到的结果类似：生物量、产量和耐旱性增加（Patel，2015）。拟南芥和水稻多胺转运蛋白基因在烟草中的瞬时表达表明，AtPUT5和OsPUT1定位于内质网，而AtPUT2-3和OsPUT3定位于叶绿体。烟草中OsPUT1和OsPUT3的组成基因表达与开花和植物衰老的极度延迟有关（Ahmed等，2017）。研究还发现，在拟南芥中，定位于质膜的PUT3对于细胞外多胺的摄取是必需的，并且在稳定几个关键热应激响应基因的mRNA中起着重要作用，包括高温下的热激蛋白（Shen等，2016）。对拟南芥等位基因变异的研究发现，22个被测生态型中有5个存在无功能的PUT3等位基因，且这5个生态型均源于北纬或高山地区，暗示PUT3功能的缺失可能与缺乏高温胁迫有关，这些生态型需要春化处理才能开花（Fujita等，2012）。最近，还发现PUT3能够与SOS1（质膜Na^+/H^+转运蛋白）和SOS2（蛋白激酶）相互作用，这两个信号分子对耐盐性至关重要。这些相互作用协同激活了PUT3传输活动，表明SOS1和SOS2是PUT3活动所必需的（Chai等，2020）。也有研究表明，外源激素对植物产生作用主要是通过长距离运输，虽然这方面研究并不多，但这些研究结果至少证明了非极性运输的存在（Bagni，Pistocchi，1991）。这些研究结果说明，外施多胺后，多胺可以通过复杂的运输运送到体内不同的部位发生作用。

四、植物体内多胺结合转化

通常情况下，在植物体内的多胺主要以游离态存在，但在某些环境条件下（如干旱、盐渍等）会形成结合态多胺存在于各种各样细胞器中，发挥着不同的功能（Legocka 等，2012；Janicka - Russakn 等，2010）。结合态多胺又可分为非共价结合态（Noncovalently conjugated，NCC）和共价结合态（Covalently conjugated，CC），其中共价结合态又有两种形式即酸可溶性共价结合态（Acid soluble covalently conjugated，ASCC）和酸不溶性共价结合态（Acid insoluble covalently conjugated，AISCC）。

通常所谓非共价结合态指的是在生理 pH 范围内多胺被充分质子化而带正电荷，能与生物体内带有负电荷的生物大分子（如酸性蛋白质、膜磷脂和核酸）等靠静电结合而形成。ASCC PAs 指的是脂肪族二胺、多胺与小分子羟基肉桂酸、肉桂素在乙酰基转移酶的催化下共价结合而形成，且溶于酸。AISCC PAs 指游离态多胺与生物大分子（如蛋白质、糖醛酸或木质素）等共价结合而形成，在某些研究文献中，AISCC PAs 也被称之为束缚态多胺（Martin - Tanguy，1997；Tiburcio 等，1997）。大量实验表明酸可溶性共价结合态是一种次生代谢物质，它不仅参与植物抵御外界细菌感染，并且还与植物的形态建成和体胚发生具有密切关系（Cvikrova 等，2003）。实际上，不良的环境胁迫在对植物造成伤害的同时，也使植物的抗病力下降，所以理论上分析，这种结合态多胺也可能间接或直接参与植物的非生物胁迫反应。通常所说的结合态多胺指的就是 ASCC PAs，催化这种多胺形成的酶称为酰基转移酶，它使 CoA 羧化形成酰胺键链接多胺和小分子物质（Negrel，1989）。催化 AISCC PAs 形成的酶称为转谷酰胺酶（Transglutaminases，TGase）。最近，分别在拟南芥的花芽（Fellenberg 等，2009）、花药绒毡层（Grienenberger 等，2009）和种子中（Luo 等，2009）均发现羟基肉桂酸结合 Spd 和羟基肉桂酸转移酶基因，分析发现羟基肉桂酸转移酶基因参与羟基肉桂酸 Spd 的形成。根据这些研究，表明了这些结合态多胺就像游离态多胺的伴侣，直接或间接地参与植物的生理生化和分子过程。结合态多胺也被看作是代谢的中间产物，和酚代谢和氮代谢存在交叉对话（Bassard 等，2010）。苯酰胺类化合物是一类酚次级代谢产物和多胺或者芳香族氨基酸结合而形成的一类物质的总称，这类物质主要存在于生殖器官和种子中，主要参与植物发育、适应和提高细胞壁防御能力等（Bassard 等，2010；Moschou 等，2012）。尽管有很多文献研究了游离态多胺的代谢和功能，而关于结合态多胺代谢和功能的研究却很少，但是花药绒毡层中 AtPAO1 和 AtPAO5 及不同种类结合态多胺合成酶的共表达暗示多胺氧化酶可能参与结合态多胺的平衡调节。

参考文献

AHMED S，ARIYARATNE M，PATEL J，et al.，2017. Altered expression of polyamine transporters reveals a role for spermidine in the timing of flowering and other developmental response pathways [J]. Plant Science，258：146 - 155.

AKTAR F，ISLAM M S，MILON M A A，2021. Polyamines：An essentially regulatory modulator of plants to abiotic stress tolerance：A review [J]. Asian Journal of Apply Science，9 (3)：6634 - 6643.

BAGNI N，PISTOCCHI R，1991. Uptake and transport of polyamines and inhibitors of polyamine metabolism in plants [M]. Boca Raton：CRC Press.

BAGNI N，TASSONI A，2001. Biosynthesis，oxidation and conjugation of aliphatic polyamines in higher plants [J]. Amino Acids，20：301 - 317.

BAIS H P，RAVISHANKAR G A，2002. Role of polyamines in the ontogeny of plants and their biotechnological applications [J]. Plant Cell Tissue and Organ Culture，69：1 - 34.

BANYAI J，2017. Phenotypical and physiological study of near - isogenic durum wheat lines under contrasting water regimes [J]. South African Journal of Botany，108：48 - 55.

BASSARD J E，ULLMANN P，BERNIER F，et al.，2010. Phenolamides：bridging polyamines to the phenolic metabolism [J]. Phytochemistry，71：1808 - 1824.

BEN MOHAMED H，VADEL A M，GEUNS J M C，et al.，2012. Effects of hydrogen cyanamide on antioxidant enzymes' activity，proline and polyamine contents during bud dormancy release in Superior Seedless grapevine buds [J]. Acta Physiologiae Plantarum，34 (2)：429 - 437.

CARBONELL J，BLÁZQUEZ M A，2009. Regulatory mechanisms of polyamine biosynthesis in plants [J]. Genes and Genomics，31 (2)：107 - 118.

CHAI H，GUO J，ZHONG Y，et al.，2020. The plasma - membrane polyamine transporter PUT3 is regulated by the Na^+/H^+ antiporter SOS1 and protein kinase SOS2 [J]. New Phytologist，226：785 - 797.

CVIKROVA M，MALA J，HRUBCOVA M，et al.，2003. Effect of inhibition of biosynthesis of phenylprooanoids on sessile oak somatic embryogenesis [J]. Plant Physiology and Biochemistry，41：251 - 259.

DI TOMASO JM，HART JJ，KOCHIAN LV，1992. Transport kinetics and metabolism of exogenously applied putrescine in roots of intact maize seedlings [J]. Plant Physiology，98：611 - 662.

FARKAS P，2019. Characterisation of the Polyamine Transporter PUT3 from *Arabidopsis*

[D]. Geneva: Universite de Geneve.

FELLENBERG C, BOTTCHER C, VOGT T, 2009. Phenylpropanoid polyamine conjugate biosynthesis in Arabidopsis thaliana flower buds [J]. Phytochemistry, 70: 1392 - 1400.

FUJITA M, FUJITA Y, IUCHI S, et al., 2012. Natural variation in a polyamine transporter determines paraquat tolerance in *Arabidopsis* [J]. Proceedings of the National Academy of Sciences of the United States of America, 109: 6343 - 6347.

FUJITA M, SHINOZAKI K, 2015. Polyamine transport systems in plants [M]. Tokyo: Springer.

GILL S S, TUTEJA N, 2010. Polyamines and abiotic stress tolerance in plants [J]. Plant Signaling and Behavior, 5 (1): 26 - 33.

GRIENENBERGER E, BESSEAU S, GEOVROY P, et al., 2009. A BAHD acyltransferase is expressed in the tapetum of Arabidopsis anthers and is involved in the synthesis of hydroxycinnamoyl spermidines [J]. The Plant Journal, 58: 246 - 259.

IGARASHI K, KASHIWAGI K, 2006. Bacterial and eukaryotic transport systems. In: Wang J - Y, Casero RA Jr (eds) Polyamine Cell Signaling [M]. New Jersey: Human Press.

IGARASHI K, KASHIWAGI K, 2010. Characteristics of cellular polyamine transport in prokaryotes and eukaryotes [J]. Plant Physiology and Biochemistry, 48: 506 - 512.

JANICKA - RUSSAKN M, KABA K, EWA M, et al., 2010. The role of polyamines in the regulation of the plasma membrane and the tonoplast proton pumps under salt stress [J]. Journal of Plant Physiology, 167: 261 - 269.

KUSANO T, BERBERICH T, TATEDA C, et al., 2008. Polyamines: essential factors for growth and survival [J]. Planta, 228: 367 - 381.

LEGOCKA J, SOBIESZCZUK - NOWICKA E, 2012. Sorbitol and NaCl stresses affect free, microsome - associated and thylakoid - associated polyamine content in Zea mays and Phaseolus vulgaris [J]. Acta Physiologuae Plantarum, 34: 1145 - 1151.

LUO J, FUELL C, PARR A, et al., 2009. A novel polyamine acyltransferase responsible for the accumulation of spermidine conjugates in Arabidopsis seed [J]. Plant Cell, 21: 318 - 333.

MARTIN - TANGUY J, 1997. Conjugated polyamines and reproductive development: biochemical, molecular and physiological approaches [J]. Physiologiae Planturam, 100: 675 - 688.

MOSCHOU P N, WU J, CONA A, et al., 2012. The polyamines and their catabolic products are significant players in the turnover of nitrogenous molecules in plants [J]. Journal of Experimental Botany, 63 (14): 5003 - 5015.

MULANGI V, CHIBUCOS MC, PHUNTUMART V, et al., 2012. Kinetic and phylogenetic analysis of plant polyamine uptake transporters [J]. Planta, 236: 1261 - 1273.

MUSTAFAVI S H, NAGHDI BADI H, SĘKARA A, et al., 2018. Polyamines and their possible mechanisms involved in plant physiological processes and elicitation of secondary metabolites [J]. Acta physiologiae Plantarum，40：102 - 120.

NEGREL J，1989. The biosynthesis of cinnamoyl putrescines in callus tissue cultures of *Nicotiana tabacum* [J]. Phytochemistry，28：477 - 481.

PAL M，TAJTI J，SZALAI G，et al.，2018. Interaction of polyamines，abscisic acid and proline under osmotic stress in the leaves of wheat plants [J]. Scitific Reports，8：12839.

PATEL J J，2015. The role of polyamine uptake transporters on growth and development of *Arabidopsis thaliana* [D]. Ohio：Bowling Green State University.

PISTOCCHI R，BAGNI N，CREUS J A，1987. Polyamine uptake in carrot cell cultures [J]. The Plant Physiology，84：374 - 380.

SHEN Y，RUAN Q，CHAI H，et al.，2016. The Arabidopsis polyamine transporter LHR1/PUT3 modulates heat responsive gene expression by enhancing *m*RNA stability [J]. The Plant Journal，88：1006 - 1021.

SZALAI G，JANDA K，DARKO E，et al.，2017. Comparative analysis of polyamine metabolism in wheat and maize plants [J]. Plant Physiology and Biochemistry，112：239 - 250.

TAJTI J，HAMOW K Á，MAJLÁTH I，et al.，2019. Polyamine - induced hormonal changes in eds5 and sid2 mutant Arabidopsis plants [J]. International Journal of Molecular Science，20 (22)：5746.

TASSONI A，BAGNI N，FERRI M，et al.，2010. Helianthus tuberosus and polyamine research：past and recent applications of a classical growth model [J]. Plant Physiology and Biochemistry，48 (7)：496 - 505.

THOMAS S，RAMAKRISHNAN RS，KUMAR A，et al.，2020. Putrescine as a polyamine and its role in abiotic stress tolerance：A review [J]. J. Pharmacognosy and Phytochemistry，9：815 - 820.

TIBURCIO A F，ALTABELLA T，BORRELL A，et al.，1997. Polyamine metabolism and its regulation [J]. Physiologiae Planturam，100：664 - 674.

VONDRAKOVA Z，ELIASOVA K，VAGNER M，2015. Exogenous putrescine affects endogenous polyamine levels and the development of Picea abies somatic embryos [J]. Plant Growth Regulation，75：405 - 414.

WANG Z，XU Y，WANG J，et al.，2012. Polyamine and ethylene interactions in grain filling of superior and inferior spikelets of rice [J]. Plant Growth Regulation，66：215 - 228.

WANG W，PASCHALIDIS K，FENG J C，et al.，2019. Polyamine catabolism in plants：a universal process with diverse functions [J]. Frontiers in Plant Science，10：561.

第二节 植物体内多胺代谢

多胺的代谢非常复杂，细胞内多胺水平取决于其生物合成、运输和分解代谢方面的动态变化，并且在不同的生物体内，其合成途径是不同的。本节内容主要介绍多胺的合成、分解代谢及代谢酶的相关研究。

一、多胺基本合成代谢途径

1. Put 合成

Put（丁烷-1,4 二氨基丁烷）是一种具有芳香味和挥发性的二胺，在大多数生物体中通常作为其他多胺生物合成的前体。它可以作为一个自由分子或与小的生物分子的偶联物存在。通常与咖啡酰酸、香豆酸或阿魏酸的单体结构（高氯酸可溶性部分）连接，但有时与羟基肉桂酸（高氯酸不溶性）结合形成二聚体，随后调节其在细胞内的浓度（Lodeserto 等，2022）。据报道，Put 还通过转录激活其调控基因来补充细胞对多胺的摄取和利用（Kusano 等，2008）。在植物基因组中有多种合成代谢途径可用于 Put 的合成（Lin，Lin，2019），分别可通过鸟氨酸脱羧酶（ODC）途径或精氨酸脱羧酶（ADC）途径直接或间接实现（图 2-1）。Put 多胺合成的最初底物是精氨酸。合成 Put 主要有两种路径，一种路径是精氨酸首先脱去一分子脲生成鸟氨酸，再经 ODC 催化脱羧，生成 Put，此途径是哺乳动物和真菌中多胺合成的主要途径；另一种是精氨酸由 ADC 催化脱去羧基，生成鲱精胺，随后可以在 N-氨基甲酰嘌胺酶（NCPAH）的作用下脱去一分子氨和氨甲酰磷酸而生成 Put，其中 NCPAH 受底物变构调节，此途径是植物和细菌中多胺合成的主要路径（Lin，Lin，2019）。除此之外，在芝麻的研究中发现，精氨酸合成瓜氨酸，然后通过瓜氨酸脱羧酶转化为 Put（Chen 等，2019）。

然而，在植物体中，Put 的合成究竟走哪条途径呢？主要取决于物种的特异性和两种酶的存在区域。例如，Put 基因在拟南芥中只由精氨酸合成，因为它缺乏鸟氨酸脱羧酶（Lodeserto 等，2022），而大多数其他植物物种含有这两种酶，但使用的生化途径的比例有所不同。在油棕中，在 Put 生成过程中没有任何中间体（如精氨酸），并且鸟氨酸的数量明显减少，表明可能有直接的途径。同样，在缺钾的情况下，Put 和鸟氨酸都在向日葵叶片中积累，而 Put 通常与精氨酸呈负相关，这意味着 Put 和鸟氨酸、精氨酸生物合成之间的竞争，因此鸟氨酸途径是 Put 合成的直接途径。相反，禾本科植物通常通过精氨酸脱羧酶抗钾胁迫（Cui 等，2020；Xiong 等，2022）。其自身的多方面生化特性有助于在钾防御过程中发挥各种功能，如活性氧介导的信号传导、抗氧化、阳离子平衡、pH 调节剂等（Cui 等，2020）。另外，ADC 主要存在于叶绿体类囊体上的膜上（Borrell 等，1995），叶绿体上合成的多胺可能维持光合活性，阻止渗透胁迫诱导的衰老，而 ODC 主要位于细胞核上（Slocum，1991）。

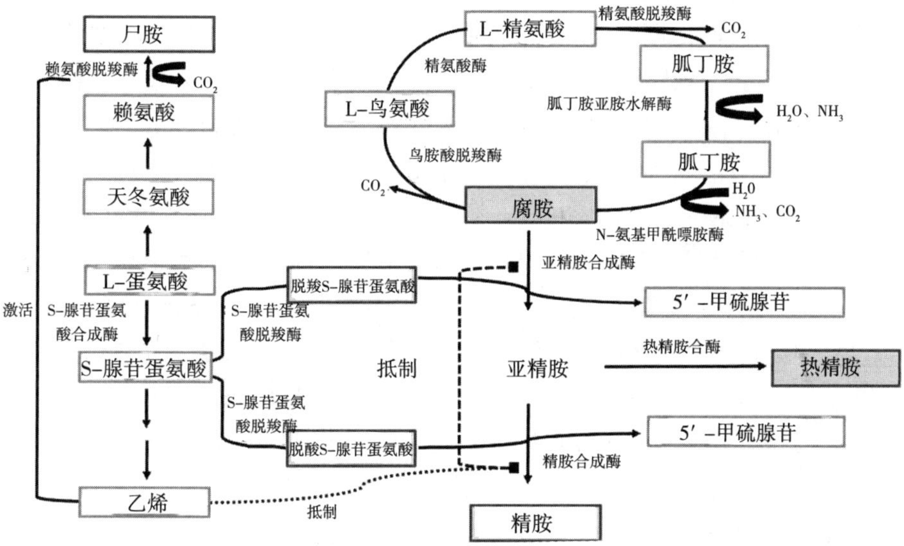

图 2-1 植物中几种多胺生物合成示意（Jangra 等，2023）

2. Spd 合成

Spd［N-(3-氨基丙基)丁烷-1,4-二胺］是一种脂肪族三胺，是一种天然的多胺，主要由牛胰腺组织合成，存在于几种天然植物中。它与植物中各种生理活动的增强有关，如叶绿素荧光产量、气孔导度和光合作用过程中的电子传递（Rakesh 等，2021）。通常 Put 是 Spd 和 Spm 生物合成的中心。Put 再经过加入氨丙基残基，在亚精胺合酶（Spermidine synthase，SPDS）作用下生成 Spd（图 2-1）。氨丙基是由 S-腺苷蛋氨酸脱羧酶（SAMDC）催化脱羧 S-腺苷蛋氨酸（SAM）而提供，SAM 是一种关键的细胞代谢物（Bagni，Tassoni，2001）。SAMDC 的表达水平不仅影响多胺的产生，而且影响植物的生理机能，特别是胁迫反应。此外，SAM 除了作为多胺形成的中间体外，还可以作为几种甲基化反应的底物。例如，多胺合成和 ETH 合成存在共同的底物 SAM（Lin，Lin，2019）。有研究表明多胺的合成代谢增强能抑制 ETH 的合成代谢。对植物的多胺处理似乎常常会拮抗 ETH 的生理结果。因此，ETH 和多胺可以显著地影响植物的生长和衰老（Shah 等，2022）。

3. Spm 合成

Spm（1,12-二氨基-4,9-重氮癸烷），最初于 1678 年被发现，是来自人类精液中的“三面”晶体结构（Kusano 等，2008）。然而，它的化学合成和结构直到 1926 年才被确定（Dudley 等，1926）。鉴于其在精子中的浓度较高，它被命名为精胺（Shah 等，2022）。Spm 与 Spd 有关，可能会有典型的精液气味。与通常占大量比例的 Put 和 Spd 相比，Spm 的数量明显较低。精胺是在亚精胺氨基丙基转移酶存在下与脱羧 S-腺苷甲硫氨酸缩合合成的，亚精胺氨基丙基转移酶也称为精胺合成酶（Spermine synthase，SPMS）（Bagni，Tassoni，2001；Kusano 等，2008）。在哺乳动物细胞中具有底物 Spd 和 Spm，以及两种特异性的酶 SPDS 和 SPMS，而细菌具有 SPDS，可特异性合成 Spd 或具有广泛合成几种多胺的底物（Bagni，Tassoni，2001）。Spm 已经被证明可以增强热胁迫的耐受性，从而保护植物免受热胁迫。据报道，在热休克环境中，植物可以诱导多胺的产生，特别是 Spm 及其调节酶（Kusano 等，2008）。Spm 倾向于改善水分的利用和稳定细胞膜（Hasan 等，2021）。Spm 作为自由基清除剂，具有调节氧化还原信号和活性氧的能力（Anwar 等，2015）。

4. tSpm 合成

tSpm 是具有相同分子量的 Spm 的结构同分异构体（Takano 等，2012）。它们仅仅在连接的氨丙基的结构方面有所不同。与 Put、Spd 和 Spm 不同，tSpm 是一种罕见的多胺。它主要在嗜热细菌中发现，后来在更多的细菌和植物中发现（Takano 等，2012）。它在植物中约占植物多胺总含量的 5%，而在一些嗜热细菌中其含量可高达 41%。然而，tSpm 在嗜热细菌中的生理作用尚不清楚，但它在植物生理中起着突出的作用。它与拟南芥中木质部分化和茎伸长有关，但其含量不低于细胞中 Spm（Lin，Lin，2019）。在植物中，tSpm 在 *ACL5* 基因编码的 tSpm 合成酶的作用下，由 Spd 合成（图 2-1）。根据植物基因组分析，类 *ACL5* 基因普遍分布在植物界中，这意味着 tSpm 在植物中具有重要作用（Takano 等，2012）。

5. Cad

Cad（戊烷-1,5-二胺）是一种无色的二胺多胺，有一种难闻的气味。它是赖氨酸分解代谢的一种产物（图 2-1），在环境条件下作用于植物生长发育的各种过程（Tomar 等，2013）。Cad 的名字来源于它闻起来像尸体腐烂的气味（Rakesh 等，2021）。Cad 最初在细菌中被发现，含量也比较低，但其能与膜和其他细胞成分结合，发挥多种功能（Wortham 等，2007）。据报道，一些植物及它们的器官都有 Cad 的存在（Felix，Harr，1987）。不同的植物细胞和组织培养材料中也有不同含量的 Cad，表明其在生长、分化和器官发生中具有一定的作用（Tomar 等，2013）。Cad 与 Put 等其他主要多胺在不同的生物体内有多个合成途径不同，它在所有生物体中都具有独立单一的生物合成途径（Balci 等，2022）。由赖氨酸合成的 Cad 也可以被认为是蛋氨酸的辅助产品，蛋氨酸是通过天冬氨酸途径合成（Kuznetsov 等，2002）。然而，由赖氨酸脱羧酶降解赖氨酸是通过磷酸吡哆醛进行的（图 2－1）。但是，在一些特殊情况下，如在鸟氨酸缺乏的情况下，赖氨酸被利用作为 ODC 的替代底物生产 Cad（Bhatnagar 等，2002）。双甲基赖氨酸可以利用鸟氨酸或赖氨酸作为底物不可逆地抑制赖氨酸脱羧酶，这些底物以某种方式在酸性环境下由赖氨酸诱导，由此在不同植物和生物中控制 Cad 的生物合成（Tomar 等，2013）。

二、多胺分解代谢

多胺的分解代谢途径在植物的生长发育中也同样重要。对于多胺的分解代谢，在生物体内，多胺的降解主要依赖于胺氧化酶，目前已知的胺氧化酶主要有 2 种：一种是铜二胺氧化酶（Copper diamine oxidase，CuAOs，又称 DAO），以 Cu^{2+}、磷酸吡咯醛为辅酶；另一种是多胺氧化酶（Polyamine oxidase，PAO），以黄素腺嘌呤二核苷酸为辅酶（Cona 等，2006）。这两种酶在植物器官、组织分化和发育中具有细胞类型特异性功能（Tavladoraki 等，2016）。这些酶主要存在于组织的细胞壁上，促进细胞壁栓化（Federico，Angelini，1991）。CuAOs 能够催化 Put 去氨基化，生成 H_2O_2、氨、4－氨基丁醇。在植物中，作用于 Spd 和 Spm 等高级多胺的 PAO，催化 Spd 和 Spm，生成吡咯啉，N,(3,氨丙基)－4,氨基丁醛、丙二胺和 H_2O_2 等。这些氨基醛在氨基脱氢酶的作用下，生成 λ－氨基丁酸再进一步转化为琥珀酸，进入三羧酸循环（Flores，Filner，1985；Cona 等，2006）。这样就能使多胺分解产生的碳和氮重新得到利用。H_2O_2 在细胞应激反应中发挥信号作用（Bordenave 等，2019；Wang 等，2019；Kaur，Das，2023）。总之，多数研究已经证明了多胺代谢酶和代谢产物参与植物生长发育的重要生理过程。

三、多胺代谢酶的分子生物学研究

1. 多胺合成酶

综上所述，参与多胺合成的酶主要有 ADC、ODC、SAMDC、SPDS 和 SPMS，研究表明，参与多胺合成酶的基因也在不同的植物中被克隆。在拟南芥中发现了 ADC 的基因 *ADC1* 和 *ADC2*（Watson 等，1997）；SPDS 有 *SP-*

DS1 和 *SPDS2* 两个基因编码（Hanzawa 等，2002），*ACL5* 和 *SPMS* 是编码 Spm 合酶的基因（Clay，Nelson，2005）；编码 SAMDC 的有 4 个基因 *SAMDC1*、*SAMDC2*、*SAMDC3* 和 *SAMDC4*，SPDS 由单亚基组成，而 SPMS 由双亚基组成，它们的活性被它们的底物所调节。

2. 多胺分解酶

如前所述多胺分解酶有 CuAOs 和 PAO 两种。PAO 包括 Spd 氧化酶和 Spm 氧化酶。

（1）CuAOs

一般来说，在底物特异性方面，CuAOs 主要对二胺（Put 和 Cad）表现出强烈的催化作用，主要催化其在初级氨基上的氧化，从而产生 4-氨基丁醇、H_2O_2 和氨（Moschou 等，2012）。然而，也有研究证明拟南芥中的一些 CuAOs 也能催化 Spd 的氧化（Planas - Portell 等，2013）。最近，对苹果的 CuAOs 基因研究发现不同的基因具有不同的底物偏好，*MdAO1* 对 1,3-二氨基丙烷、Put 和 Cad 的催化效率较高，而 *MdAO2* 只消耗脂肪族和芳香族单胺，包括 2-苯乙胺和酪胺（Zarei 等，2015）。研究发现 CuAOs 主要存在双子叶植物中，如拟南芥、烟草、苹果、葡萄和甜橙（Planas - Portell 等，2013；Wang 等，2017）。目前据报道拟南芥至少有 10 个已确定的 CuAO 基因，然而，其中只有 5 个（*AtAO1*、*AtCuAO1*、*AtCuAO2*、*AtCuAO3* 和 *AtCuAO8*）在蛋白质水平上被鉴定（Planas - Portell 等，2013；Ghuge 等，2015；Groβ 等，2017）。苹果基因组包含 5 个可能的 CuAO 基因，其中 2 个（*MdAO1* 和 *MdAO2*）在蛋白质水平上被鉴定出来（Zarei 等，2015）。

根据亚细胞定位，植物 CuAOs 可分为两类（Zarei 等，2015）。一类是标准典型的在 N 末端含有信号肽的细胞外蛋白，目前报道有 7 个家族成员，分别为来自豌豆的 *PsCuAO*、苹果的 *MdAO2*、拟南芥的 *AtAO1* 和 *AtCuAO1*，以及甜橙的 *CsCuAO4*、*CsCuAO5* 和 *CsCuAO6*（Planas - Portel 等，2013；Zarei 等，2015；Wang 等，2017）。另一类是包括定位于过氧化物酶体中的 CuAOs，包含一个 C 末端过氧化物酶体靶向信号 1（PTS1）。目前，已经报道了 7 个 CuAO 成员，包括来自拟南芥的 *AtCuAO2* 和 *AtCuAO3*、烟草的 *NtMPO1* 和 *NtCuAO1*、苹果的 *MdAO1*、甜橙的 *CsCuAO2* 和 *CsCuAO3*（Planas - Portell 等，2013；Naconsie 等，2014；Zarei 等，2015；Wang 等，2017）。

（2）PAO

与 CuAOs 相比，在底物特异性方面，PAOs 对 Spd 和 Spm 及其衍生物表现出很强的亲和力（Alcázar 等，2010）。根据在多胺分解代谢和亚细胞定位中的作用，植物 PAOs 可分为两类。第一类 PAOs 是多胺末端分解代谢反应类型的，对 Spd、Spm 进行氧化和分解，产生 H_2O_2、1,3-二氨基丙烷和 4-氨基丁烷（Spd 分解代谢）或 N-(3-氨基丙基)-4-氨基丁烷（Spm 分解代谢）（Tavladoraki 等，2016；Bordenave 等，2019）；第二类 PAOs 是多胺反转化反应类型的，包括催化多胺反转化反应的 PAOs，将 Spm 转化为 Spd、Spd 转化为 Put（Tavladoraki 等，2006，2016），在多胺合成的反应中产生 3-氨基丙烷和 H_2O_2。到目前为止，属于第一类的 PAO 基因被确定的只有 6 个，分别是来自玉米的 *ZmPAO*（Cona 等，2006）、水稻的 *OsPAO7*（Liu 等，2014a）、甜橙的 *CsPAO4*（Wang 等，2016），这些可以催化多胺的末端代谢。大多数已鉴定的植物 PAO 基因属于第二类。例如，在拟南芥中发现 5 个编码 PAO 的基因（*AtPAO1*～*AtPAO5*）（Tavladoraki 等，2006），水稻中 4 个（*OsPAO1*、*OsPAO3*～*OsPAO5*）（Zarza 等，2017；Ono 等，2012）；番茄中 4 个（*SlPAO2*～*SlPAO5*）（Hao 等，2018），甜橙中 1 个（*CsPAO3*）（Wang 等，2016），棉花中 1 个（*GhPAO3*）（Chen 等，2017）。迄今为止，在亚细胞定位方面，所有的报道都认为多胺末端分解代谢途径在质外体腔室（细胞外）被特异性激活，而多胺反转换途径主要发生在细胞内空间（过氧化物酶体）。

除了 PAOs 其功能或亚细胞定位外，不管对于末端或反向转换类型方面，PAOs 还进一步表现出个体底物特异性。例如，*AtPAO1* 只催化 Spm 的氧化，而不催化 Spd（Tavladoraki 等，2006），而 *AtPAO3* 更喜欢 Spd 作为底物，而不是 Spm（Moschou 等，2008b）。然而，*AtPAO2*、*AtPAO4* 对 Spd 和 Spm 都有相似的偏好（Fincato 等，2011）。不同的是，*AtPAO5* 只以 tSpm 作为其底物，并催化 tSpm 向 Spd 的反转化（Kim 等，2014）。此外，PAOs 也表现出不同的反应条件。例如，它们在催化不同的底物时表现出不同的最佳 pH 和温度。*AtPAO2* 对 Spd 和 Spm 催化活性的最佳 pH 均为 7.5，而 *AtPAO4* 对 Spd 和 Spm 的催化活性的最佳 pH 分别为 8.0、7.0（Fincato 等，2011）。此外，对于 *CsPAO4* 的催化活性，对 Spd 的最佳 pH 为 7.0，对 Spm 的 pH 为 8.0（Wang，Liu，2016）。

四、植物发育过程中的多胺分解代谢

越来越多的研究表明，多胺的分解代谢直接参与了植物的发育。一些证据表明，质外体中的多胺氧化和产生的活性氧参与了程序化死亡和木质部分化

(Corpas 等，2019；Podlesakova 等，2019)。早在 1998 年，Møller 和 McPherson 发现 *AtCuAO* 定位在拟南芥根木质部组织促进木质素的合成，并由 PAO 氧化生成的质外体 H_2O_2 大大促进玉米叶片伸长（Rodriguez 等，2009)。此外，在烟草中通过 RNA 干扰技术过表达 *ZmPAO* 基因，以及下调 S-腺苷蛋氨酸脱羧酶基因来干扰多胺的分解代谢，促进维管细胞分化，诱导根尖细胞程序化死亡（Moschou 等，2008a；Tisi 等，2011)。最近，有报道称 *AtPAO5* 参与了生长素和细胞分裂素之间的相互作用，这是木质部正常分化所必需的（Alabdallah 等，2017)，并通过 tSpm 氧化酶活性调节拟南芥的生长（Kim 等，2014)。

另有研究表明，多胺及其氧化产生的活性氧，通过影响质膜离子运输或作为第二信使分子，在正常和胁迫条件下控制植物细胞中的离子通道（Pegg，2014；Pottosin 等，2014)。据报道，Spd 氧化酶产生的 H_2O_2 激活花粉质膜 Ca^{2+} 通道超极化和花粉管生长（Wu 等，2010)。对拟南芥所有 *AtPAO* 基因家族成员研究发现，*AtPAO1* 主要在分生组织和伸长根区域的过渡区及花药绒毡层表达，*AtPAO2* 在花粉和柱头表达，而 *AtPAO3* 主要确定在花粉、柱头和保卫细胞中表达。此外，*AtPAO5* 在根维管束系统和下胚轴中特异性表达（Fincato 等，2012)，而且 *AtPAO5* 的基因结构与其他 4 个 *AtPAO* 基因有很大的不同（Fincato 等，2011)。它在不同的生长阶段都有表达，在花中表达量最高，尤其是在萼片中（Takahashi 等，2010)。*AtPAO5* 被归类为受蛋白酶体控制的胞质 Spm 氧化酶/脱氢酶蛋白（Ahou 等，2014)，通过 tSpm 氧化酶活性控制拟南芥生长（Kim 等，2014；Liu 等，2014b)，而水稻 *OsPAO1* 是 *AtPAO5* 的功能同源物（Liu 等，2014c)，水稻 *OsPAO7* 参与花药细胞壁木质素合成（Liu 等，2014b)。

参考文献

AHOU A，MARTIGNAGO D，ALABDALLAH O，et al.，2014. A plant spermine oxidase/dehydrogenase regulated by the proteasome and polyamines [J]. Journal of Experimental Botany，65：1585 - 1603.

ALABDALLAH O，AHOU A，MANCUSO N，et al.，2017. The Arabidopsis polyamine oxidase/dehydrogenase 5 interferes with cytokinin and auxin signaling pathways to control xylem differentiation [J]. Journal of Experimental Botany，68：997 - 1012.

ALCÁZAR R，PLANAS J，SAXENA T，et al.，2010. Putrescine accumulation confers drought tolerance in transgenic Arabidopsis plants over - expressing the homologous Argi-

nine decarboxylase 2 gene [J]. Plant Physiology and Biochemistry, 48: 547 - 552.
ANWAR R, MATTOO A K, HANDA A K, 2015. Polyamine interactions with plant hormones: crosstalk at several levels [M]. Springer: Tokyo.
BAGNI N, TASSONI A, 2001. Biosynthesis, oxidation and conjugation of aliphatic polyamines in higher plants [J]. Amino Acids, 20: 301 - 317.
BALCI M, ALP FN, ARIKAN B, et al., 2022. Polyamine cadaverine detoxifes nitrate toxicity on the chloroplasts of Triticum aestivum through improved gas exchange, chlorophyll a fuorescence and antioxidant capacity [J]. Journal of Plant Growth Regulation, 1: 1 - 17.
BHATNAGAR P, MINOCHA R, MINOCHA S C, 2002. Genetic manipulation of the metabolism of polyamines in poplar cells. The regulation of putrescine catabolism [J]. Plant Physiology, 128: 1455 - 1469.
BORDENAVE C D, MENDOZA C G, BREMONT J F J, et al., 2019. Defning novel plant polyamine oxidase subfamilies through molecular modeling and sequence analysis [J]. BMC Evolutionary Biology, 19: 1 - 15.
BORRELL A, CULIANEZ - MACIA FA, ALTABELLA T, et al., 1995. Arginine decarboxylase is localized in chloroplasts [J]. Plant Physiology, 109: 771 - 776.
CHEN D, SHAO Q, YIN L, et al., 2019. Polyamine function in plants: metabolism, regulation on development, and roles in abiotic stress responses [J]. Frontiers in Plant Science, 9: 1945.
CHEN H, CAO Y, LI Y, et al., 2017. Identification of differentially regulated maize proteins conditioning sugarcane mosaic virus systemic infection [J]. New Phytologist, 215: 1156 - 1172.
CLAY N K, NELSON T, 2005. Arabidopsis thick vein mutation affects vein thickness and organ vascularization, and resides in a provascular cell - specific spermine synthase involved in vein definition and in polar auxin transport [J]. Plant Physiology, 138: 767 - 777.
CONA A, REA G, ANGELINI R, et al., 2006. Functions of amine oxidases in plant development and defence [J]. Trends in Plant Sciences, 11: 80 - 88.
CORPAS F J, DEL RIO L A, PALMA, J M, 2019. Plant peroxisomes at the crossroad of NO and H_2O_2 metabolism [J]. Journal of Integrative Plant Biology, 7: 803 - 816.
CUI J, POTTOSIN I, LAMADE E, et al., 2020. What is the role of putrescine accumulated under potassium defciency? [J]. Plant Cell and Environment, 43: 1331 - 1347.
DUDLEY H W, ROSENHEIM O, STARLING W W, 1926. The chemical constitution of spermine: structure and synthesis [J]. Biochemistry Journal, 20: 1082.
FEDERICO R, ANGELINI R, 1991. Polyamine catabolism [M]. Boca Raton: CRC Press.
FELIX H, HARR J, 1987. Association of polyamines to diferent parts of various plant species [J]. Physiologia Plantarum, 71: 245 - 250.
FINCATO P, MOSCHOU P N, AHOU A, et al., 2012. The members of Arabidopsis thaliana PAO gene family exhibit distinct tissue - and organ - specific expression pattern

during seedling growth and flower development [J]. Amino Acids，42：831－841.

FINCATO P，MOSCHOU PN，SPEDALETTI V，et al.，2011. Functional diversity inside the Arabidopsis polyamine oxidase gene family [J]. Journal of Experimental Botany，62：1155－1168.

FLORES H E，FILNER P，1985. Polyamine catabolism in higher plants：characterization of pyrroline dehydrogenase [J]. Plant Growth Regulation，3：277－291.

GHUGE S A，TISI A，CARUCCI A，et al.，2015. Cell wall amine oxidases：new players in root xylem differentiation under stress conditions [J]. Plants，4：489－504.

GROSS F，RUDOLF E E，THIELE B，et al.，2017. Copper amine oxidase 8 regulates arginine－dependent nitric oxide production in Arabidopsis thaliana [J]. Journal of Experimental Botany，68：2149－2162.

HANZAWA Y，IMAI A，MICHAEL A J，et al.，2002. Characterization of the spermidine synthase－related gene family in Arabidopsis thaliana [J]. Federation of European Biochemical societies Letters，527：176－180.

HAO Y，HUANG B，JIA D，et al.，2018. Identification of seven polyamine oxidase genes in tomato（Solanum lycopersicum L.）and their expression profiles under physiological and various stress conditions [J]. Journal of Plant Physiology，228：1－11.

HASAN M M，SKALICKY M，JAHAN M S，et al.，2021. Spermine：Its emerging role in regulating drought stress responses in plants [J]. Cells，10（2）：261－275.

JANGRA A，CHATURVEDI S，KUMAR N，et al.，2023. Polyamines：The gleam of next－generation plant growth regulators for growth，development，stress mitigation，and hormonal crosstalk in plants：a systematic review [J]. Journal of Plant Growth Regulation，42：5167－5191.

KAUR Y，DAS N，2023. Roles of polyamines in growth and development of the solanaceous crops under normal and stressful conditions [J]. Journal of Plant Growth Regulation，42：4989－5010.

KIM D W，WATANABE K，MURAYAMA C，et al.，2014. Polyamine oxidase5 regulates arabidopsis growth through thermospermine oxidase activity [J]. Plant Physiology，165：1575－1590.

KUSANO T，BERBERICH T，TATEDA C，et al.，2008. Polyamines：essential factors for growth and survival [J]. Planta，228：367－381.

KUZNETSOV V V，RAKITIN V Y，SADOMOV N G，et al.，2002. Do polyamines participate in the long distance translocation of stress signals in plants? [J]. Russian Journal of Plant Physioogy，49：120－130.

LIN H Y，LIN H J，2019. Polyamines in microalgae：something borrowed，something new [J]. Marine Drugs，17（1）：1.

LIU T，DOBASHI H，KIM D W，et al.，2014a. Arabidopsis mutant plants with diverse defects in polyamine metabolism show unequal sensitivity to exogenous cadaverine probably based on their spermine content [J]. Physiology and Molecular Biology of Plants，20：

151 - 159.

LIU T, KIM D W, NIITSU M, et al., 2014b. Polyamine oxidase 7 is a terminal catabolism-type enzyme inOryza sativa and is specifically expressed in anthers [J]. Plant and Cell Physiology, 55: 1110 - 1122.

LIU T, WOOK KIM D, NIITSU M, et al., 2014c. POLYAMINE OXIDASE 1 from rice (Oryza sativa) is a functional ortholog of Arabidopsis POLYAMINE OXIDASE 5 [J]. Plant Signaling and Behavior, 9: e29773.

LODESERTO P, ROSSI M, BLASI P, et al., 2022. Nanospermidine in combination with nanofenretinide induces cell death in neuroblastoma cell lines [J]. Pharmaceutics, 14: 1215.

MØLLER S G, MCPHERSON M J, 1998. Developmental expression and biochemical analysis of the Arabidopsis atao1 gene encoding an H_2O_2 - generating diamine oxidase [J]. The Plant Journal, 13: 781 - 791.

MOSCHOU P N, PASCHALIDIS K A, DELIS I D, et al., 2008a. Spermidine exodus and oxidation in the apoplast induced by abiotic stress is responsible for H_2O_2 signatures that direct tolerance responses in tobacco [J]. Plant Cell, 20: 1708 - 1724.

MOSCHOU P N, SANMARTIN M, ANDRIOPOULOU A H, et al., 2008b. Bridging the gap between plant and mammalian polyamine catabolism: a novel peroxisomal polyamine oxidase responsible for a full backconversion pathway in Arabidopsis [J]. Plant Physiology, 147 (4): 1845 - 1857.

MOSCHOU P N, WU J, CONA A, et al., 2012. The polyamines and their catabolic products are significant players in the turnover of nitrogenous molecules in plants [J]. Journal of Experimental Botany, 63 (14): 5003 - 5015.

NACONSIE M, KATO K, SHOJI T, et al., 2014. Molecular evolution of N - methylputrescine oxidase in tobacco [J]. Plant and Cell Physiology, 55: 436 - 444.

ONO Y, KIM D W, WATANABE K, et al., 2012, Constitutively and highly expressed Oryza sativa polyamine oxidases localize in peroxisomes and catalyze polyamine back conversion [J]. Amino Acids, 42 (2): 867 - 876.

PEGG A E, 2014. The function of spermine [J]. IUBMB Life, 66: 8 - 18.

PLANAS - PORTELL J, GALLART M, TIBURCIO A F, et al., 2013. Copper containing amine oxidases contribute to terminal polyamine oxidation in peroxisomes and apoplast of Arabidopsis thaliana [J]. BMC Plant Biology, 13: 109.

PODLESAKOVA K, UGENA L, SPICHAL L, et al., 2019. Phytohormones and polyamines regulate plant stress responses by altering GABA pathway [J]. New Biotechnology, 48: 53 - 65.

POTTOSIN I, VELARDE - BUENDIA A M, BOSE J, et al., 2014. Cross - talk between reactive oxygen species and polyamines in regulation of ion transport across the plasma membrane: implications for plant adaptive responses [J]. Journal of Experimental Botany, 65: 1271 - 1283.

RAKESH B, SUDHEER W N, NAGELLA P, 2021. Role of polyamines in plant tissue culture: an overview [J]. Plant Cell Tissue and Organ Culture, 145: 487 - 506.

RODRIGUEZ A A, MAIALE S J, MENENDEZ A B, et al., 2009. Polyamine oxidase activity contributes to sustain maize leaf elongation under saline stress [J]. Journal of Experimental Botany, 60: 4249 - 4262.

SHAH A A, RIAZ L, SIDDIQUI M H, et al., 2022. Spermine - mediated polyamine metabolism enhances arsenic - stress tolerance in Phaseolus vulgaris by expression of zinc - fnger proteins related genes and modulation of mineral nutrient homeostasis and antioxidative system [J]. Environmental Pollution, 300: 118941.

SLOCUM R D, 1991. Tissue and subcellular localisation of polyamines and enzymes of polyamine metabolism [M]. Boca Raton: CRC Press.

TAKAHASHI Y, CONG R, SAGOR G H, et al., 2010. Characterization of five polyamine oxidase isoforms inArabidopsis thaliana [J]. Plant Cell Reports, 29: 955 - 965.

TAKANO A, KAKEHI J I, TAKAHASHI T, 2012. Thermospermine is not a minor polyamine in the plant kingdom [J]. Plant Cell and Physiology, 53: 606 - 616.

TAVLADORAKI P, CONA A, ANGELINI R, 2016. Copper - containing amine oxidases and FAD - dependent polyamine oxidases are key players in plant tissue diferentiation and organ development [J]. Frontiers in Plant Science, 7: 824.

TAVLADORAKI P, ROSSI M N, SACCUTI G, et al., 2006. Heterologous expression and biochemical characterization of a polyamine oxidase from Arabidopsis involved in polyamine back conversion [J]. Plant Physiology, 141: 1519 - 1532.

TISI A, FEDERICO R, MORENO S, et al., 2011. Perturbation of polyamine catabolism can strongly affect root development and xylem differentiation [J]. Plant Physiology, 157: 200 - 215.

TOMAR P C, LAKRA N, MISHRA S N, 2013. Cadaverine: a lysine catabolite involved in plant growth and development [J]. Plant Signaling and Behavior, 8 (10): e25850.

WANG D, LI L, XU Y, et al., 2017. Effect of exogenous nitro oxide on chilling tolerance, polyamine, proline, and gamma - aminobutyric acid in bamboo shoots (Phyllostachys praecox f. prevernalis) [J]. Journal of Agricultural and Food Chemistry, 65: 5607 - 5613.

WANG H, LIU B, LI H, et al., 2016. Identification and biochemical characterization of polyamine oxidases in amphioxus: implications for emergence of vertebrate - specific spermine and acetylpolyamine oxidases [J]. Gene, 575: 429 - 437.

WANG W, LIU J H, 2016. CsPAO4 of Citrus sinensis functions in polyamine terminal catabolism and inhibits plant growth under salt stress [J]. Scientific Reports, 6: 31384.

WANG W, PASCHALIDIS K, FENG J C, et al., 2019. Polyamine catabolism in plants: a universal process with diverse functions [J]. Frontiers in Plant Science, 10: 561.

WATSON M W, YU W, GALLOWAY G L, et al., 1997. Isolation and characterization of a second arginine decarboxylase cDNA from Arabidopsis [J]. Plant Physiology, 114: 1569.

WORTHAM B W，OLIVEIRA M A，PATEL C N，2007. Polyamines in bacteria：pleiotropic efects yet specifc mechanisms [M]. Berlin：Springer.

WU J，QU H，SHANG Z，et al.，2010. Spermidine oxidase - derived H_2O_2 activates downstream Ca^{2+} channels which signal pollen tube growth [J]. The Plant Journal，63：1042 - 1053.

XIONG W，WANG Y，GUO Y，et al.，2022. Transcriptional and metabolic responses of maize shoots to long - term potassium defciency [J]. Frontietrs in Plant Sciences，13：922581.

ZAREI A，TROBACHER C P，COOKE A R，et al.，2015. Apple fruit copper amine oxidase isoforms：peroxisomal MdAO1 prefers diamines as substrates，whereas extracellular MdAO2 exclusively utilizes monoamines [J]. Plant and Cell Physiology，56：137 - 147.

ZARZA X，ATANASOV K E，MARCO F，et al.，2017. Polyamine oxidase 5 loss - of - function mutations in Arabidopsis thaliana trigger metabolic and transcriptional reprogramming and promote salt stress tolerance [J]. Plant Cell and Environment，40：527 - 542.

第三节　多胺与植物生长发育

如本章第一节所述，Put、Spd、Spm、tSpm 和 Cad 是植物中最常见的几种类型，在生物体内主要以自由形式存在。除此之外，它们也以共价和/或非共价结合的形式存在，这取决于细胞代谢的状态。

不同种类、不同形态的多胺广泛存在于植物体内不同的细胞和细胞器中，比如细胞壁、液泡、线粒体和叶绿体等发挥特定功能，它们可以共价结合到生物分子，如 DNA、RNA 和蛋白质结构，从而诱导构象变化，导致基因表达的改变，最终影响了植物的生长和发育（Kusano 等，2008；Mattoo，Handa，2008）。

一、多胺与种子萌发

伴随着种子萌发的进行，各种多胺在萌发的种子内合成。一般的研究事实表明多胺水平在萌发早期是增加的（Puga - Hermida 等，2006）。但由于不同的多胺诱导不同的反应，所以尽管多胺总体水平增加，但不同部位增加的多胺是不同的。在菜豆和大豆的萌发中发现 Put 水平从基部到茎间增加，但在大豆萌发早期，子叶中主要的多胺是 Spd，Spm 次之，而 Cad 含量甚微，但在下胚轴和根中主要是 Cad，而且迅速增加，由此可以推测 Cad 可能在大豆萌发生根过程中起重要作用（Felix，Harr，1987）。对多种多胺进行研究发现，微量的多胺对快速生长组织（如胚根、下胚轴和胚芽鞘）都有重要的作用，特别是 Put、Spd 和 Spm 这三种普遍与生长组织的伸长速度关系密切。豌豆和番茄等在萌发时根内多胺含量迅速增加，其中 Put/Spd 比值与根伸长趋势呈平行的增长，直到主根出现侧根时，Put/Spd 比值才开始下降。由此可见，不同多胺的合成过程依赖于特定组织对细胞分裂伸长和分化的支配。

也有研究发现，多胺参与种子萌发时的 DNA 和 RNA 的合成（Gallardo 等，1992）。如在鹰嘴豆种子中，RNA 合成伴随着 Spd 和 Spm 的增加，而 DNA 合成则是 Spd 和 Put 的积累。除了游离态多胺以外，有些种子萌发中还有结合态多胺。如在水稻萌发早期结合态多胺作为多胺储藏库，水解后提供额外的多胺影响细胞分裂和伸长。它们的水平和种子生活力有关，但也推断结合态多胺作为多胺的运输方式（Havelange 等，1996）。但对于多胺在种子萌发时的作用机制还不是太清楚。

二、多胺与胚胎发育

Put 增强植物的胚胎发生和植物再生（Sakhanokho 等，2005；Vondrakova 等，2015）。对臭樟木的研究发现，在胚胎发育初期（分裂阶段）Put 含量上升、Spm 含量下降，而在中后期 Put 含量下降、Spm 含量上升，这说明 Put 和细胞分裂有关，而 Spm 与细胞伸长有关（Santa - Catarina 等，2006），对南洋杉的研究发现，多胺能促进胚胎细胞的生长，且外源多胺调控了内源多胺的代谢，同时也增加了内源 IAA 和 ABA 的含量（Steiner 等，2007）。对桃子离体培养发现，在愈伤组织生长初期，Put 含量低并处于稳定的水平，在中期快速增加，后期增加缓慢，而 Spd 和 Spm 不稳定。对多胺合成关键酶研究发现，仅 ADC、ODC 基因表达量和愈伤组织生长与 Put 含量变化相一致，D -精氨酸（ADC 的一种抑制剂）处理抑制了愈伤组织生长和降低了内源 Put 水平，同时伴随着 ADC 和 ODC mRNA 水平的降低，外源 Put 处理又逆转了这种抑制效应。这些结果说明 Put 在桃子的愈伤组织生长中扮演重要角色（Liu，Moriguchi，2007）。

三、多胺与植物开花

1. 多胺与花芽分化

大量研究表明，在植物花芽分化过程中，多胺及其前体物精氨酸水平会发生显著的变化，单独或混合外施 Spm、Put 与 Spd 能够促进花芽形成，增加花芽的数目。例如，Zhu 等（1999）研究发现在苹果花原基大量分化时花芽内精氨酸的含量和它在总氨基酸中的比例均明显上升。徐继忠等（2004）指出在雌花芽生理分化期芽内 Put、Spd 和 Spm 含量升高并达高峰。在石竹花芽形成过程中，内源多胺含量呈不同的变化趋势，Spm 含量下降，Put、Spd 含量上升且 Spd 出现一个峰值，其含量的增加有利于成花（桂仁意等，2003）。西葫芦子叶花芽分化时，子叶内源 Spm、Spd 含量剧增（黄作喜等，2002）。Applewhite 等（2000）报道应用酶抑制剂减少培养基中 Spd 的滴定度几乎可以完全抑制拟南芥抽薹和成花，而将该植物转移到没有抑制剂的培养基时抽薹和成花可以恢复。在苹果花芽分化过程中，随着温度升高，苹果花芽数目增加，(Put+Spd)/Spm 的比值下降，表明苹果花芽的形成与 Spm 呈正相关，与 Put 和 Spd 的总浓度呈负相关，因此 Spm 的积累可以看作是花芽诱导的一种生理指标。

2. 多胺与性别分化

高等植物的性别分化一般指雌花和雄花的分化，它是在特殊信号诱导下分化程序表达的结果，在这个过程中激素和多胺起着重要的调节作用。研究发现，雌花与雄花所包含的多胺在种类及数量上均有差异。烟草雄蕊中游离的 Put 水平比雌蕊高出 1 倍，而雌蕊中 Spd 和 Spm 则比雄蕊高（Kaur - Sawhney 等，1988）。在菜豆雌蕊中 Put、Spd、Spm 的水平分别比雄蕊高出 5 倍、6 倍和 25 倍。另外，子房与雌蕊中含的多为碱性结合体的多胺，而雄花中的结合态多胺多为中性，这可以用来辨别早期花的雌雄器（Martin - Tanguy，1985）。进一步研究表明，不同的植物在性别分化及其发育过程中所需要的多胺种类和数量不同。龚月桦等（1998）的研究证实，Put、Spd 的含量与生殖分化有关。罗瑞鸿等（2000）的研究结果表明，龙眼雄花分化的过程中 Put、PAs 总量及 Put/PAs 总量的比值都呈下降的趋势，雌花则相反；雄花的 (Spd+Spm)/Put 在分化过程中都为上升的趋势，而雌花在初期下降、后期略有上升。因此认为，在龙眼的雄花分化中可能有大量的 Put 转化为 Spd 或 Spm；而在雌花的发育中，需要较高含量的 Put。徐继忠等（2004）研究发现，喷施 Put 和 Spd 能显著增加核桃雌花数量，提高雌雄花芽比例。汪俏梅和曾广文（1997）在苦瓜的性别分化的研究中指出，苦瓜雌雄花中的内源多胺明显高于无性组织，内源 Spd 含量变化可能与雌花的发生和发育有关，内源 Put 含量的上升可能与雄花的分化有关。陈学好和曾广文（2002）通过对黄瓜雌雄花的几个主要发育时期内源多胺代谢的研究，发现黄瓜雄花在不同发育时期内源 Put 含量均高于雌花，Put 含量的显著升高伴随着花粉粒的形成，高 Put 含量是雄花发育的特征。

3. 多胺与雌雄蕊发育

多胺对植物雌雄蕊的发育具有调节作用（Kiełkowska，Dziurka，2021）。在苹果开花过程中，蕾期花药中多胺含量很高，但随着花的开放而降低；在花粉贮藏过程中，Spm、Spd 与 Put 都随贮藏时间的延长与花粉萌发率同步降低，表明两者之间关系密切（陈学好等，2003）。在苹果和百合花粉培养基中加入多胺可促进萌发，加入多胺合成抑制剂则抑制其花粉萌发和花粉管的生长，若再补加 Put 或 Spd，则萌发重新开始（Rajam，1988）。王世平等（1996）用不同浓度的 Spd、Spm 与 Put 浸泡苹果花粉发现，其萌发率和花粉管的伸长都得到显著提高，在花蕾期喷施 Spm、Spd 与 Put，能够明显促进苹果花粉萌发，加速花粉管的伸长，同时也延长柱头接受花粉的时间，保持胚囊活力，提高授粉受精能力（Zhu 等，1999）。Wolukau 等（2004）的研究结果表明，在合适的浓度下，Put、Spm 和 Spd 都能促进樱桃花粉的萌发，而其合成抑制剂对花粉萌发则有抑制作用。但关军锋等（2000）研究指出，20～100μmol/L 的外源 Spd 可抑制苹果花粉萌发与花粉管的伸长，其效应随浓度的增加而增强。陈迪新和张绍铃（2002）、徐继忠等（1999）的试验结果指出，Spm、Spd 与 Put 在低浓度时均能促进离体花粉萌发和花粉管生长，但超过一定浓度时则对其起抑制作用。对苹果花粉萌发和水稻雌蕊发育过程中 RNA、蛋白质与多胺变化的研究证明，多胺可能通过调节核酸的合成和蛋白质的翻译而促进花粉的萌发与生长及调节雌蕊的发育（Bagni 等，1981；李新利，唐锡华，1997）。

四、多胺与植物结实

1. 多胺与坐果

研究表明，多胺对高等植物坐果具有重要的调节作用。苹果受精后，其幼果内 Put 的含量比未受精的高得多，Spd 与 Spm 出现一个峰值。用 Spm、Spd 与 Put 三种多胺单独或混合处理苹果花序，可以提高坐果率，其中以 Spm 最活跃，且混合处理效果好于单独处理（Costa，1983）。用二氯腐胺于花前处理荔枝，可使其坐果率明显提高，并且单果重也增加（郑玉生，张秋明，1996）。于糯米糍荔枝雌花开放前 2d 喷施 Put 提高了荔枝坐果率（刘顺枝等，2003）。

未脱落的小芒果内部的多胺含量比脱落的小芒果高出 276%（Malik，Singh，2003）。在果实上喷施外源多胺可以大幅度地减少落果现象。在葡萄开花前喷施 Spd 可以明显抑制幼果脱落，其原因可能是与其增加了花序中可溶性糖、减少氨基酸的含量有关（Aziz，2003）。然而外源多胺对高等植物坐果的影响并不一致。Kakkar 和 Ral（1993）研究发现高浓度的多胺不利于坐果。Bagni 等（1981）指出，内源多胺的水平可能对环境变化敏感。只有当植物体内源多胺水平低时，外源多胺才能有效地提高植物的坐果率。

2. 多胺与果实发育

大量研究表明，多胺在植物果实发育中具有积极的调控作用（Wang 等，2021），但其调节机理因不同的植物而异。对番茄、辣椒、草莓、葡萄、苹果、梨、柑橘等植物的研究发现，在果实发育过程中，ADC、ODC 的活性和 Put、Spd 含量与果实的生长速率大体呈同步变化，在果实发育早期细胞分裂的速度加快，果实内源多胺的合成速度明显增高，果实发育后期即细胞体积增大期，多胺的水平与两种多胺代谢酶 ADC、ODC 的活性则迅速降低。玉米败育籽粒在授粉后 8～12d，三种多胺（Spd、Spm、Put）含量明显低于正常籽粒，果穗顶部籽粒较低的多胺含量与其籽粒败育密切相关（张风路等，1999）。水稻授粉前后幼穗迅速生长时，内源多胺尤其束缚态多胺迅速升高，且其增高总是先于 DNA 和蛋白质的增加或同时发生，以后随着果实的成熟，多胺水平与合成速度均下降，此时蛋白质与 DNA 的含量也降低了（郭枫，唐锡华，1990）。由此推测，多胺可能是通过促进核酸合成与蛋白质的翻译而加速细胞分裂速度，从而提高植物果实初期阶段的生长发育。

五、多胺与籽粒发育和灌浆

多胺对作物籽粒发育和充实的影响也有一些报道。例如，杨建昌等（1997）报道了籽粒中内源多胺含量的多少与水稻籽粒充实与粒重呈显著正相关，在花后 3d 喷施外源多胺能提高内源 Spd 和 Spm 的含量，同时胚乳细胞数、谷粒充实率和千粒重增加。用外源抑制剂甲基乙二醛双脒基腙 MGBG 处理，则结果相反，这说明 Spd 和 Spm 与籽粒充实和粒重有密切关系，并且灌浆期稻米中多胺的含量与稻米的品质也有密切的关系（王志琴等，2007）。对水分缺陷条件下生长的小麦研究表明，Spd 和 Spm 与籽粒灌浆呈正相关，而与 ETH 释放速率和 1-氨基环丙烷-1-羧酸浓度呈负相关（Yang 等，2014）。至于 Spd 和 Spm 为什么能促进籽粒充实、增加粒重，Tan 等（2009）和王志琴等（2007）通过对水稻的研究结果表明，Spd 和 Spm 可能是通过增强籽粒蔗糖-淀粉代谢途径关键酶蔗糖合成酶、ADP 葡萄糖焦磷酸化酶和可溶性淀粉合成酶活性促进水稻籽粒灌浆，从而增加粒重。刘杨等（2013）对冬小麦的研究表明，不同种类的多胺对冬小麦的籽粒灌浆影响也是不一样的，Spd 和 Spm 能显著提高小麦的千粒重和籽粒灌浆速率，通过研究推测多胺可能是通过增强叶片光合作用、延缓衰老及降低籽粒 ETH 释放量来促进籽粒灌浆的，而 Put 对其影响不大。

六、多胺与植物衰老

衰老是植物生长发育的最后阶段，受到内外环境因素和基因的调控。目前在基因水平上阐明植物衰老的分子机制，进而通过调控衰老相关基因的表达来延缓衰老进程或推迟衰老是有待解决的问题。因此内外环境因素调控成为研究的重点。然而多胺在这方面的运用正日益受到关注。有人提出多胺水平的降低实际上是衰老信号引起的明显前奏（Evans，Malmberg，1989）。

多胺延缓衰老广为所知。研究发现多胺能延缓许多双子叶和单子叶植物，如豌豆、菜豆、芜菁、烟草、大麦、小麦、玉米、水稻等离体叶片衰老。这些离体叶片衰老时，水解酶（如核糖核酸酶和蛋白酶）活性快速增加，叶绿素含量逐渐下降，外源多胺可抑制上述过程（段辉国，1999，2000）。

就整株植物而言，在分生组织和生长细胞中，多胺的含量与多胺合成酶的活性最高，而在衰老组织中则最低。黑暗诱导的燕麦离体叶片衰老过程中，叶片 ADC 活性及各种多胺含量均下降（Kaur - Sawhney 等，1982）；通过多胺氧化酶抑制剂的实验证明，内源 Spd 和 Spm 含量与燕麦叶片及叶肉原生质体衰老被延缓程度呈显著的正相关（Tiburcio 等，1994）。对甘蔗叶片衰老情况的研究表明，在蛋白质降解之前内源多胺含量突然下降（张木清等，1996）。然而 Birecka 等（1984）比较了几种黑暗下离体叶片叶绿素和蛋白质的降解却发现，内源多胺水平低的紫叶草衰老程度较轻，而内源多胺水平高的燕麦、烟草离体叶片衰老程度较重。看来在不同植物叶片衰老过程中多胺的绝对含量与衰老程度的关系还需进一步研究。对大田条件下花生的研究结果表明，不同生育阶段多胺代谢酶活性和多胺含量发生规律性变化，ADC 和 ODC 活性随叶片衰老而降低，CuAOs 和 PAO 活性则升高，同时多胺含量下降（赵福庚等，1999）。对大田花生喷施外源多胺及其合成前体与抑制剂表明，喷施外源多胺及其合成前体可提高叶片内源多胺含量，延缓叶绿素、蛋白质的降解，提高了活性氧清除酶类活性，降低膜脂过氧化程度（王晓云等，2000）。叶片衰老过程中多胺含量的变化还与不同衰老型品种有关，早衰型品种多胺含量下降速度快、幅度大，后期含量低于正常衰老型（王晓云等，1999）。在大麦、水稻叶片上的研究结果显示，随叶龄增加多胺含量下降，且急剧下降期比叶绿素、蛋白质速降期要早，因此认为植物体内多胺含量与叶片衰老密切相关（杨浚，俞炳杲，1990；沈仕峰，吴振球，1993）。

参考文献

陈迪新，张绍铃，2002. 多胺及其合成抑制剂对梨花粉萌发及花粉管生长的影响 [J]. 果树学报，19（6）：377－380.

陈学好，曾广文，2002. 黄瓜花性别分化和内源多胺的关系 [J]. 植物生理与分子生物学报，28（1）：17－22.

陈学好，于杰，李伶利，2003. 高等植物开花结实的多胺研究进展 [J]. 植物学通报，20（1）：36－42.

段辉国，1999. 亚精胺对小麦离体叶片衰老过程中核酸和核酸酶的影响 [J]. 四川师范大学学报，20（3）：229－233.

段辉国，2000. 亚精胺对小麦离体叶片中蛋白质含量与蛋白酶的影响 [J]. 四川师范大学学报，21（1）：44－47.

龚月桦，王俊儒，荆家海，1998. 高等植物对多胺的吸收和转运 [J]. 植物生理学通讯，34（1）：64－68.

关军锋，马智宏，李敏霞，等，2000. 亚精胺对苹果花粉萌发与花粉管伸长的抑制效应及其与 Ca^{2+} 的关系 [J]. 植物生理学通讯，36（2）：107－109.

桂仁意，曹福亮，沈惠娟，等，2003. 植物生长调节剂对石竹试管成花及内源激素与多胺的影响 [J]. 南京林业大学学报，27（1）：6－10.

郭枫，唐锡华，1990. 水稻胚与胚乳分化中的内源多胺 [J]. 植物生理学报，16（2）：173－178.

黄作喜，沈惠娟，谢寅峰，2002. 西葫芦子叶花芽分化时内源激素、多胺含量的变化 [J]. 南京师大学报（自然科学版），25（2）：28－31.

李新利，唐锡华，1997. 水稻开花授粉前后雌蕊中多胺和核酸及蛋白质含量的变化 [J]. 植物生理学通讯，33（2）：88－90.

刘杨，温晓霞，顾丹丹，等，2013. 多胺对冬小麦籽粒灌浆的影响及其生理机制 [J]. 作物学报，39（4）：712－719.

刘顺枝，李建国，王泽槐，等，2003. 花前喷施腐胺对荔枝子房乙烯释放量与雌蕊寿命的影响 [J]. 果树学报，20（4）：313－315.

罗瑞鸿，李杨瑞，黄业球，等，2003. 龙眼顶芽多胺含量变化与成花关系初探 [J]. 广西农业科学，6：5－7.

沈仕峰，吴振球，1993. 杂交水稻连体和离体叶片衰老与多胺的关系 [J]. 湖南农学院学报，19（2）：117－130.
汪俏梅，曾广文，1997. 激素和多胺对苦瓜性别分化的影响［J］. 园艺学报，24（1）：48－52.
王世平，宋长冰，李连朝，等，1996. 三种多胺在苹果开花及坐果初期的生理作用［J］. 园艺学报，3（4）：319－325.
王晓云，李向东，马池珠，1999. 花生不同衰老型品种叶片衰老过程中多胺变化规律的研究［J］. 中国油料作物学报，21（1）：31－34.
王晓云，李向东，邹琦，2000. 外源多胺、多胺合成前体及抑制剂对花生连体叶片衰老的影响［J］. 中国农业科学，33（3）：30－35.
王志琴，张耗，王学明，等，2007. 水稻籽粒多胺的浓度与米质的关系［J］. 作物学报，33（12）：1922－1927.
徐继忠，陈海江，李晓东，等，2004. 外源多胺对核桃花芽分化及叶片内源多胺含量的影响［J］. 园艺学报，34（4）：437－440.
徐继忠，陈海江，邵建柱，1999. 外源多胺及其合成抑制剂对苹果花粉萌发及坐果的影响［J］. 河北农业大学学报，22（4）：42－45.
杨浚，俞炳杲，1990. 大麦连体叶片衰老与内源游离多胺的关系［J］. 南京农业大学学报，3（1）：14－17.
杨建昌，朱庆森，王志琴，等，1997. 水稻籽粒中内源多胺含量及其与籽粒充实和粒重的关系［J］. 作物学报，23（4）：385－392.
张风路，王志敏，赵明，等，1999. 多胺与玉米籽粒败育关系研究［J］. 作物学报，25（5）：565－568.
张木清，陈凯如，余松烈，1996. 水分胁迫下多胺代谢变化及其同抗旱性的关系［J］. 植物生理学报，22（3）：327－332.
赵福庚，王晓云，王汉忠，等，1999. 花生叶片生长发育过程中多胺代谢的变化［J］. 作物学报，25（2）：249－253.
郑玉生，张秋明，1996. 多胺类代谢与园艺作物生长发育关系研究进展［J］. 亚热带植物通讯，25（1）：43－50.
APPLEWHITE P B，KAUR－SAWHNEY R，GALSTON A W，2000. A role for spermidine in the bolting and flower in of Arabidopsis［J］. Physiologia Plantarum，108：314－320.
AZIZ A，2003. Spermidine and related－metabolic inhibitors modulate sugar and amino acid levels in Vitis vinifera L：possible relationships with initial fruitlet abscission［J］. Journal of Experimental Botany，54：355－363.
BAGNI N，ADAMO P，SERAFINI－FRACASSINI D，1981. RNA proteins and polyamines during tube growth in germinating apple pollen［J］. Plant Physiology，68：727－730.
BIRECKA H，DINOLFO T E，MARTIN W B，1984. Polyamines and leaf senescence in pyrrolizidine alkaloid－bearing Heliotropium plant［J］. Phytochemistry，23：991－997.
COSTA G，1983. Effect of polyamines on fruit set of apple［J］. Hortscience，18（1）：59－61.

EVANS P T, MALMBERG R L, 1989. Do polyamines have roles in plant development [J]. Annual Review of Plant Physiology and Plant Molecular Biology, 40: 235-269.

FELIX H, HARR J, 1987. Association of polyamines to different parts of various plant species [J]. Physiologia Plantarum, 71: 245-250.

GALLARDO M, BUENO M, ANGOSTO T, et al., 1992. Free polyamines in Cieer arietinum seeds during the onset of germination [J]. Phytochemistry, 31: 2283-2287.

HAVELANGE A, LEJEUNE P, BERNIER A, et al., 1996. Putrescine export from leaves in relation to floral transition in Sinapis alba [J]. Plant Physiology, 96: 59-65.

KAKKAR R, RAL V K, 1993. Plant polyamines in flowering and fruit ripening [J]. Phytochemistry, 33 (6): 1281-1288.

KAUR-SAWHNEY R, TIBURCIO A F, GALSTON A W, 1988. Spemidine and flower-bud differentiation in thin-layer explants of tobacc [J]. Planta, 173: 282-284.

KAUR-SAWHNEY R, SHIH L M, FLORES H E, et al., 1982. Relation of polyamine synthesis and titer to ageing and senescence in oat leaves Avena sativa [J]. Plant Physiology, 69: 405-410.

KIEŁKOWSKA A, DZIURKA M, 2021. Changes in polyamine pattern mediates sex diferentiation and unisexual fower development in monoecious cucumber (*Cucumis sativus* L.) [J]. Physiologia Plantarum, 171: 48-65.

KUSANO T, BERBERICH T, TATEDA C, et al., 2008. Polyamines: essential factors for growth and survival [J]. Planta, 228: 367-381.

LIU J H, MORIGUCHI T, 2007. Changes in free polyamine titers and expression of polyamine biosynthetic genes during growth of peach in vitro callus [J]. Plant Cell Reports, 6 (2): 125-131.

MALIK A U, SINGH Z, 2003. Abscission of mango fruilets as influenced by biosynthesis of polyamines [J]. Journal of Horticultural Sciences and Biotechnology, 78 (5): 721-727.

MARTIN-TANGUY J, 1985. The occurrence and possible functions of hydroxycinnamic acid amides in plant [J]. Plant Growth Regulation, 3: 381-399.

MATTOO A K, HANDA A K, 2008. Higher polyamines restore and enhance metabolic memory in ripening fruit [J]. Plant Science, 174: 386-393.

PUGA-HERMIDA M I, GALLARDO M, RODRIGUEZ-GACIO M C, et al., 2006. Polyamine contents, ethylene synthesis, and *Br*ACO2 expression during turnip germination [J]. Biologia Plantarum, 50 (4): 574-580.

RAJAM M C, 1988. Retriction of pollen germination and tube growth in lily pollen by inhibitors of polymine metabolism [J]. Plant Science, 59 (1): 53-56.

SAKHANOKHO H F, OZIAS-AKINS P, MAY O L, et al., 2005. Putrescine enhances somatic embryogenesis and plant regeneration in upland cotton [J]. Plant Cell Tissue and Organ Culture, 80 (1): 91-95.

SANTA-CATARINA C, SILVEIRA V, BALBUENA T S, et al., 2006. IAA, ABA, polyamines and free amino acids associated with zygotic embryo development of Ocotea catharinensis [J]. Plant Growth Regulation，49：237－247.

STEINER N，SANTA－CATARINA C，SILVEIRA V，et al.，2007. Polyamine effects on growth and endogenous hormones levels in Araucaria angustifolia embryogenic cultures [J]. Plant Cell Tissue and Organ Culture，89（1）：55－62.

TAN G L，ZHANG H，FU J，et al.，2009. Post－anthesis changes in concentrations of polyamines in superior and inferior spikelets and their relation with grain filling of super rice [J]. Acta Agronomica Sinica，35（12）：2225－2333.

TIBURCIO A F，BESFORD R T，CAPELL T，et al.，1994. Mechanism of polyamine action during senescence responses induced by osmotic stresss [J]. Journal of Experimental Botany，45：1789－1800.

VONDRAKOVA Z，ELIASOVA K，VAGNER M，2015. Exogenous putrescine affects endogenous polyamine levels and the development of Picea abies somatic embryos [J]. Plant Growth Regulation，75：405－414.

WANG W，ZHENG X，LIU S，et al.，2021. Polyamine oxidase（PAO）－mediated polyamine catabolism plays potential roles in peach（Prunus persica L.）fruit development and ripening [J]. Tree Genetics and Genomes，17：1－15.

WOLUKAU J N，ZHANG S L，XU G H，et al.，2004. The effect of temperature polyamines and polyamine synthesis inhibitor on in vitro pollen germination and pollen tube growth of Prunus mume [J]. Scientia Horticulture，99：289－299.

YANG W B，YIN Y P，LI Y，et al.，2014. Interactions between polyamines and ethylene during grain filling in wheat grown under water deficit conditions [J]. Plant Growth Regulation，72：189－201.

ZHU L H，T ROMY J，PEPPEL A C，et al.，1999. Polyamines in buds of apple as affected by temperature and their relationship to bud development [J]. Scientia Horticulture，9（82）：203－216.

第四节　多胺与其他信号分子交互

除了多胺，许多其他重要的激素和信号分子在植物的生长发育中也发挥了重要作用，如 ABA、IAA、GA、ETH、NO、H_2O_2、Ca^{2+} 等，并且多胺与它们相互作用组成一个复杂的网络结构调控植物的生长发育。其中研究较多的是多胺和 ABA、NO、H_2O_2、Ca^{2+} 和 ETH 的信号网络关系。植物体内的多胺能通过激活 NO、H_2O_2 这些信号分子的生物合成而影响植物的生长发育。这些信号分子影响 ABA 的合成和信号传递，并参与 Ca^{2+} 浓度和离子通道的调节。除此之外，IAA、GA、ETH 等在植物的生长发育中扮演重要的角色，并且与多胺代谢密切相关。

一、多胺与 ABA

众所周知，植物激素 ABA 在植物生长发育和对环境胁迫适应中扮演重要的角色（Cutler 等，2010；Fujita 等，2011）。多胺和 ABA 水平的变化与果实发育、涝渍、种子成熟和萌发密切有关。它们之间存在着一个相互关联的交互系统。拟南芥模式植物的应用为多胺代谢途径的功能解析及其控制在非生物胁迫中的作用提供了新的思路（Takahashi，Kakehi，2009）。通过 Q－RT－PCR 进行转录的研究发现，水分胁迫诱导了 *ADC2*、*SPDS1* 和 *SPMS* 基因的表达，进一步研究发现 ABA 通过上调水分胁迫条件下 *ADC2*、*SPDS1* 和 *SPMS* 基因的表达来调节多胺代谢（Alcázar 等，2006）。代谢组和转录组研究数据表明，干旱诱导的 ABA 转录调节在支链氨基酸（脯氨酸、赖氨酸和多胺）的生物合成中扮演重要角色（Urano 等，2009；Fujita 等，2011）。对突变体植物的研究也表明胁迫条件下，ABA 和 Put 之间存在正反馈调节机制，能相互促进生物合成提高植物的抗性（Urano 等，2009；Cuevas 等，2009）。在干旱胁迫下，ABA 能通过诱导植物叶片保卫细胞的气孔关闭减少水分蒸发，多胺能通过缩小孔径和关闭气孔调节气孔反应，并且 Put 能调节胁迫条件下 ABA 的生物合成。所以，多胺参与了胁迫下 ABA 诱导的气孔关闭（Alcázar 等，2010a）。

二、多胺与 NO 和 H_2O_2

多胺除了与 ABA 有关外，还与 H_2O_2、NO 有关（Krasuska 等，2014；Iannone 等，2013）。气孔调控中的 ABA 信号通路涉及许多不同的成分，如 ABA 受体、G 蛋白、蛋白激酶和磷酸酶、转录因子和次级信使，包括 Ca^{2+}、活性氧和 NO。有研究证据表明，在 ABA 介导的胁迫反应中，多胺与活性氧生成和 NO 信号传导之间存在相互作用（Yamasaki，Cohen，2006）。活性氧的产生与多胺分解代谢过程紧密相关，因为多胺氧化分解产生 H_2O_2，H_2O_2 是一种与植物防御和非生物胁迫反应相关的活性氧（Cona 等，2006）。最近研究发现低浓度 H_2O_2 是信号分子，能从产生部位扩散到临近的细胞和组织，提高植物对胁迫的防御能力；而高浓度则会导致细胞程序化死亡（Tanou 等，2009）。Tun 等（2006）的研究发现多胺和 NO 之间可能存在联系，多胺能促进 NO 的产生，NO 能通过调节游离态多胺的含量和比例增强植物的胁迫忍受性。根据 Neill 等（2008）的研究发现，H_2O_2 和 NO 参与到 ABA 诱导的气孔运动中，在这个过程中，NO 的产生取决于 H_2O_2 的产量。在拟南芥保护细胞，ABA 诱导的 H_2O_2 产生来自由 *AtrbohD* 和 *AtrbohF* 基因编码的 NAD(P)H 氧化酶亚型产生的超氧化物，这些酶参与了活性氧依赖的 Ca^{2+} 通道的激活和胞质 Ca^{2+} 的增加（Kwak 等，2003）。除了 NADPH 氧化酶外，质外体氨基氧化酶也是活性氧产生的来源（Cona 等，2006）。事实上，据报道，ABA 在蚕豆保卫细胞诱导气孔关闭过程中，ABA 通过 CuAOs 活性激活 Put 分解代谢和 H_2O_2 的产生（An 等，2008）。ABA 和 Put 促进保卫细胞中 Ca^{2+} 浓度的增强，而这种增强可被 CuAOs 抑制剂所抑制。这表明 CuAOs 催化的 Put 氧化的 H_2O_2 表达是由 Ca^{2+} 介导的。尽管这三种多胺诱导气孔关闭（Liu 等，2000），但与 Put 的作用相比，Spd 和 Spm 并没有参与促进 ABA 诱导的蚕豆保卫细胞 H_2O_2 的产生（An 等，2008）。先前的假说是，植物中 NO 的产生是通过类似一氧化氮合酶或硝酸盐还原酶活性的作用来介导的。然而，最近的数据争议并非类似一氧化氮合酶参与保卫细胞中 NO 的合成（Bright 等，2006；Neill 等，2008）。Tun 等（2006）研究证明 Spd 和 Spm 诱导 NO 快速生物合成，但 Put 对其影响很小或没有。总之，多胺似乎通过不同的途径激活信号分子（H_2O_2 和 NO）的生物合成来调节气孔的关闭（Yamasak，Cohen，2006）。综上所述，现有数据表明，多胺、H_2O_2 和 NO 具有协同作用，可促进保护细胞中的 ABA 反应。

三、多胺与 Ca^{2+}

如前面内容所述，胁迫反应涉及第二信使的产生如 Ca^{2+}。胞质 Ca^{2+} 的增加调节控制胁迫耐受性的胁迫信号通路。这种胞质 Ca^{2+} 水平的增加可能是由于细胞外物质，也可能是由于磷脂酶 C（PLC）的激活，导致磷脂酰肌醇二磷酸（PIP2）水解到三磷酸肌醇（IP3），随后引起细胞内存储的 Ca^{2+} 释放（Mahajan，Tuteja，2005）。多胺也能维持植物体内的 Ca^{2+} 平衡（Yamaguchi 等，2006，2007）。最近，Wilson 等（2009）报道了影响二核苷酸磷酸和肌醇磷酸盐去磷酸化的 SAL1 酶的拟南芥突变体增强拟南芥的耐旱性。SAL1 突变体 *alx8* 显示出非常高的 Put 水平（比野生型高 15 倍），这与 *ADC2* 表达的增加相关。我们认为，这些高的 Put 水平可能是改善耐旱性表型的原因，并提出高水平的 Put 可能会改变磷酸肌醇库。如上所述，在拟南芥中 *ADC2* 的过表达也会导致 Put 水平的升高，这与更高程度的水分胁迫耐受性和气孔孔径的减少相关（Alcázar 等，2010b）。Yamaguchi 等（2006，2007）提出 Spm 对高盐和干旱胁迫的保护作用是通过调节 Ca^{2+} 渗透通道改变 Ca^{2+} 分配的结果。细胞质内 Ca^{2+} 的增加阻止了 Na^+/K^+ 进入细胞质，增强 Na^+/K^+ 进入液泡或抑制液泡 Na^+/K^+ 释放，从而增强植物对盐胁迫的忍受（Yamaguchi 等，2006，2007）。

四、多胺与离子通道

多胺是带正电荷的化合物，它能依靠静电与带负电的蛋白质（包括离子通道）相互作用。事实上，生理浓度范围内的多胺能阻塞液泡快速离子通道的快速激活。Bruggemann 等（1998）研究结果表明，在最佳生长条件下，大麦幼苗叶片细胞中含有 50～100μmol/L 的 Put 和 Spd，10～30μmol/L 的 Spm，Put 对液泡快速离子通道的活性没有影响，而这些通道的很大一部分被 Spd 和 Spm 阻断。因此，Spd 和 Spm 浓度的任何变化都会影响液泡快速离子通道的活性。根据上面所述，对不同的胁迫反应中，像钾饥饿胁迫，Put 的含量急剧上升，而 Spd 和 Spm 变化不明显，Put 的增加可能明显地降低了液泡快速离子通道的活性。在高盐环境下，所有的多胺含量增加，而 Spm 浓度的增加可能会阻断液泡快速离子通道的活性。在大麦根表皮细胞和皮质细胞中，细胞外多胺也可以抑制向内的 K^+ 通道，特别是 Na^+ 通道。这些研究结果表明，植物中的多胺可能是通过直接结合到通道蛋白和其他相关的膜组分上而起阻断作用，也可能是通过一些信号分子调节通道活性（Liu 等，2000）。离子通道蛋白的磷酸化和脱磷酸化也和它的活性密切相关。因此多胺也能影响蛋白激酶和磷酸酶的活性而调节离子通道的功能（Michard 等，2005）。

五、多胺与 ETH

多胺和 ETH 在植物的生长发育中扮演相反的角色。在多胺和 ETH 的代谢途径中有共同的底物 SAM，代谢过程中它们之间存在竞争（图 2－2）。研究者普遍认为 ETH 是多胺合成关键酶 ADC 和 SAMDC 的抑制剂，而多胺与 ETH 争夺底物 SAM 抑制 ETH 的合成（Burnsterbinder 等，2012）。ETH 参与植物的几个生理过程，包括叶脱落、果实成熟等。多胺降低了 ETH 的含量，这有助于延缓植物衰老（Anwar 等，2015），而 ETH 能抑制参与多胺生物合成过程的酶的活性，促进植物衰老。最近 Xu 等（2022）研究发现多胺和 ETH 在水稻籽粒氨基酸生物合成中起着至关重要的作用，游离 Spd 和 Spm 浓度，尤其是游离多胺与 ACC 以及总氨基酸、必需氨基酸和非必需氨基酸的比率随着氮吸收速率的增加而增加，而 ETH 释放率和 ACC 浓度随着氮吸收速率的增加而降低。游离 Spd 和 Spm 水平及其与 ACC 的比值与氨基酸生物合成相关关键酶的活性/基因表达呈显著正相关。外源性 Spd、Spm 或氨氧乙基乙烯基甘氨酸（一种 ETH 合成抑制剂）增加了酶活性和基因表达，而 MGBG（一种 Spd 或 Spm 合成抑制剂）或乙烯利（一种 ETH 释放剂）发挥了相反的作用。这些结果表明，游离多胺和 ETH 在介导氮速率对水稻籽粒氨基酸合成的影响中具有拮抗作用。这种拮抗作用也响应土壤干旱，介导了水稻的小穗发育（Zhang 等，2017）。

综合以上研究分析发现多胺、ABA、H_2O_2、NO、Ca^{2+} 等形成一个复杂的网络体系在植物的抗逆反应中发挥重要作用。

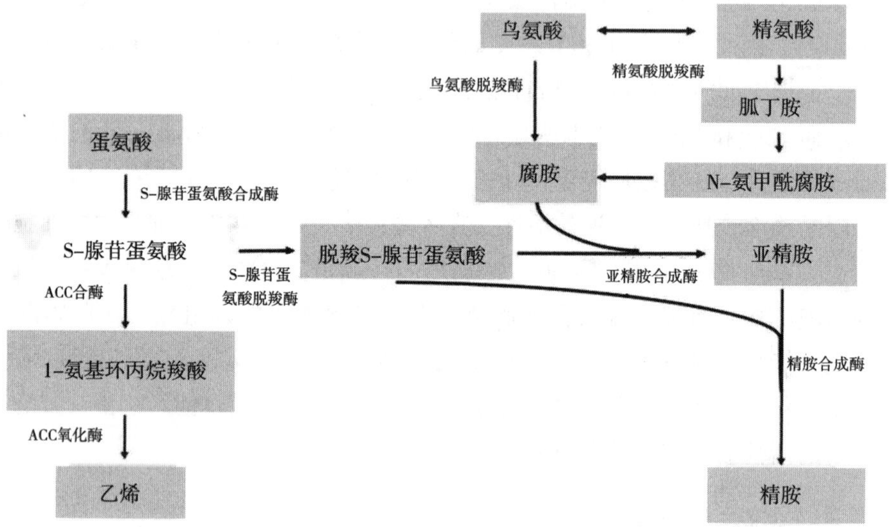

图 2-2　多胺和 ETH 合成代谢的交互（Zhang 等，2017）

参考文献

ALCÁZAR R, ALTABELLA T, MARCO F, et al., 2010a. Polyamines: molecules with regulatory functions in plant abiotic stress tolerance [J]. Planta, 231: 1237-1249.

ALCÁZAR R, CUEVAS J C, PATRÓN M, et al., 2006. Abscisic acid modulates polyamine metabolism under water stress in *Arabidopsis thaliana* [J]. Physiologia Plantarum, 128: 448-455.

ALCÁZARR, PLANAS J, SAXENA T, et al., 2010b. Putrescine accumulation confers drought tolerance in transgenic Arabidopsis plants overexpressing the homologous arginine decarboxylase 2 gene [J]. Plant Physiology and Biochemistry，48：547 - 552.

AN Z，JING W，ZHANG W，2008. Hydrogen peroxide generated by copper amine oxidase is involved in abscisic acid - induced stomatal closure in Vicia faba [J]. Journal of Experimental Botany，59：815 - 825.

ANWAR R，MATTOO A K，HANDA A K，2015. Polyamine interactions with plant hormones：crosstalk at several levels [M]. Berlin：Springer.

BRIGHT J，DESIKAN R，HANCOCK J T，et al.，2006. ABA - induced NO generation and stomatal closure in Arabidopsis are dependent on H_2O_2 synthesis [J]. The Plant Journal，45：113 - 122.

BRUGGEMANN L I，POTTOSIN I I，SCHONKNECHT G，1998. Cytoplasmic polyamines block the fast activating vacuolar cation channel [J]. The Plant Journal，16：101 - 105.

BURNSTERBINDER K，SAUTER M，2012. Early events in the ethylene biosynthetic pathway - regulation of the pools of methionine and S - adenosylmethionine [J]. Annual Plant Reviews Online，44：19 - 52.

CONA A，REA G，ANGELINI R，et al.，2006. Functions of amine oxidases in plant development and defence [J]. Trends in Plant Science，11：80 - 88.

CUEVAS J C，LOPEZ - COBOLLO R，ALCÁZAR R，et al.，2009. Putrescine as a signal to modulate the indispensable ABA increase under cold stress [J]. Plant Signaling and Behavior，4：219 - 220.

CUTLER S R，RODRIGUEZ P L，FINKELSTEIN R R，et al.，2010. Abscisic acid：emergence of a core signaling network [J]. Annual Review of Plant Biology，61：651 - 679.

FUJITA Y，FUJITA M，SHINOZAKI K，et al.，2011. ABA - mediated transcriptional regulation in response to osmotic stress in plants [J]. Journal of Plant Research，124：509 - 525.

IANNONE M，ROSALES E P，GROPPA M D，et al.，2013. H_2O_2 involvement in polyamine - induced cell death in tobacco leaf [J]. Journal of Plant Growth Regulation，32：745 - 757.

KRASUSKA U，CIACKA K，BOGATEK R，et al.，2014. Polyamines and nitric oxide link in regulation of dormancy removal and germination of apple (Malus domestica Borkh.) embryos [J]. Journal of Plant Growth Regulation，33：590 - 601.

KWAK J M，MORI I C，PEI Z M，et al.，2003. NADPH oxidase AtrbohD and AtrbohF genes function in ROS - dependent ABA signaling in Arabidopsis [J]. EMBO Journal，22：2623 - 2633.

LIU K，FU H，BEI Q，LUAN S，2000. Inward potassium channel in guard cells as a target for polyamine regulation of stomatal movements [J]. Plant Physiology，124：1315 - 1326.

MAHAJAN S，TUTEJA N，2005. Cold，salinity and drought stresses：an overview [J]. Archives of Biochemistry and Biophysics，444：139 - 158.

MICHARD E，DREYER I，LACOMBE B，et al.，2005. Inward recti fi cation of the AKT2 channel abolished by voltage dependent phosphorylation [J]. The Plant Journal，44：

783 - 797.

NEILL S, BARROS R, BRIGHT J, et al., 2008. Nitric oxide, stomatal closure, and abiotic stress [J]. Journal of Experimental Botany, 59: 165 - 176.

TAKAHASHI T, KAKEHI J I, 2009. Polyamines: ubiquitous polycations with unique roles in growth and stress responses [J]. Annal of Botany, 105: 1 - 6.

TANOU G, MOLASSIOTIS A, DIAMANTIDIS G, 2009. Hydrogen peroxideand nitric oxide - induced systemic antioxidant prime - like activity under NaCl stress and stress - free conditions in citrus plants [J]. Journal of Plant Physiology, 166: 1904 - 1913.

TUN N N, SANTA - CATARINA C, BEGUM T, et al., 2006. Polyamines induce rapid biosynthesis of nitric oxide (NO) in Arabidopsis thaliana seedlings [J]. Plant and Cell Physiology, 47: 346 - 354.

URANO K, MARUYAMA K, OGATA Y, et al., 2009. Characterization of the ABA regulated global responses to dehydration in Arabidopsis by metabolomics [J]. The Plant Journal, 57: 1065 - 1078.

WILSON P B, ESTAVILLO G M, FIELD K J, et al., 2009. The nucleotidase/phosphatase SAL1 is a negative regulator of drought tolerance in Arabidopsis [J]. The Plant Journal, 58: 299 - 317.

XU Y, TANGS, JIANC, et al., 2022. Polyamines and ethylene interact in mediating the effect of nitrogen rates on synthesis of amino acids in rice grains [J]. Food and Energy Security, 11 (4): e408.

YAMAGUCHI K, TAKAHASHI Y, BERBERICH T, et al., 2007. A protective role for the polyamine spermine against drought stress in Arabidopsis [J]. Biochemical and Biophysical Research Communications, 352: 486 - 490.

YAMAGUCHI K, TAKAHASHI Y, BERBERICH T, et al., 2006. The polyamine spermine protects against high salt stress in Arabidopsis thaliana [J]. Federation of European Biochemical Societies Letters, 580: 6783 - 6788.

YAMASAKI H, COHEN M F, 2006. NO signal at the crossroads: polyamine induced nitric oxide synthesis in plants [J]. Trends Plant Science, 11: 522 - 524.

ZHANG W, CHEN Y, WANG Z, et al., 2017. Polyamines and ethylene in rice young panicles in response to soil drought during panicle differentiation [J]. Plant Growth Regulation, 82: 491 - 503.

第三章
多胺与非生物胁迫

植物在自然界中的生长环境是固定不变的，所以其生长发育经常受到大自然不利环境的影响，它们不能像动物一样逃避这些不利的条件。为了应对这些挑战，植物已经具备了多种有利于更好生长和发育的适应机制。其中之一机制涉及作为保护作用的代谢物的积累。多胺是有助于阻止非生物胁迫反应的代谢物（Chen 等，2019；Alcázar 等，2020）。多数研究表明，在非生物胁迫（干旱、高温和低温、高盐、强光）下，多胺含量波动，有助于缓解这些胁迫条件（Alcázar 等，2020）。总之，多胺不仅参与了植物正常生长发育过程，而且多胺与非生物胁迫密切相关。多胺能提高多数环境胁迫下的植物抗性已被大量研究所证实，本节就近年来研究比较多的逆境和多胺的研究进行总结概述。

第一节　多胺与干旱胁迫

如第一章所述，干旱严重影响了水的平衡，被认为是植物生长发育最关键的不利因素之一，对作物可持续生产产生主要威胁。植物对干旱胁迫的反应包括形态、生理、激素、转录和分子变化，这取决于干旱的持续时间和严重程度（Seleiman 等，2021）。多胺是一种广泛存在于植物体内，具有生理活性的物质。有充分的证据表明，多胺参与植物的非生物胁迫忍受，调控植物的生长发育。

一、干旱胁迫下多胺的生理功能

在干旱条件下，多胺参与光合作用，促进气孔关闭，减少植物失水，维持植物水势（Alcázar 等，2020）。此外，多胺通过酶和非酶机制清除活性氧、稳定细胞膜结构、提高水通道蛋白和胁迫相关蛋白的表达水平，以及渗调物质的积累，阻碍干旱胁迫对植物的伤害（Li 等，2015；Seleiman 等，

2021；Tan 等，2022）。研究表明，外源施用多胺降低了干旱胁迫对植物生长发育的影响（Seleiman 等，2021；Tan 等，2022；Du 等，2022）。小麦植株叶面施用 Put 可增加叶绿素、可溶性糖、氨基酸和脯氨酸含量，从而增加植株高度、叶面积和籽粒产量（Pál 等，2018）。另一项对莴苣的研究表明，Put 的应用降低了气孔密度，阻止了细胞质的分解，维持了叶绿体的结构（Zhu 等，2019）。不同的生理和蛋白质组学研究表明，多胺可能激活电子传递和抗氧化酶系统的多个途径以及渗调物质的积累，从而增加对干旱和盐胁迫的适应性反应。同样，外施 Spd 和 Spm 增加了脯氨酸含量，增强了抗氧化酶系统和光合色素，以缓解干旱胁迫（Shi 等，2013）。用 Spm 对离体柑橘植株进行预处理，通过调节气孔关闭和抗氧化能力来提供抗旱性。在所有的多胺中，Spm 在应对干旱胁迫条件方面起着重要作用（Hasan 等，2021）。另外，多胺通过增强 Ca^{2+} 依赖的水通道蛋白通道基因 *TrTIP2-1*、*TrTIP2-2* 和 *TrTIP2-7* 的表达来稳定干旱胁迫条件下的水平衡（Li 等，2020）。此外，Spm 还通过 K^{+} 通道调节保卫细胞来调节气孔的打开和关闭（Agurla 等，2018）。研究还发现，Spm 可以调节大量与 ABA 相关的基因，这些基因最终调控保卫细胞、渗透液的产生和与应激反应相关的基因（Fujita 等，2011）。

二、干旱胁迫下多胺积累与代谢调控

通过基因工程合成高价多胺也可以为抑制非生物胁迫伤害提供重要技术手段。多胺合成酶基因的过表达能够提高植物的耐旱性。例如，过表达 *AtADC2* 的拟南芥株系比非转基因株系产生更高的 Put，并且比非转基因株系更具耐旱性。在 *ADC2* 过量表达的拟南芥中，Put 含量增加，气孔关闭，植物的抗旱性增强，ABA 通过上调拟南芥植物 *ADC2*、*SPDS1* 和 *SPMS* 基因的表达在转录水平上调节多胺的代谢；SAMDC 的过量表达使 Spm 含量增加，同时增强 ABA 生物合成的一个关键基因 *NCED3* 的诱导。缺乏 ABA 合成酶基因表达的突变体，减少了 Put 的积累，同时抗旱性减弱（Alcázar 等，2006）。在信号机制研究上，多胺被认为是通过调控保卫细胞中内流 K^{+} 通道调节气孔运动的（Liu 等，2000），并且多胺降解酶 CuAOs 和 PAO 是调节气孔运动 ABA 信号途径的重要控制者（Liu 等，2000；An 等，2008）。在拟南芥中，由 ABA 诱导 *AtPAO2*、*AtPAO3* 和 *AtPAO4* 证明了 PAO 参与了 ABA 信号途径（Moschou 等，2008）。在大麦研究中发现，在水分亏缺下，多胺能通过胺氧化酶活性调节 H_2O_2（Kubis，2003）。在蚕豆保卫细胞中的 CuAOs 在 ABA 诱导气孔关闭产生 H_2O_2 中扮演重要角色（An 等，2008）。以上这些研究结果表明，在干旱诱导的 ABA 信号途径中，多胺、CuAOs 和 PAO 共同参与调节信号物质

H_2O_2 的产生。

另一项研究表明，拟南芥的 ABA 敏感和不敏感突变体在干旱条件下表现出 Put 的损伤，并为干旱期间 Put 的生物合成主要是一种依赖于 ABA 的代谢反应提供了线索（Alcázar 等，2006）。过表达 *SAMDC1* 基因的拟南芥植株表现出较高的 Spm 含量，且这些株系对盐胁迫和干旱胁迫更具耐受性（Yu 等，2017）。在拟南芥中，*SAMDC1* 过表达系显示 Spm 和 ABA 之间存在交互。9-顺式-环氧类胡萝卜素双加氧酶基因的激活（一种编码参与 ABA 产生的关键酶），导致这些转基因株系中含有更多的 ABA（Marco 等，2011）。在另一项研究中，过表达 *PbSPMS* 基因的转基因拟南芥中 Spm 和 Spd 的数量增加，脯氨酸、可溶性糖和 POD 活性增加，并表现出对干旱和盐胁迫的耐受性（Jiang 等，2020）。尽管 Put 在环境胁迫忍受中的确切作用还存在冲突，但大量研究报道了 Spd 和 Spm 在植物胁迫忍受中的保护作用（Kubis，2008；Yamaguchi 等，2007）。对渗透胁迫下香根草叶片中不同形态多胺含量的变化研究发现，在中度和重度渗透胁迫下，游离态和结合态 Put 含量降低，而游离态和结合态 Spd、Spm 含量上升，这些结果说明游离态和结合态 Spd、Spm 在香根草抗旱中的意义。Alcázar 等（2011）报道了转基因（*ADC2*）拟南芥增加了 Put 的积累，同时提高了对脱水、干旱和冷忍受。在菜豆豆荚和种子中，精胺通过提高抗氧化物质和 ABA 含量缓解干旱对菜豆的伤害，外源使用 Spd 提高抗氧化酶活性和酚酶活性减轻质膜过氧化，缓解渗透胁迫的伤害（Radhakrishnan，Lee，2013）。对黄瓜的研究表明，多胺能通过增加渗调物质的积累以及降低脂氧合酶的活性缓解水分缺陷诱导的膜损伤，从而减轻伤害（Kubis 等，2014）。除了干旱胁迫，水过度会造成淹水影响呼吸和光合。Tabart 等（2015）的研究表明，外施多胺及前体物能有助于提高内源多胺和酚物质的含量，促进苹果胚胎的抗氧化保护和细胞壁的交联。

参考文献

AGURLA S，GAYATRI G，RAGHAVENDRA A S，2018. Polyamines increase nitric oxide and reactive oxygen species in guard cells of *Arabidopsis thaliana* during stomatal closure [J]. Protoplasma，255：153-162.

ALCÁZAR R，BUENO M，TIBURCIO A F，2020. Polyamines：small amines with large effects on plant abiotic stress tolerance [J]. Cells，9 (11)：2373.

ALCÁZARR，CUEVAS J C，PLANAS J，et al.，2011. Integration of polyamines in the cold acclimation response [J]. Plant Science，180 (1)：31-38.

ALCÁZARR，MARCO F，CUEVAS J C，et al.，2006. Involvement of polyamines in plant response to abiotic stress [J]. Biotechnology Letters，28：1867-1876.

AN Z, JING W, ZHANG W, 2008. Hydrogen peroxide generated by copper amine oxidase is involved in abscisic acid - induced stomatal closure in Vicia faba [J]. Journal of Experimental Botany, 59: 815 - 825.

CHEN D, SHAO Q, YIN L, et al., 2019. Polyamine function in plants: metabolism, regulation on development, and roles in abiotic stress responses [J]. Frontiers in Plant Science, 9: 1945.

DU H, LIU D, LIU G, et al., 2022. Conjugated polyamines are involved in conformation stability of plasma membrane from maturing maize grain embryos under drought stress [J]. Environmental and Experimental Botany, 194: 104726.

FUJITA Y, FUJITA M, SHINOZAKI K, et al., 2011. ABA mediated transcriptional regulation in response to osmotic stress in plants [J]. Journal of Plant Research, 124: 509 - 525.

HASAN M, SKALICKY M, JAHAN M S, et al., 2021. Spermine: its emerging role in regulating drought stress responses in plants [J]. Cells, 10: 1 - 15.

JIANG X, ZHAN J, WANG Q, et al., 2020. Overexpression of the pear PbSPMS gene in*Arabidopsis thaliana* increases resistance to abiotic stress [J]. Plant Cell Tissue and Organ Culture, 140: 389 - 401.

KUBIS J, FLORYSZAK - WIECZOREK J, ARASIMOWICZ - JELONEK M, 2014. Polyamines induce adaptive responses in water deficit stressed cucumber roots [J]. Journal of Plant Research, 127: 151 - 158.

KUBIS J, 2008. Exogenous spermidine differentially alters activities of some scavenging system enzymes, H_2O_2 and superoxide radical levels in water - stressed cucumber leaves [J]. Journal of Plant Physiology, 165: 397 - 406.

Kubis J, 2003. Polyamines and "scavenging system": influence of exogenous spermidine on catalase and guaiacol peroxidise activities and free polyamine level in barley leaves under water deficit [J]. Acta Physiologiae Plantarum, 25: 337 - 343.

LI Z, HOU J, ZHANG Y, et al., 2020. Spermine regulates water balance associated with Ca^{2+} - dependent aquaporins (*TrTIP2 - 1, TrTIP2 - 2, and TrPIP2 - 7*) expression in plants under water stress [J]. Plant and Cell Physiololy, 61: 1576 - 1589.

LI Z, ZHOU H, PENG Y, et al., 2015. Exogenously applied spermidine improves drought tolerance in creeping bentgrass associated with changes in antioxidant defense, endogenous polyamines and phytohormones [J]. Plant Growth Regulation, 76: 71 - 82.

LIU K, FU H, BEI Q, et al., 2000. Inward potassium channel in guard cells as target for polyamine regulation of stomatal movements [J]. Plant Physiology, 124: 1315 - 1326.

MARCO F, ALCÁZAR R, TIBURCIO A F, et al., 2011. Interactions between polyamines and abiotic stress pathway responses unraveled by transcriptome analysis of polyamine overproducers [J]. OMICS, 15: 775 - 781.

MOSCHOU P N, PASCHALIDIS K A, DELIS I D, et al., 2008. Spermidine exodus and oxidation in the apoplast induced by abiotic stress is responsible for H_2O_2 signatures that di-

rect tolerance responses in tobacco [J]. Plant Cell, 20: 1708 - 1724.
PÁL M, TAJTI J, SZALAI G, et al., 2018. Interaction of polyamines, abscisic acid and proline under osmotic stress in the leaves of wheat plants [J]. Scientific Reports, 8: 1 - 12.
RADHAKRISHNAN R, LEE I J, 2013. Ameliorative effects of spermine against osmotic stress through antioxidants and abscisic acid changes in soybean pods and seeds [J]. Acta Physiologiae Planturam, 35: 263 - 269.
SELEIMAN M F, AL - SUHAIBANI N, ALI N, et al., 2021. Drought stress impacts on plants and diferent approaches to alleviate its adverse efects [J]. Plants, 10 (2): 259.
SHI H, YE T, CHANG Z, 2013. Comparative proteomic and physiological analyses reveal the protective efect of exogenous polyamines in the Bermuda grass (Cynodon dactylon) response to salt and drought stresses [J]. Journal of Proteome Research, 12: 4951 - 4964.
TABART J, FRANCK T, KEVERS C, et al., 2015. Effect of polyamines and polyamine precursors on hyperhydricity in micropropagated apple shoots [J]. Plant Cell Tissue and Organ Culture, 120: 11 - 18.
TAN M, HASSAN MJ, PENG Y, et al., 2022. Polyamines metabolism interacts with γ-aminobutyric acid, proline and nitrogen metabolisms to affect drought tolerance of creeping bentgrass [J]. International Journal of Molecular Science, 23 (5): 2779.
YAMAGUCHI K, TAKAHASHI Y, BERBERICH T, et al., 2007. A protective role for the polyamine spermine against drought stress in Arabidopsis [J]. Biochemical and Biophysical Research Communications, 352: 486 - 490.
YU L, GENG S, ZHAO - HUI Z, et al., 2017. Overexpression of SAMDC gene from *Salvia miltiorrhiza* enhances drought tolerance in transgenic tobacco (*Nicotiana tabacum*) [J]. Journal of Agricultural Biotechnology, 25: 729 - 738.
ZHU X, WANG L, YANG R, et al., 2019. Effects of exogenous putrescine on the ultrastructure of and calcium ion fow rate in lettuce leaf epidermal cells under drought stress [J]. Horticulture Environment and Biotechnology, 60: 479 - 490.

第二节　多胺与盐胁迫

如前所述，盐碱胁迫对植物的危害表现在三个方面，即渗透胁迫、离子毒害和高 pH 胁迫。盐碱胁迫的渗透胁迫效应指当土壤环境中盐分浓度过高时，土壤水势降低，致使植物根系吸水难度增大，对植物造成渗透胁迫。盐碱胁迫的离子毒害效应则主要包括两方面：一是氧自由基对膜脂的破坏作用，即细胞内盐离子过量积累，会造成氧自由基产生与清除之间的动态平衡被破坏，引发或加剧膜脂过氧化和膜脂脱脂化作用，从而危害植物的正常生理活动；二是过量的 Na^+ 可取代质膜和细胞内膜上的 Ca^{2+}，导致膜结构破坏及功能改变，质膜透性加大，致使细胞内 K、P 和有机溶质外渗，离子平衡失调，植物的生长发育受到抑制。盐碱胁迫的高 pH 胁迫效应对植物的危害最为严重，根环境的高 pH 会直接引起根周围或质外体空间 H^+ 匮缺，阻碍根细胞膜跨膜电位的建立，NO_3^-、K^+ 和 Na^+ 等离子的吸收或外排受到抑制；同时，高 pH 导致植物必需矿质元素的游离度和活度急剧下降，其中对 P 元素存在状态的影响尤为明显，致使 $H_2PO_4^-$ 严重匮乏，P、Ca、Mg、Fe、Cu 等元素大量沉淀，从而使根系周围离子供应严重失衡，造成根系微环境紊乱，并最终在植物的外部形态结构和内部生理生化特性上表现出来。

一、盐胁迫下植物体内多胺代谢的变化

植物体内的多胺代谢与其耐盐性密切相关，盐胁迫下植物体内多胺的含量和种类会发生明显变化，引起植物抗逆相关生理生化变化。

盐胁迫可以诱导多胺短期快速积累，但随着 PAO 和 CuAOs 活性的增大，植物体内的多胺含量保持着相对平衡状态，表明多胺的诱导合成可能是植物的一种盐适应机制（王素平，2007）。还有研究表明，随着盐胁迫强度的增大，甘蔗叶片 ADC、ODC、PAO 活性及多胺含量均显著或极显著增加，且 ADC 和 ODC 交替起作用（陈如凯，张木清，1995）；盐胁迫可促进大麦根系中多胺积累，且对精氨酸合成途径有促进效应，而对鸟氨酸合成途径则几乎无影响（赵福庚，刘友良，2000）；低盐预处理过的拟南芥植株在高盐胁迫下有多胺积累，而直接在高盐胁迫下的植株则无多胺积累（Kasinathan，Winglerl，2004）。另外，多项转基因试验证实，过量表达多胺合成酶 ADC、ODC 和 SAMDC 的基因可以提高植株体内的多胺含量，增强植物的耐盐能力（刘颖等，2011）。对拟南芥研究表明，ADC 活性降低影响了拟南芥盐忍受和多胺形成（Kasinathan，Wingler，2004）。对向日葵的研究表明，向日葵叶片的游离性、酸溶性、结合性和总 Spm 含量在盐胁迫下均有所提高，Spd 和 Spm 的提高，促进了向日葵幼苗的生长（Takahashi 等，2018）。

在盐胁迫下，*ADC2* 和胺氧化酶似乎扮演重要角色。拟南芥在高盐胁迫下，*ADC2* 和 *SPMS* 表达显著增加（Soyka，Heyer，1999），而多胺合成基因突变体却对盐胁迫十分敏感（Yamaguchi 等，2006）。在水稻、烟草和拟南芥中，过量的 Put、Spd 和 Spm 能增强它们对盐的忍受（Groppa，Benavides，

2008)。多胺能减轻盐对水稻(Roy 等,2005)的根叶微粒体膜的伤害。在盐胁迫下多胺的代谢调节和信号角色也在植物中被大量报道(Cona 等,2006)。烟草中 *ZmPAO* 的过量表达,使 PAO 活性上升,同时 H_2O_2 含量也上升,诱导了细胞程序化死亡(Moschou 等,2008)。在玉米中,盐胁迫下 PAO 活性上升,产生的活性氧信号分子,增强了玉米对盐胁迫的适应(Rodriguez 等,2009)。盐胁迫下,在大豆根中,发现多胺和伽马氨基丁酸增加。伽马氨基丁酸是多胺降解的衍生产物,被认为参与了植物对盐胁迫的防御(Xing 等,2007)。根据多胺、CuAOs、PAO 和 NO 在盐胁迫下的功能,以及某些多胺氧化酶定位于过氧化物酶体和 NO 在过氧化物酶体上的积累,推测多胺诱导 NO 产生可能是通过 CuAOs 和 PAO 活性的提高。最近对盐敏感性品种豌豆研究发现,多胺与羟基自由基交互作用激活根表皮质膜的 Ca^{2+} 和 K^+ 通道蛋白(Zepeda - Jazo 等,2011)。

二、盐胁迫下多胺在植物体内积累的意义

由于不同种类的多胺具有不同的功能,同时在不同的物种、同一物种不同的品种、同一植物不同的器官组织及不同的发育阶段,多胺的种类、含量和功能都存在差异,这就决定了在盐胁迫下多胺的基本生理、生化和分子意义也是复杂的,因此也有一些不一致报道。例如,Lin 和 Kao(2002)对水稻的研究表明,盐胁迫引起了三种游离态多胺含量的下降;而有人研究发现多胺含量上升,早些年对水稻的研究发现,盐胁迫诱导盐敏感水稻的 Put 的积累,Spd 和 Spm 含量变化很少,盐忍受品种 Spd 和 Spm 含量显著增加,而 Put 下降。这暗示了 Spd 和 Spm 在水稻的抗盐方面发挥了重要作用(Krishnamurthy 等,1991)。Roychoudhury 等(2011)也报道外源 Spd 和 Spm 能缓解盐对水稻的伤害。然而 Ndayiragije 和 Lutts(2006)报道说 Put、Spd 和 Spm 不能缓解盐对水稻生长的抑制。尽管多胺在植物的抗盐胁迫中究竟具有什么生理意义还存在争议。但通常认为,Put 与植物耐盐性的关系没有 Spd 和 Spm 密切,且游离态 Put 的大量积累对植物是有害的,而高水平 Spd 和 Spm 的积累则有利于植株抵抗盐胁迫能力的提高。耐盐水稻品种的质膜富含 Spd 和 Spm,而盐敏感品种的质膜仅富含 Put(Roy 等,2005);在高盐胁迫下,滨藜叶中内源 Put 含量明显升高,内源 Spd、Spm 含量显著下降,而外施 Spd 可提高 Spd、Spm 含量,逆转盐胁迫效应(江行玉等,2001);在盐胁迫下,耐盐性强的番茄品种(Spd+Spm)/Put 比值升高,而盐敏感品种不升高(Santa - Cruz

等，1997）。也有研究发现，在盐胁迫下，耐盐水稻品种在根中大量积累Put，而盐敏感品种在叶中积累Put（Lefevre等，2001），推测Put在非光合器官和光合器官中可能有着不同的生理功能。对苹果愈伤组织的研究表明，盐胁迫下组织内Put含量有所增加，但只有再施用外源Put才能够缓解胁迫伤害，这可能是由于内外源Put具有不同的代谢区室造成的，也可能是由于内源Put还未达到向Spd和Spm转化的临界浓度（刘颖等，2011），尚不能产生对植物的保护作用。

最近的研究还发现，多胺可能扮演细胞信号角色，和其他激素存在较复杂的交叉对话。例如，逆境胁迫下的ABA调节途径等（Gupta等，2012a，2012b），研究发现Spd在离体实验中诱导了由*OSPDK*介导的OSBZ8转录因子的磷酸化（一类ABRE结合的），*OSPDK*基因表达在转录和翻译水平上被调节，Spd似乎扮演重要角色。令人感到惊讶的是，三种不同的物质（Spd、ABA和NaCl）能发出类似的磷酸化信号，这给出了一个启示：多胺在植物非生物胁迫细胞信号中可能扮演重要角色。

三、外源多胺缓解盐胁迫的生理调控机制

植物通过保持体内离子和水分的平衡、合成和积累渗透保护物质、清除细胞内的活性氧、增加抗胁迫蛋白和多胺生物合成、调节激素浓度和种类等方式缓解胁迫造成的伤害，降低土壤盐分对植物的不利影响（Roychoudhury等，2011）。此外，植物还可通过减少能量消耗、提高光合效率、降低气孔导度控制水分蒸腾及改变根系活力和根系形态来应对环境胁迫，维持植物的正常生长发育。而维持体内离子平衡的本质是依赖于质膜的转运活性，这也意味着对在胁迫条件下离子通道和运输过程的有效调控。实际上，K^+进出保卫细胞的速度很大程度上决定了气孔的打开和关闭（Blatt，2010）。有研究表明，多胺抑制植物保卫细胞膜中K^+内流通道的能力（Liu，2000），这对于抑制盐胁迫引起的渗透胁迫下的气孔张开，从而降低蒸腾作用，减少水分散失非常重要。这表明多胺与抑制气孔开放和诱导气孔关闭有关（Liu，2000）。前人研究发现，外源施用多胺能促进盐胁迫下水稻植株的生长，维持细胞内离子平衡，促进脯氨酸和内源Put的积累，减轻盐胁迫导致的质膜损害（Krishnamurthy，1991）。研究还发现多胺浸种可缓解盐胁迫对大麦种子萌发的伤害，促进幼苗生长和干物质积累，降低体内Na^+/K^+比值（Sun等，2002）。植物体内活性氧含量在盐胁迫下迅速增加（Miller等，2010），多胺可能在该过程发挥两种

作用。第一种作用是在盐胁迫信号传导中多胺可能发挥关键作用，在盐胁迫下ABA含量增加促进多胺积累，并使多胺进入质外体被质外体的氧化酶氧化产生 H_2O_2，用于信号传导（Toumi等，2010）。第二种作用是多胺可以增强保护酶活性（Wang等，2011；Radhakrishnan，Lee，2013）和提高非酶抗氧化剂含量（Zhang等，2018），清除活性氧。外源施用Spd通过提高抗氧化酶活性增强大豆的耐盐性，增强了植物的生长和生物量（Fang等，2020）。此外，在水稻中，外源Spd处理通过诱导抗氧化防御系统，抑制了对叶绿体超微结构和光合器官的胁迫损伤，表明Spd参与了氧化还原稳态（Jiang等，2020）。

此外，外源施用Spd也通过增加ADC、SAMDC和CuAOs的活性来改善多胺代谢，增强了其耐盐性（Li等，2017）；在甜高粱中，外源Spd通过诱导盐渍条件下植物的 CO_2 同化酶核酮糖1,5-二磷酸羧化酶/加氧酶、醛缩酶的转录水平和活性来提高光合效果（Sayed等，2019）；Spd的应用通过刺激与GA合成相关基因表达和提高赤霉素氧化酶的功能来促进内源性赤霉素的积累，促进了黄瓜植株的耐盐性（Wang等，2020）。外源应用Spd通过诱导自噬相关基因，激活RBOH，增强 H_2O_2 生成，激活自噬，从而增强耐盐性等（Zhang等，2020）。

这些研究表明多胺能够通过多种途径缓解盐胁迫伤害效应。然而在植物对盐胁迫的反应中，不同种类、不同形态多胺的变化规律可能因物种、基因型、器官、胁迫类型、胁迫时间和胁迫强度等具体条件而异（Roychoudhury等，2011）。

参考文献

陈如凯，张木清，1995. NaCl胁迫对甘蔗多胺代谢影响［J］. 作物学报，21（4）：479-484.

江行玉，赵可夫，窦君霞，等，2001. NaCl胁迫下外源亚精胺和二环己基胺对滨藜内源多胺含量和抗盐性的影响［J］. 植物生理学通讯，37（l）：6-9.

刘颖，王莹，龙萃，等，2011. 植物多胺代谢途径研究进展［J］. 生物工程学报，27（2）：147-155.

王素平，2007. 多胺对黄瓜幼苗耐盐性调控机理的研究［D］. 南京：南京农业大学.

赵福庚，刘友良，2000. 大麦幼苗多胺合成比脯氨酸合成对盐胁迫更敏感［J］. 植物生理学报，26（4）：343-348.

BLATT M R，2010. Cellular signaling and volume control in stomatal movements in plants［J］. Annual Journal of Plant Physiology，167（7）：519-525.

CONA A，REA G，ANGELINI R，et al.，2006. Functions of amine oxidases in plant development an defence [J]. Trends Plant Science，11：80 - 88.

FANG W，QUI F，YIN Y，et al.，2020. Exogenous spermidine promotes γ - aminobutyric acid accumulation and alleviates the negative effect of NaCl stress in germinating soybean (Glycine max L.) [J]. Foods，9：267.

GROPPA M D，BENAVIDES M P，2008. Polyamines and abiotic stress：recent advances [J]. Amino Acids，34：35 - 45.

GUPTA B，GUPTA K，SENGUPTA D N，2012a. Spermidine - mediated in vitro phosphorylation of transcriptional regulator OSBZ8 by SNF1 - type serine/threonine protein kinase SAPK4 homolog in indica rice [J]. Acta Physiologiae Planturam，34 (4)：1321 - 1336.

GUPTA K，GUPTA B，GHOSH B，et al.，2012b. Spermidine and abscisic acid - mediated phosphorylation of a cytoplasmic protein from rice root in response to salinity stress [J]. Acta Physiologiae Planturam，34 (1)：29 - 40.

JIANG D X，CHU X，LI M，et al.，2020. Exogenous spermidine enhances salt - stressed rice photosynthetic performance by stabilizing structure and function of chloroplast and thylakoid membranes [J]. Photosynthetica，58：61 - 71.

KASINATHAN V，WINGLER A，2004. Effect of reduced arginine decarboxylase activity on salt tolerance and on polyamine formation during salt stress in Arabidopsis thaliana [J]. Physiologia Plantarum，121 (1)：101 - 107.

KRISHNAMURTHY R，1991. Amelioration of salinity effect in salt tolerant rice (Oryza sativa L.) by foliar application of putrescine [J]. Plant and Cell Physiololy，32：699 - 703.

LEFEVRE I，GRATIA E，LUTTS S，2001. Discrimination between the ionic and osmotic components of salt stress in relation to free polyamine level in rice (Oryza sativa) [J]. Plant Science，161 (5)：943 - 952.

LI S，CUI L，ZHANG Y，et al.，2017. The variation tendency of polyamines forms and components of polyamine metabolism in zoysia grass (Zoysia japonica Steud.) to salt stress with exogenous spermidine application [J]. Frontiers in Physiology，8：208 - 217.

LIN C C，KAO C H，2002. NaCl - induced changes in putrescine contentand diamine oxidase activity in roots of rice seedlings [J]. Biologiae Planturam，45：633 - 636.

LIU K，2000. Inward potassium channel in guard cells as a target for polyamine regulation of metabolism to orchestrate stress responses via the polyamine exodus pathway in grapevine [J]. Review of Cell and Developmental Biology，16 (4)：221.

MILLER G，SUZUKI N，CIFTCI - YILMAZ S，et al.，2010. Reactive oxygen species homeostasis and signalling during drought and salinity stresses [J]. Plant Cell and Environment，33 (4)：453 - 467.

MOSCHOU P N，PASCHALIDIS K A，DELIS I D，et al.，2008. Spermidine exodus and oxidation in the apoplast induced by abiotic stress is responsible for H_2O_2 signatures that direct tolerance responses in tobacco [J]. Plant Cell，20：1708 - 1724.

NDAYIRAGIJE A，LUTTS S，2006. Do exogenous polyamines have an impact on the response of a salt - sensitive rice cultivar to NaCl? [J]. Journal of Plant Physiology，163：

506 - 516.

RADHAKRISHNAN R, LEE I J, 2013. Spermine promotes acclimation to osmotic stress by modifying antioxidant, abscisic acid, and jasmonic acid signals in soybean [J]. Journal of Plant Growth Regulation, 32 (1): 22 - 30.

RODRIGUEZ A A, MAIALE S J, MENEONDEZ A B, et al., 2009. Polyamine oxidase activity contributes to sustain maize leaf elongationn under saline stress [J]. Journal of Experimental Botany, 60: 4249 - 4262.

ROY P, NIYOGI K, SENGUPTA DN, et al., 2005. Spermidine treatment to rice seedlings recovers salinity stress induced damage of Plasma membrane and PM - bound H^+ - ATPase in salt - tolerant and salt sensitive rice cultivars [J]. Plant Science, 168: 583 - 591.

ROYCHOUDHURY A, BASU S, SENGUPTA D N, 2011. Amelioration of salinity stress by exogenously applied spermidine or spermine in three varieties of indica rice differing in their level of salt tolerance [J]. Journal of Plant Physiology, 168 (4): 317 - 328.

SANTA - CRUZ A, ACOSTA M, PERES - ALFOCEA F, et al., 1997. Changes in free polyamine levels induced by salt stress leaves of cultivated and wild tomato species [J]. Physiologia Plantarum, 101: 341 - 346.

SAYED A I, EL - HAMAHMY M A M, RAFUDEEN M S, et al., 2019. Exogenous spermidine enhances expression of Calvin cycle genes and photosynthetic effificiency in sweet sorghum seedlings under salt stress [J]. Biologia Plantarum, 63: 511 - 518.

SOYKA S, HEYER A G, 1999. Arabidopsis knockout mutation of ADC2 gene reveals inducibility by osmotic stress [J]. Federation of European Biochemical Societies Letters, 458: 219 - 223.

SUN C, LIU Y L, ZHANG W H, 2002. Mechanism of the effect of polyamines on the activity of tonoplasts of barley roots under salt stress [J]. Journal of Botany, 44 (10): 1167 - 1172.

TAKAHASHI Y, TAHARA M, YAMADA Y, et al., 2018. Characterization of the polyamine biosynthetic pathways and salt stress response in Brachypodium distachyon [J]. Journal of Plant Growth Regulation, 37: 625 - 634.

TOUMI I, MOSCHOU P N, PASCHALIDIS K A, et al., 2010. Abscisic acid signals reorientation of polyamine metabolism to orchestrate stress responses via the polyamine exodus pathway in grapevine [J]. Journal of Plant Physiology, 167: 519 - 525.

WANG B Q, ZHANG Q F, LIU J H, et al., 2011. Overexpression of PtADC confers enhanced dehydration and drought tolerance in transgenic tobacco and tomato: Effect on ROS elimination [J]. Biochemical and Biophysical Research Communications, 413 (1): 10 - 16.

WANG Y, GONG X, LIU W, et al., 2020. Gibberellin mediates spermidine - induced salt tolerance and the expression of GT - 3b in cucumber [J]. Plant Physiology and Biochemistry, 125: 147 - 156.

XING S G, JUN Y B, HAU Z W, et al., 2007. Higher accumulation of c－aminobutyric acid induced by salt stress through stimulating the activity of diamine oxidases in Glycine max (L.) Merr. roots [J]. Plant Physiology and Biochemistry, 45: 560－566.

YAMAGUCHI K, TAKAHASHI Y, BERBERICH T, et al., 2006. The polyamine spermine protects against high salt stress in Arabidopsis thaliana [J]. Federation of European Biochemical Societies Letters, 580: 6783－6788.

ZEPEDA－JAZO I, VELARDE－BUENDIA A M, ENRIQUEZ－FIGUEROA R, et al., 2011. Polyamines interact with hydroxyl radicals in activating Ca^{2+} and K^{+} transport across the root epidermal plasma membranes [J]. Plant Physiology, 157: 1－14.

ZHANG Y, LI Z, LI Y P, et al., 2018. Chitosan and spermine enhance drought resistance in white clover, associated with changes in endogenous phytohormones and polyamines, and antioxidant metabolism [J]. Functional Plant Biology, 45 (1): 1－18.

ZHANG Y M, WANG Y, WEN W X, et al., 2020. Hydrogen peroxide mediates spermidine－induced autophagy to alleviate salt stress in cucumber [J]. Autophagy, 17 (10): 2876－2890.

第三节　多胺与温度胁迫

温度胁迫包括高温和低温胁迫。在植物生长早期，低温降低种子萌发率和阻碍幼苗生长。在繁殖阶段，低温导致抽穗延迟、花粉不育、作物产量下降。

一、多胺与低温胁迫

1. 低温下植物体内多胺含量和代谢变化

研究发现，低温影响了多胺的含量和多胺的代谢（Alcázar 等，2011；Theocharis 等，2012）。一般情况下，耐冷性品种内源多胺含量较高，比冷敏感性品种抗冷性强（Groppa，Benavides，2008），这是当前研究普遍存在的观点。对模式植物拟南芥研究发现，冷胁迫处理 24h，Put 含量升高，Spd 含量没有变化，*ADC1* 和 *ADC2* 基因定量表达分析研究表明，冷胁迫 30min，*ADC1* 变化较大（Cuevas 等，2008）。尽管 *SAMDC2* 的启动子有 5 个 ABRE、1 个 DRE（脱水响应元素）和 4 个低温响应元素，但是游离态 Spd 和 Spm 含量没有变化（Cuevas 等，2008）。Alcázar 等（2011）总结了冷胁迫下多胺的变化，指出冷胁迫下，*ADC1* 和 *ADC2* 活性增加导致了 Put 的积累。Vogel 等（2005）报道一种冷诱导的乙炔化手指转录因子 Zat12 参与了这种上调，冷胁迫通过一个未知的传感器刺激 Ca^{2+} 流激活激酶或者磷酸酶，诱导转录因子，这反过来又会激活玉米黄质，导致 ABA 的积累。存在于大多数应激响应元件中的 ABRE 被进一步激活，最终导致保护性代谢物的合成和冷驯化。此外，Kou 等（2018）发现，与 Put 途径相关的 *ADC1* 基因在马铃薯耐寒过程中起着重要作用。也有研究报道，非生物胁迫耐受性主要是由于多胺在信号转导过程中的功能，而不是多胺的积累（Pal 等，2015）。

2. 多胺对低温胁迫下植物的生理生化调控

已有多项研究证明外源多胺的应用可以通过提高植物的生理生化变化增强植物低温耐受性（Todorova 等，2015）。Put 预处理增强了茴香种子对低温胁迫的耐受性外，还促进了种子的萌发和幼苗的发育。外源 Put 处理低温胁迫下的洋柑橘，降低细胞膜损伤和丙二醛含量，提高抗氧化酶活性和脯氨酸水平，说明外源 Put 能有效减少冷胁迫对柑橘的损伤（Sun 等，2020）。此外，Put 通过调节抗氧化系统降低 H_2O_2 和丙二醛水平，并提高番茄游离和结合多胺水平来提高番茄冷耐受性（Song 等，2014）。

除了 Put 参与植物的冷胁迫外，Spd 和 Spm 也与冷胁迫密切相关。外源 Spd 处理，提高了抗冷性黄瓜幼苗的光合参数，增加了 SAMDC 活性，而 SAMDC 的抑制剂 MGBG 处理，抑制了叶片中 Spd 的积累，加重了冷伤害（He 等，2002b）。外源多胺处理冬季油菜，可提高脯氨酸含量，调节 H^+-ATP 酶的功能，并延迟刺激 ETH 排放，表明多胺可能作为诱因刺激防御反应，导致补偿低温胁迫的不利影响（Jankovska-Bortkevic 等，2020）。此外，Put 和 Spd 处理增加了 9-顺式环氧类胡萝卜素双加氧酶的表达量，并通过增强硝酸还原酶和一氧化氮类代谢途径产生的一氧化氮含量，提高了 Put 含量，增强了番茄耐冷性（Diao 等，2017）。此研究结论与早期在拟南芥上的报告相一致（Cuevas 等，2019）。Spd 预处理的绿豆幼苗通过调节抗坏血酸-谷胱甘肽途径和减少乙醛酸循环中的成分来降低低温损伤，从而降低氧化应激（Nahar 等，2015）。Spd 处理水稻种子提高了淀粉酶活性和渗透物质含量，增强了抗氧化能力，从而提高了对低温胁迫的耐受性（Sheteiwy 等，2017）。Spd 预处理降低了叶绿素荧光产量和抑制光合效率的降低，减少了类囊体膜的损伤，从而提高了光合装置保护黄瓜的耐寒性（He 等，2002a）。在低温胁迫前对黄瓜植株进行 Spd 处理，植株的叶绿素水平和生长均有所改善。在水果上的研究表明，Put 处理低温储藏的桃子，Put 处理后可显著减缓水果软化率、水果的褪色速率，抑制水果重量、抗坏血酸含量、总可溶性固体和可滴定酸度的降低（Abbasi 等，2019）。

二、多胺与高温胁迫

在高温胁迫下，在热忍受棉花和水稻中，游离态多胺和结合态多胺含量增加，多胺生物合成酶 ADC 活性增强（Cona 等，2006）。在烟草植物，高温对脯氨酸和多胺的积累也被报道（Cvikrova 等，2012）。在胁迫初级阶段，野生株中 Put 积累增加，而转化株中，Put 轻微减少，在脯氨酸过量表达的植株中，游离态和结合态 Put 短暂增加，游离态 Spd、去甲基亚精胺（也称为稀有多胺）和 Spm 在 2h 后增加，这些变化和相应合成酶的活性具有相关性（Cvikrova 等，2012）。研究还表明稀有多胺在不同的细胞进程中扮演重要角色，在环境胁迫下，稀有多胺的含量增加（Cvikrova 等，2012）。Spm 能通过提高热激相关基因的表达保护拟南芥免受高温伤害，在初期，热胁迫诱导了多胺合成酶 *SPMS* 和 *SAMDC2* 的基因表达，随后 *ADC2* 基因被诱导，与此同时，Spm 含量呈线性增加，Put 和 Spd 含量也增加，但 tSpm 并未增加。除此之外，利用两个转基因拟南芥（过量表达 *SPMS* 和 *SPMS* 基因缺失）研究了改变的内源 Spm 含量对热胁迫的敏感性，结果显示，Spm 含量越高，耐热性越好（Sagor 等，2013）。对过量表达 SAMDC 的转基因番茄研究表明，和野生型相比，Spd 和 Spm 分别高达 1.7 和 2.4 倍，转基因番茄通过显著增强抗氧化酶活性和保护膜脂质过氧化增强番茄的抗热性（Cheng 等，2009）。

参考文献

ABBASI N A，ALI I，HAFIFIZ I A，et al.，2019. Effects of putrescine application on peach fruit during storage [J]. Sustain，11 (7)：2013 - 2029.

ALCÁZAR R，CUEVAS J C，PLANAS J，et al.，2011. Integration of polyamines in the cold acclimation response [J]. Plant Science，180 (1)：31 - 38.

CHENG L，ZOU Y，DING S，et al.，2009. Polyamine accumulation in transgenic tomato enhances the tolerance to high temperature stress [J]. Journal of Integrative Plant Biology，51：489 - 499.

CONA A，REA G，ANGELINI R，et al.，2006. Functions of amine oxidases in plant development and defence [J]. Trends in Plant Science，11：80 - 88.

CUEVAS J C，LOPEZ - COBOLLO R，ALCÁZAR R，et al.，2008. Putrescine is involved in Arabidopsis freezing tolerance and cold acclimation by regulating abscisic acid levels in response to low temperature [J]. Plant Physiology，148：1094 - 1105.

CUEVAS J C, LOPEZ-COBOLLO R, ALCÁZAR R, et al., 2019. Putrescine as a signal to modulate the indispensable ABA increase under cold stress [J]. Plant Signaling and Behavior, 4 (3): 219-220.

CVIKROVA M, GEMPERLOVA L, DOBRA J, et al., 2012. Effect of heat stress on polyamine metabolism in proline-over-producing tobacco plants [J]. Plant Science, 182: 49-58.

DIAO Q, SONG Y, SHI D, et al., 2017. Interaction of polyamines, abscisic acid, nitric oxide, and hydrogen peroxide under chilling stress in tomato (Lycopersicon esculentum Mill.) seedlings [J]. Frontiers in Plant Science, 14 (8): 203-218.

GROPPA M D, BENAVIDES M P, 2008. Polyamines and abiotic stress: recent advances [J]. Amino Acids, 34: 35-45.

HE L X, NADA K, KASUKABE Y, et al., 2002a. Enhanced susceptibility of photosynthesis to low-temperature photoinhibition due to interruption of chill-induced increase of S-adenosylmethionine decarboxylase activity in leaves of spinach (Spinacia oleracea L.) [J]. Plant and Cell Physiology, 43: 196-206.

HE L X, NADA K, TACHIBANA S, 2002b. Effects of spermidine pretreatment through the roots on growth and photosynthesis of chilled cucumber plants (Cucumis sativus L.) [J]. Journal of Japanese Society for Horticulture Science, 71: 490-498.

JANKOVSKA-BORTKEVIC E, GAVELIENE V, SVEIKAUSKAS V, et al., 2020. Foliar application of polyamines modulates winter oilseed rape responses to increasing cold [J]. Plants, 9: 179-194.

KOU S, CHEN L, TU W, et al., 2018. The arginine decarboxylase gene ADC1, associated to the putrescine pathway, plays an important role in potato cold-acclimated freezing tolerance as revealed by transcriptome and metabolome analyses [J]. The Plant Journal, 96 (6): 1283-1298.

NAHAR K, HASANUZZAMAN M, ALAM M M, et al., 2015. Exogenous spermidine alleviates low temperature injury in mung bean (*Vigna radiata* L.) seedlings by modulating ascorbate-glutathione and glyoxalase pathway [J]. International Journal of Molecular Science, 16 (12): 30117-30132.

PAL M, SZALAI G, JANDA T, 2015. Speculation: Polyamines are important in abiotic stress signaling [J]. Plant Science, 237: 16-23.

SAGOR G H M, BERBERICH T, TAKAHASHI Y, et al., 2013. The polyamine spermine protects Arabidopsis from heat stress-induced damage by increasing expression of heat shock-related genes [J]. Transgenic Research, 22: 595-605.

SHETEIWY M, SHEN H, XU J, et al., 2017. Seed polyamines metabolism induced by seed priming with spermidine and 5-aminolevulinic acid for chilling tolerance improvement in rice (*Oryza sativa* L.) seedlings [J]. Environmental and Experimental Botany, 137: 58-72.

SONG Y, DIAO Q, QI H, 2014. Putrescine enhances chilling tolerance of tomato (Lycopersicon esculentum Mill.) through modulating antioxidant systems [J]. Acta Physiologiae Planturam, 36: 3013 - 3027.

SUN X, YUAN Z, WANG B, et al., 2020. Physiological and transcriptome changes induced by exogenous putrescine in anthurium under chilling stress [J]. Botany Study, 61 (1): 28 - 39.

THEOCHARIS A, CLEOMENT E A, BARKA E A, 2012. Physiological and molecular changes in plants grown at low temperatures [J]. Planta, 235: 1091 - 1105.

TODOROVA D, KATEROVA Z, ALEXIEVA V, et al., 2015. Polyamines possibilities for application to increase plant tolerance and adaptation capacity to stress [J]. Genetics and Plant Physiology, 5 (2): 123 - 144.

VOGEL J T, ZARKA D G, VAN BUSKIRK H A, et al., 2005. Roles of the CBF2 and ZAT12 transcription factors in configuring the low temperature transcriptome of Arabidopsis [J]. The Plant Journal, 41: 195 - 211.

第四节　多胺与涝胁迫

如第一章所述，植物受到涝胁迫后，根系周围的氧气含量迅速下降，形成严重的低氧胁迫。低氧胁迫下，根系氧化磷酸化受到抑制，ATP 的合成大量减少（Bailey - Serres，Voesenek，2008），造成能量危机。涝渍引起植物根系水分吸收和传导困难、光合受阻、呼吸代谢受阻等一系列问题（Sauter，2013），最终影响作物产量。植物为了生存和适应这种变化，会迅速调整代谢功能，以减缓淹涝胁迫带来的低氧伤害，同时逐渐产生适应性形态变化以增强氧气的吸收。除了植物自身调控之外，外源调节物质的应用是提高涝胁迫作物抗性的主要途径之一（Jia 等，2010；Bai 等，2009）。

如第二章所述，多胺是广泛存在于植物体内的一类低分子含氮碱，是一种重要的植物生长调节物质，其不仅能促进植物正常的生长发育，而且在提高植物抵御干旱、盐碱、高温和低温等方面发挥重大作用。除此之外，近些年研究发现多胺在增强植物耐涝性方面也发挥了重要功能。多胺调控植物涝胁迫忍受主要表现在以下几个方面。

一、外源多胺调控涝胁迫下植物形态结构和根系通气组织

涝胁迫会导致植物一些表型和生理障碍，如根和茎生长抑制，水分和养分吸收困难，最终导致植物失绿甚至死亡。对两个抗涝性不同的玉米研究发现，渍涝胁迫后，两个玉米品种株高、生物量、叶面积大幅下降，叶绿素含量显著

降低，敏感型品种下降幅度明显大于抗性品种，说明渍涝胁迫对玉米植株生长造成了极大的伤害，且玉米对渍涝胁迫响应存在显著的基因型差异。施加外源 Spd 可有效缓解了渍涝胁迫对玉米幼苗的生长抑制，其缓解效应在敏感型品种上表现更为突出（王秀玲，2023）。

在第一章第四节内容中提及植物在涝胁迫下发生形态适应性改变，如通气组织形成、不定根形成和控制枝条（如叶片、叶柄或节间）的伸长等，这些形态变化主要受 ETH、生长素、ABA 和 GA 等植物激素的调控（Kuroha 等，2018；Sasidharan 等，2018）。进一步研究又发现多胺也参与调控涝胁迫下植物根系通气组织的形成。同样，对两个抗涝性不同的玉米研究发现，渍涝胁迫诱导了两个玉米品种根系通气组织形成，其中耐受型品种可形成发达的通气组织，而敏感型品种 DH662 通气组织过度断裂，呈崩溃状，不利于结构维持。外源 Spd 可促进根通气组织形成，保护根系结构，提高玉米抗渍涝能力（王秀玲，2023）。

二、外源多胺调控涝胁迫下植物根系的抗氧化代谢

对两个抗旱性不同的玉米品种研究发现，涝胁迫造成了玉米根部的低氧或缺氧，使玉米根系的抗氧化代谢调控失衡，抗氧化酶 SOD、POD、CAT 和 ATX 活性下降（图 3-1），导致 O_2^- · 产生速率增加，膜脂过氧化程度加重，电解质渗漏率升高，丙二醛含量上升（图 3-2），干物质积累量（图 3-3）和根系活力下降（图 3-4），说明涝胁迫对玉米幼苗造成了严重伤害，但抗涝性强的浚单 22 能够维持较高的抗氧化酶活性和较低的丙二醛含量抵御其伤害。Spd 处理后，玉米幼苗根系 APX、SOD、POD 和 CAT 的活性，根系活力和相对干物质积累量比涝处理的都有不同程度的升高，相对电解质渗漏率，丙二醛含量和 O_2^- · 产生速率降低，且对抗涝性较弱的郑单 958 影响较明显，表明外源 Spd 对抗涝性较弱的品种影响较大，并能减轻淹水胁迫对玉米幼苗根系带来的伤害。这与前人在黄瓜上的研究结果相一致。总之，Spd 与涝胁迫下玉米幼苗根系的抗氧化代谢调控之间存在密切的关系。Spd 能通过提高玉米幼苗根系中抗氧化代谢酶 SOD、POD、CAT 和 APX 的活性，来降低 O_2^- · 产生速率，并减少有害代谢物质（丙二醛）的积累，降低细胞膜的伤害，从而提高玉米幼苗根系活力，缓解涝胁迫对玉米幼苗造成的伤害，促进玉米幼苗的生长和干物质的积累。

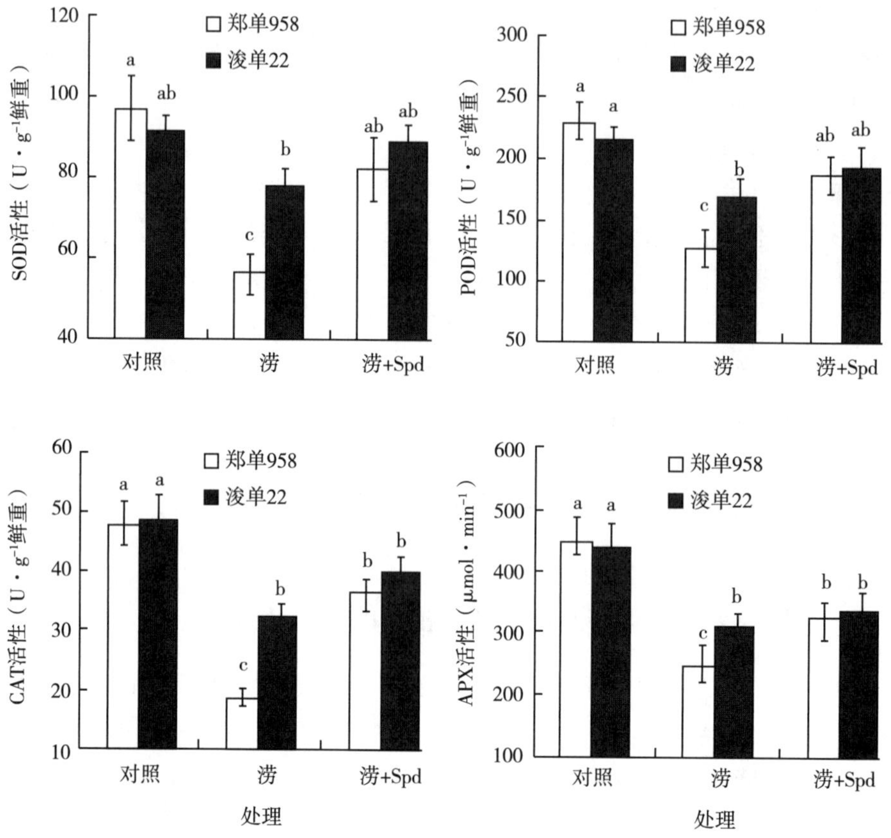

图 3-1　Spd 对涝胁迫下玉米幼苗根系抗氧化酶活性的影响

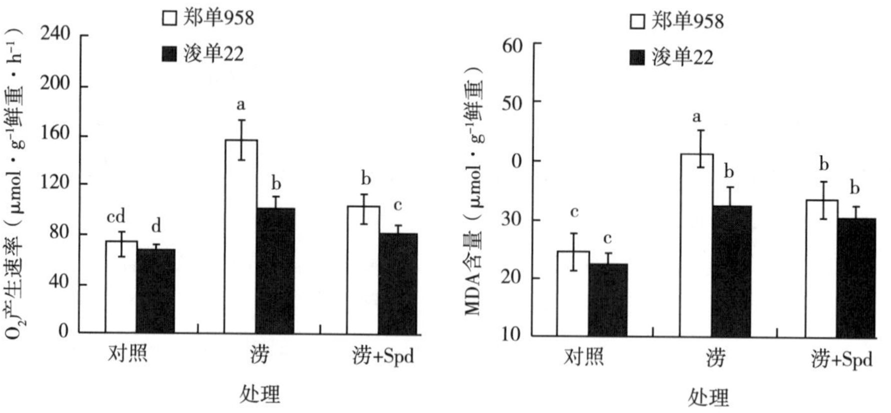

图 3-2　Spd 对涝胁迫下玉米幼苗根系中 O_2^- 产生速率和 MDA 含量的影响

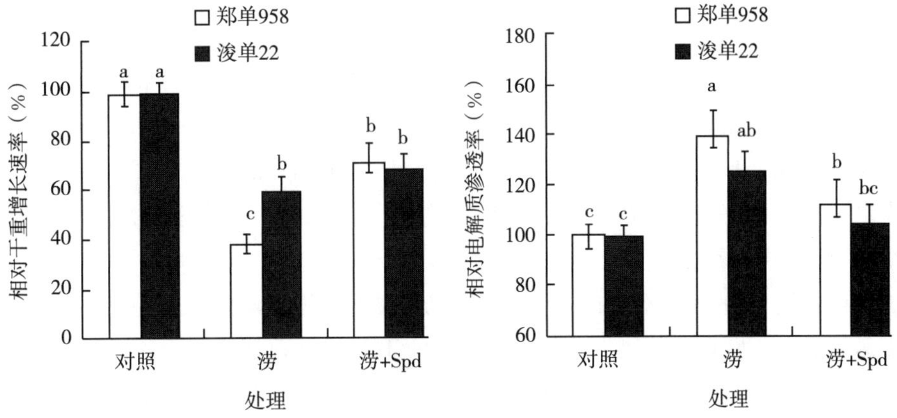

图 3-3　外源 Spd 对涝胁迫下玉米幼苗相对干物质增长速率和根相对电解质渗漏率的影响

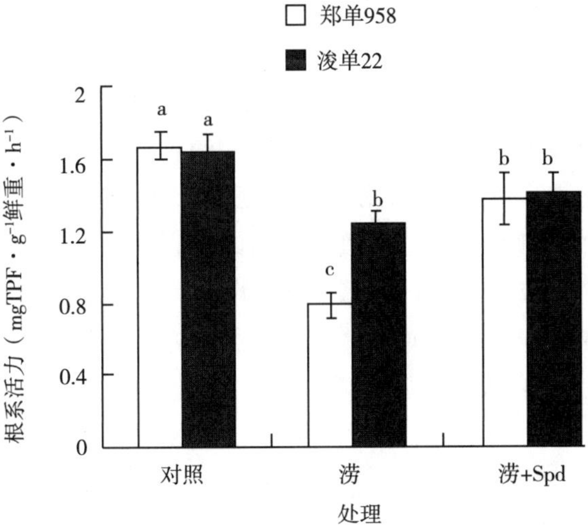

图 3-4　Spd 对涝胁迫下玉米幼苗根系活力的影响

注：图中 TPF 为反应产物三苯基甲替。

三、外源多胺调控涝胁迫下玉米幼苗根系无氧呼吸代谢

植物在淹水胁迫下，植物根系缺氧，有氧呼吸被限制，产生 ATP 能力下降，则主要依靠无氧呼吸代谢途径的启动，从而保证糖酵解过程顺利进行，产生 ATP，提供植物体生命活动代谢所需能量，对植物适应低氧胁迫

环境具有重要意义（Roberts 等，1984；Ismond 等，2003）。抗性强的品种能通过代谢适应，从而抵抗涝胁迫，如启动无氧呼吸，避免细胞质的酸化等（Jackson 等，1996；Armstrong 等，1994）。无氧呼吸包括糖酵解和发酵，发酵能产生糖酵解所需的 NAD^+，因此糖酵解中的丙酮酸必定会转化成别的产物使 NADPH 转化为 NAD^+。一种途径是在 LDH 的作用下将丙酮酸直接转化为乳酸；另一种途径是在 PDC 的作用下，丙酮酸先转化为乙醛，再在 ADC 的作用下将乙醛转化为乙醇。

在对两个抗旱性不同的玉米品种实验中研究发现，在涝胁迫下，两个抗性不同的玉米幼苗根系中 PDC、ADH 和 LDH 活性（图 3－5），乙醇（图 3－6）、乳酸含量增加，而抗性较强的浚单 22 玉米幼苗根系 ADH 活性、乙醇和 Spd 含量比抗性弱的郑单 958 增加显著，而抗涝性弱的郑单 958 幼苗根中 LDH 活性和乳酸含量增加显著大于抗性较强的浚单 22。这些结果表明，在涝胁迫下，维持较高的 PDC、ADH 活性和 Spd 含量，对提高作物的抗涝性具有重要的意义，这与在黄瓜、番茄和拟南芥上的研究结果相一致（胡晓辉等，2005；Ismond 等，2003；Guo 等，1999），而增加的 LDH 活性和乳酸含量不利于玉米对涝的适应，这些实验结果和 Roberts 等（1984）的结果相一致，他指出乳酸的积累导致细胞质的过度酸化，提高植物抗涝性的主要途径是外源调节物质的应用。康云艳等（2006）的研究表明：2,4－表油菜素内酯能够抵御低氧胁迫对黄瓜幼苗的伤害是通过提高黄瓜幼苗的抗氧化代谢酶活性来完成的。Bai 等（2009）的研究表明水杨酸具有缓解低氧胁迫对海棠伤害的功能。多胺对某些蛋白质的表达起调控作用的原因主要是在生物体内其以多聚阳离子方式存在，可结合带负电的核酸、蛋白质等大分子，并且还能与已有的酶分子结合，从而影响其结构来调节酶的活性（徐迎仓等，2001）。在玉米研究中也发现，外源 Spd 处理提高了两个品种玉米幼苗中 PDC、ADH 活性（图 3－5）和乙醇（图3－6）含量，降低了 LDH 活性（图 3－5）和乳酸含量（图 3－6），同时相对干重增长速率增加，并且抗涝性弱的郑单 958 的这些指标的变化幅度显著大于抗性较强的浚单 22。这些结果表明，Spd 一方面能通过提高 ADH 的活性转化乙醛为乙醇，降低乙醛对细胞的毒害；另一方面能通过调节 LDH 的活性，减少乳酸的产生，避免了细胞的过度酸化，提高了玉米的抗涝性，增加了相对干物质的积累，促进幼苗的生长，且对抗涝性较弱的郑单 958 影响较大。

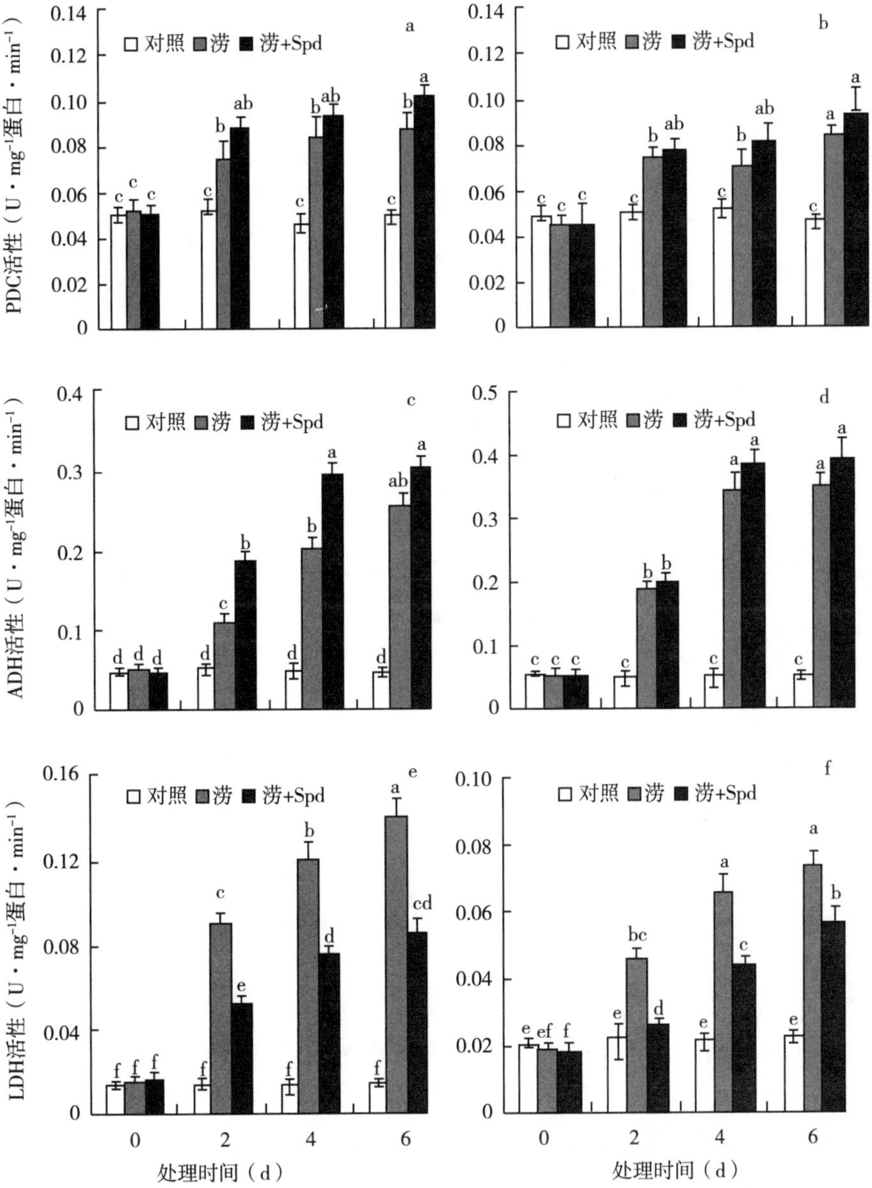

图 3-5　外源 Spd 对涝胁迫下玉米幼苗根系无氧呼吸酶（PDC、ADH 和 LDH）活性的影响

注：图中 a、c、e 代表郑单 958，b、d、f 代表浚单 22。图中柱上面不同的小写字母代表在 0.05 水平上的显著性差异（$P<0.05$）。

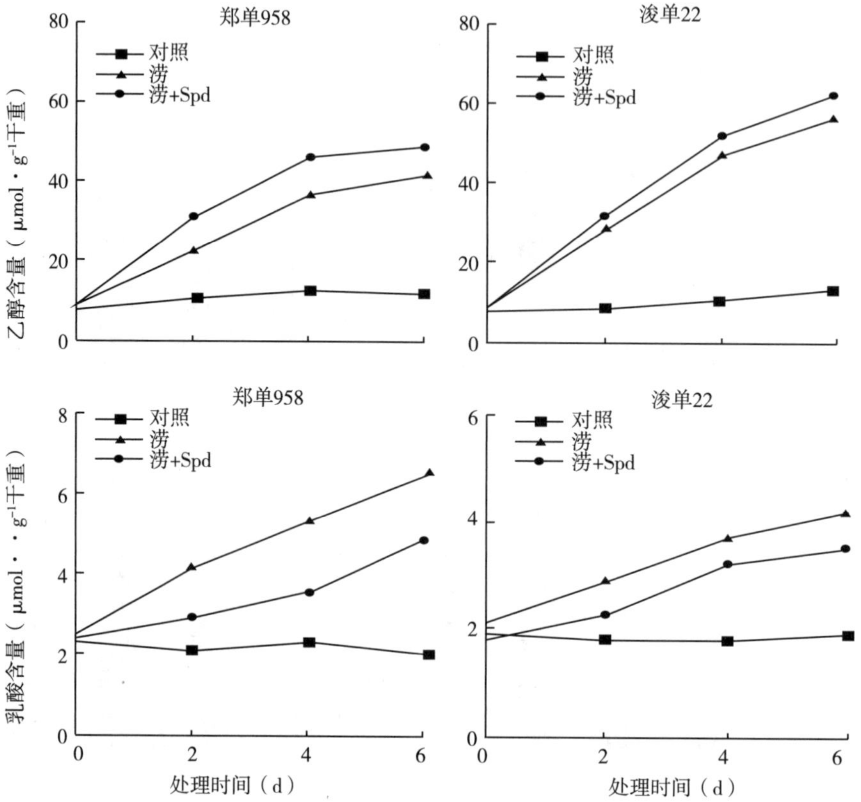

图 3-6　外源 Spd 对涝胁迫下玉米幼苗根系乙醇和乳酸含量的影响

四、外源多胺调控涝胁迫下玉米幼苗叶片脯氨酸代谢

植物在涝胁迫下比较容易受到伤害，渗透性调节物质的积累如可溶性糖、可溶性蛋白与脯氨酸等能有效地缓解涝胁迫对植物造成的伤害（Parvaneh 等，2012）。脯氨酸是一种重要的抗氧化剂和渗透调节剂（Hare 等，1999），其缓解逆境胁迫对植物造成伤害的主要途径是通过稳定细胞的渗透势和细胞中生物活性大分子的构象（Lin 等，2002）。脯氨酸在胁迫条件下的积累存在着两方面的可能原因是：一是蛋白质的分解加剧，脯氨酸氧化速率降低；二是合成脯氨酸的代谢加快。脯氨酸在高等植物中有两种合成方式（Delauney，Verma，1993），即谷氨酸途径和鸟氨酸途径。Δ1-吡咯啉-5-羧酸还原酶（P5CR）和Δ1-吡咯啉-5-羧酸合成酶（P5CS）是参与谷氨酸途径的主要酶；而鸟氨酸转氨酶（OAT）则是鸟氨酸途径的主要酶。由于物种、生境因素的不同，这

两种合成途径在脯氨酸积累中的作用也相应的有所不同（Ku 等，2011；Shral 等，2007）。对玉米的研究实验中发现，玉米幼苗在涝胁迫下积累脯氨酸的速度很快，且抗涝性较强的浚单 22 比抗涝性较弱的郑单 958 对脯氨酸的积累量要大（图 3－7）；通过对代谢酶活性的测定发现，抗涝性较弱的郑单 958 幼苗中的 P5CS 的增加幅度低于抗涝性较强的浚单 22，且两个玉米品种中的 P5CS 和 P5CR 活性都有所增加；与 P5CS 和 P5CR 相比，幼苗叶片中 OAT 基本没有变化（图 3－8）。在涝胁迫下，加入外源 Spd 后，对两个玉米品种的 OAT 活性基本没影响，对抗涝性较强的浚单 22 的两个酶

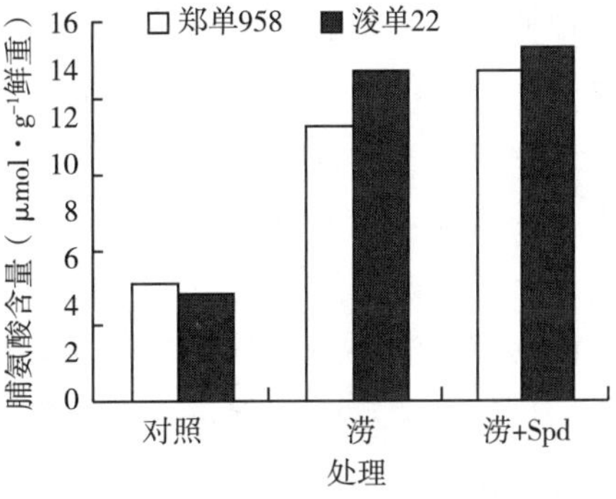

图 3－7　Spd 对涝胁迫下玉米幼苗叶片中脯氨酸含量的影响

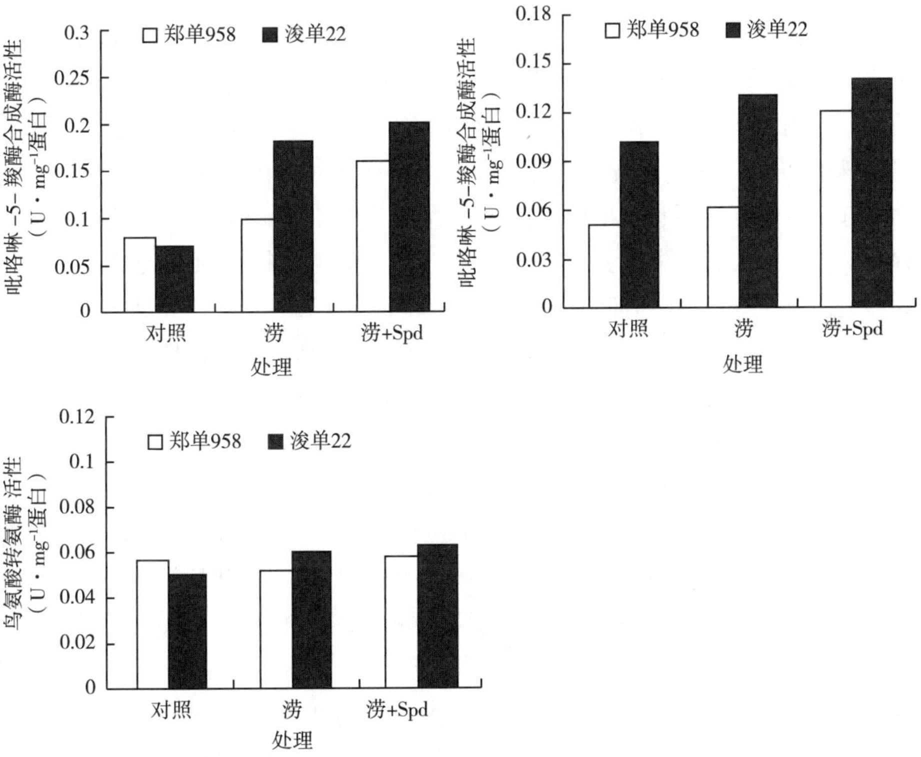

图 3－8　Spd 对涝胁迫下玉米幼苗叶片脯氨酸代谢酶活性的影响

活性的影响不显著，却使抗涝性较弱的郑单 958 的 P5CS 和 P5CR 的活性以及脯氨酸含量得到了显著的提高。根据这些实验结果可知，脯氨酸代谢协调的机制与玉米叶片中脯氨酸含量的积累有着密不可分的关系。除了脯氨酸积累量的增加，抗涝性较强的浚单 22 在涝胁迫下提高植株抗涝性的关键性原因还有脯氨酸合成途径（谷氨酸途径）中关键酶活性的提高。施加外源 Spd 后能够缓解涝胁迫对玉米的伤害，主要原因是提高了 P5CS 和 P5CR 谷氨酸代谢途径的关键酶，促进了脯氨酸量的积累。同时，对抗涝性较弱的玉米品种缓解作用更为明显。

五、外源多胺对涝胁迫下玉米幼苗中内源多胺代谢的调控

目前有关植物体内 Spd 含量与植株抗逆性关系的研究一直有着不同的报道，但有关外源 Spd 对涝胁迫下玉米幼苗多胺含量影响的研究还比较少。有些观点认为高含量的 Spd 与植物的抗逆性呈正相关。对玉米的研究发现，外施 Spd 提高了玉米叶片 Put、Spd 和 Spm 水平（图 3－9）。外源 Spd 的处理能够缓解涝胁迫对玉米幼苗的生长带来危害的主要原因是通过提高玉米幼苗体内游离态 Put、Spd、Spm 的含量来实现的。MGBG 为 Put 的转化抑制剂，加入后抑制了内源 Spd 和 Spm 的合成，使玉米幼苗抗性减弱，从而加重了涝胁迫对植株的伤害，说明了玉米幼苗体内 Put 没有顺利地转化为 Spd 和 Spm，从而引起过量积累，不利于植株耐涝性的增强。说明 Spd 和 Spm 含量的升高在提高抗涝性方面起着非常重要的作用。外施 Spd 能够提高植株的抗涝性主要原因是缓解了 MGBG 的抑制作用，这与 Shen 等（1994）的研究结果一致。随着玉米幼苗体内游离态 Put、Spd 和 Spm 含量的升高，玉米植株抵抗涝胁迫的能力也会随之增强。研究发现，高含量的 Spd 和 Spm 可显著抑制叶绿素的丧失和电解质的泄漏，还可提高光合系统的光化学反应，有效地阻止了盐胁迫对植株造成的危害（Chattopadhayay 等，2002）；由于 Put 的氨基化程度低于 Spd 和 Spm，故其清除氧自由基的能力也低于 Spd 和 Spm。无论是 Put 的合成、降解还是其转化抑制剂，均会使 Put 的作用降低，尤其是降解和转化抑制剂的使用，均会阻碍植株抗涝性的提高。Put 降解产生的氨基醛、自由基、H_2O_2 等物质会最终导致组织的衰老和坏死，其原因是由于物质的过量积累对细胞质膜造成的严重损伤，导致了细胞内物质的外渗（Ditomaso 等，1989）；而 Put 若过量积累，也会使植株出现皱叶、花朵雄蕊减少等异常症状，从而妨碍植物正常生长（Scott，Dhundy，1996）。

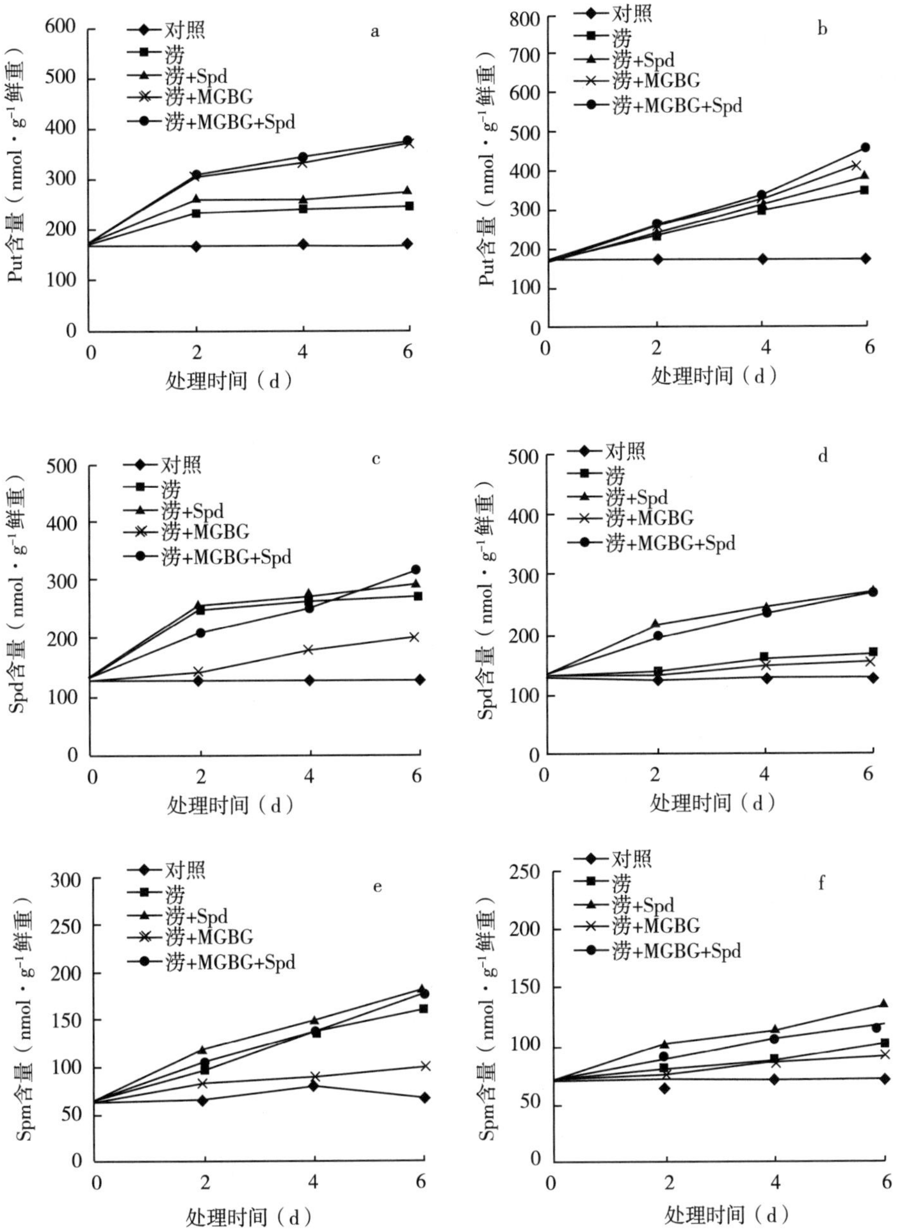

图 3－9　涝胁迫、外源 Spd 和多胺合成抑制剂 MGBG 对玉米幼苗不同种类游离态多胺含量的影响

注：图中 a、c、e 代表浚单 22，b、d、f 代表郑单 958。

综上所述，涝胁迫下外源施用 Spd 可提高玉米幼苗体内游离态 Spm 的含量或引起内部机制的改变，从而引起 Spd、Spm 含量升高。而植株体内高含量的 Spd 和 Spm，有利于增强植株的抗涝性。

参考文献

胡晓辉，郭世荣，李璟，等，2005. 低氧胁迫对黄瓜幼苗根系无氧呼吸酶和抗氧化酶活性的影响 [J]. 武汉植物学研究，23 (4)：337-341.

康云艳，郭世荣，段九菊，等，2006. 24-表油菜素内酯对低氧胁迫下黄瓜根系抗氧化系统及无氧呼吸酶活性的影响 [J]. 植物生理与分子生物学学报，32 (5)：535-542.

王秀玲，2023. 外源亚精胺调控玉米幼苗对渍涝胁迫应答机制研究 [D]. 郑州：河南农业大学.

徐迎仓，王静，刘华，等，2001. 外源精胺对小麦幼苗抗氧化酶活性的促进作用 [J]. 植物生理学报，27 (4)：349-352.

ARMSTRONG W，BRÄNDLE R，JACKSON M B，1994. Mechanisms of flood tolerance in plants [J]. Acta Botanica Neerlandica，43：307-358.

BAI T，LI CY，MA F W，et al.，2009. Exogenous salicylic acid alleviates growth inhibitionand oxidative stress induced by hypoxia stress in malus robusta read [J]. Journal of Plant Growth Regulation，28 (4)：358-366.

BAILEY-SERRES J，VOESENEK L A C J，2008. Flooding stress：acclimations and genetic diversity [J]. Annual Review of Plant Biology，59：313-339.

CHATTOPADHAYAY M K，TIWARI B S，CHATTOPADHYAY G，et al.，2002. Protective role of exogenous polyamines on salinity-stressed rice (Oryza sativa) plants [J]. Physiologia Plantarum，116 (2)：192-199.

DELAUNEY A J，VERMA D P S，1993. Proline biosynthesis and osmoregulation in plant [J]. The Plant Journal，4 (2)：215-223.

DITOMASO J M，SHAFF J E，KOCHIAN L V，1989. Putrescine-induced wounding and its effects on membrane integrity and ion transport processes in roots of intact corn seedlings [J]. Plant Physiology，90 (3)：988-995.

GUO S R，NADA K，KATOH H，et al.，1999. Differences between tomato (Lycopersicon esculentum M ill.) and cucumber (Cucumis sativus L.) in ethanol，lactate and malate metabolisms and cell sap pH of roots under hypoxia [J]. Journal of the Japanese Society for Horticultural Science，68 (1)：152-159.

HARE P D，CRESS W A，STADEN V J，1999. Proline synthesis and degradation：anodelsystem for elucidating stress-related signal transduction [J]. Jounal of Experimental Botany，50 (333)：413-434.

ISMOND K P，DOLFERUS R，DE-PAUW M，et al.，2003. Enhanced low oxygen survival in arabidopsis through increased metabolic flux in the fermentative pathway [J]. Plant Physiology，132：1292-1302.

JACKSON M B, DAVIES W J, ELSE M A, 1996. Pressure - flow relationships, xylem solutes and root hydraulic conductance in flooded tomato plants [J]. Annals of Botany, 77: 17 - 24.

JIA Y, SUN J, GUO S R, et al., 2010. Effect of root - applied spermidine on growth and respiratorymetabolism in roots of cucumber (cucumis sativus) seedlings under hypoxial [J]. Russian Journal of Plant Physiology, 57 (5): 648 - 655.

KU H M, HU C C, CHANG H J, et al., 2011. Analysis by virus induced gene silencing of the expression of two proline bio - synthetic pathway genes in Nicotiana benthamiana under stress conditions [J]. Plant Physiology and Biochemistry, 49 (10): 1147 - 1154.

KUROHA T, NAGAI K, GAMUYAO R, et al., 2018. Ethylene - gibberellin signaling underlies adaptation of rice to periodic flooding [J]. Science, 361: 181 - 186.

LIN C C, HSU Y T, KAO C H, 2002. The effect of Nacl on proline accumulation in rice leaves [J]. Plant Growth Regulation, 36 (3): 275 - 285.

PARVANEH R, SHAHROKH T, HOSSEINI S M, 2012. Studying of salinity stress effect on germination, proline, suger, protein, lipid and chiorophyll content in purslane (Portulace oloracea L) leaves [J]. Stress physiology and Biochemistry, 8: 182 - 193.

ROBERTS J K, CALLIS J, JARDETZKY O, et al., 1984. Cytoplasmic acidosis as a determinant of flooding in tolerance in plants [J]. Proceedings of the National Academy of Sciences of the United States of America, 81: 6029 - 6033.

SAUTER M, 2013. Root responses to flooding [J]. Curr Opinion in Plant Biology, 16 (3): 282 - 286.

SCOTT E A, DHUNDY R B, 1996. Metabolism of Polyamines in transgenic cells of carrot expressingf a mouse ornithine decarboxylase cDNA [J]. Plant Physiology, 116: 299 - 307.

SHEN H J, XIE Y F, LI R T, 1994. Effect of acid stress on polyamine levels, ion efflux, protective enzymes and macromolecular sysnthesis in cerealleaves [J]. Plant Growth Regulation, 14 (1): 1 - 5.

SHRAL M, FOOLAD M R, 2007. Roles of glycine betaine and praline in improving plant obiotic stress resistance [J]. Environmental and Experimental Botany, 9 (2): 206 - 216.

SASIDHARAN R, HARTMAN S, LIU Z, et al., 2018. Signal dynamics and interactions during flooding stress [J]. Plant Physiology, 176: 1106 - 1117.

第四章
结合态多胺与干旱胁迫

如前所述，多胺广泛存在于植物组织器官和细胞中。Put、Spd 和 Spm 是植物中最常见的 3 种多胺，而游离态和结合态则是多胺的主要存在形式。结合态包括共价结合态和非共价结合态，其中共价结合态又分为酸溶性共价结合态和酸不溶性共价结合态。酸溶性共价结合态是由游离态多胺与肉桂酸、香豆酸和阿魏酸等小分子物质以非共价键结合而形成；而酸不溶性共价结合态是由游离态多胺与蛋白、糖醛酸、木质素等生物大分子以共价键结合而形成（赵福庚，刘友良，2000）。结合态多胺可能是植物调节自身游离态多胺水平及多胺在植物体内运输的一种有效方式（王素平，2007），这些多胺在植物体内的积累和转化对调控植物的形态建成、提高植物的抗逆性等具有重要意义。游离态多胺的作用机制已经被广泛研究，而结合态多胺系统性研究较少，除了几个学者对盐胁迫有所研究外（Legocka，Sobieszczuk - Nowicka，2012；Shevyakova 等，2006），我们研究团队主要从器官、细胞和亚细胞水平上对水分胁迫下小麦玉米细胞和亚细胞上结合态多胺的功能进行了深入系统的研究。本章内容将对我们研究团队近些年关于结合态多胺的研究成果进行总结。

第一节　细胞内多胺转化与植物抗逆性

在众多环境因子中，干旱是制约农业生产的主要影响因子。如何调控逆境条件下植物的生长发育，促进作物的增产增收显得尤为重要。多胺是一种植物生长调节物质，能调控逆境胁迫下植物的生长发育已广为所知。但在不同的物种、组织和器官，以及不同的发育阶段和不同的环境条件下，多胺的种类及不同种类的多胺含量和代谢有极大的不同，其调节机制也存在很大差异。

一、干旱胁迫下游离态腐胺升高生理意义的争议

关于非生物胁迫下游离态腐胺（fPut）积累的意义，尚无一致的结论。有许多研究表明，胁迫条件下 fPut 含量的上升是对植物的一种伤害。因为 fPut 的氧化和降解产物，如 H_2O_2、胺醛和丙醛，可与蛋白质和核酸交联，导致细胞衰老和凋亡，从而导致植物对环境胁迫的损伤和耐受性降低。例如，Jing 等（2020）报道高温胁迫下小麦籽粒中 fPut 含量与籽粒重呈负相关。此外，外源 Put 增强了干旱对小麦籽粒灌浆的抑制作用（Liu 等，2016）。虽然大量实验表明水分胁迫条件下，fPut 上升对植物是一种毒害，而 fSpd 和 fSpm 的上升有利于提高植株抗性。但早期也有人提出水分胁迫条件下，游离态 Put 的上升是植物的适应性反应。例如，Goicoechea 等（1998）发现与非共生苜蓿相比，与根瘤菌共生的苜蓿因含有较高的游离态多胺（fPut），特别是 fPut，故能较好地适应干旱胁迫。Guerrier 等（2000）用杨树叶片做体外培养实验发现，用 −0.336MPa的 PEG 渗透胁迫处理时，fSpd、fSpm 不变，fPut 含量上升，外施 Put 有利于清除活性氧伤害。这些研究似乎说明了 Put 贡献较大。而我国学者张木清等（1996）对甘蔗的实验也发现，甘蔗叶片受到水分胁迫时多胺合成增加，特别是 Put 增加幅度最大，抗旱性强的品种升幅更明显，所以他们认为 Put 含量的累积可以减轻作物细胞的伤害，是使抗旱性提高的一个因素，而 fSpd 的快速累积则加重了作物细胞的伤害，是使抗旱性降低的一个因素。最近也有一些研究表明 Put 可以缓解胁迫诱导的损伤症状，提高植物对非生物胁迫的耐受性（Hassan 等，2020；Upadhyay 等，2021）。因此，根据这些研究推测这些差异可能与不同的处理时间和实验材料有关，尤其是品种间的耐受性差异。

因此，水分胁迫和植物体内 fPAs 变化的复杂性和不确定性，值得我们深入探讨。因此我们研究团队近些年以抗旱性不同的玉米和小麦为实验材料，通过干旱胁迫、外源多胺和多胺抑制剂处理，探讨了植物器官中多胺的动态变化。结果发现干旱胁迫前期，fPAs 含量升高，特别是 fPut 和 ASCC Put 水平大幅度升高，到后期，fPut 和 ASCC Put 能否顺利转化为其他种类或者其他形态多胺决定了植物抗干旱能力的大小，抗旱性强的品种 fPut 和 ASCC Put 可以顺利转化为 fSpd、fSpm、AISCC Put，从而发挥它们在抗性方面的生理功能，而抗旱性弱的品种则转化能力较弱（Du 等，2023）。

二、多胺与植物抗旱性

1. fPAs 含量的动态变化与植物抗旱性

如前所述，多胺参与植物的多种逆境胁迫反应。对于在植物中三种常见的 fPAs 功能目前尚存争议，特别是在逆境胁迫下，Put 的升高对植物提高抗性的意义是争论的焦点，多数研究认为，逆境条件下 Put 水平的升高对植物是一种伤害反应。例如，早期的李子银等（1999）在水稻作物上的盐胁迫实验、赵福庚等在花生上的衰老实验（1996）和大麦上的盐胁迫实验（2003）、王晓云等（2000）在大田花生上的喷施实验、Masgrau 等（1997）在燕麦上的转精氨酸脱羧酶实验、Kurepa 等（1998）外施百草枯喷施拟南芥的毒性机理检测实验等，都从不同侧面验证 fPut 对植物的伤害。当然，也有研究结果表明，逆境胁迫下 fPut 的升高是植物的一种适应性反应（Szigeti，Lehoczki，2003；Goicoechea 等，1998）。因为抗性强的植物品种通过 S-腺苷蛋氨酸脱羧酶的作用使 fPut 接受氨丙残基转化为 fSpd 和 fSpm；或者通过 TGase 的作用使 fPut 向酸不溶性共价结合态转变，从而达到减轻 Put 毒害的目的。鉴于此争论，我们团队多年来采用抗旱性显著不同的小麦幼苗叶片和发育籽粒胚为材料，研究了多胺在植物体内的动态变化，发表了一系列研究成果（Liu 等，2004；杜红阳等，2016；Du 等，2023）。

研究发现，干旱胁迫诱导两个抗性不同品种胚中的三种 fPAs 含量都上升，但是到干旱胁迫后期，抗旱性强的洛麦 22 比抗旱性弱的豫麦 48 的 fSpd 和 fSpm 上升幅度较大，而豫麦 48 的 fPut 上升幅度则大于洛麦 22（图 4-1），一直处于较高水平。这就暗示了干旱胁迫前期，fPut 都明显升高，在不同抗性品种间不存在明显差异，但是随着胁迫时间的延长，抗旱性强的品种 fPut 向 fSpd 和 fSpm 转化，这种转化有利于提高植物的抗性，抗旱性弱的品种因为实现这样的转化相对困难，体内缺乏足够水平的 fSpd 和 fSpm，从而影响其抗旱能力。为了验证这一观点，我们又做了外源多胺（Spd 和 Spm）、Spd 和 Spm 合成抑制剂（MGBG）的实验加以验证。SAMDC 是 fPut 向 fSpd 和 fSpm 转化的一个关键酶（Tiburcio 等，1986），MGBG 是 SAMDC 的专一性抑制剂（Slocum，1991）。利用外源多胺（Spd 和 Spm）进行喷施实验，结果发现在干旱胁迫条件下，Spd 和 Spm 明显促进了抗旱性弱的品种豫麦 48 的内源 fSpd（图 4-2）和 fSpm（图 4-3）的上升，也明显提高了该品种的抗性。外源 Spd 和 Spm 对洛麦 22 的影响不大，原因可能是干旱胁迫下，洛麦 22 由于本身的独有特性，能够在发育的胚中合成并积累一定水平的 fSpd 和 fSpm 以适应干旱胁迫。抑制剂 MGBG 一方面显著抑制了洛麦 22 的干旱胁迫后期内源 fSpd（图 4－2a）和 fSpm（图4－3a）的上升，也使得该品种干旱胁迫后期内源 fPut（图 4－1a）一直处于高水平；另一方面，外施 MGBG 也明显降低了该品种的抗性。统计分析表明：在干旱胁迫、外源多胺（Spd 和 Spm）、MGBG 的处理下，小麦胚中（fSpd＋fSpm）/fPut 的比值与胚的相对干重增长速率呈显著正相关。这进一步说明 fSpd 和 fSpm 与胚的生物量的积累有关，这与一些有关多胺与作物籽粒发育和充实的研究报道是一致的。例如，杨建昌等（1997）报道了籽粒中内源多胺含量的多少与水稻籽粒充实与粒重呈显著正相关关系，特别是在花后 3d 喷施外源多胺能通过提高内源 Spd 和 Spm 的含量，来增加胚乳细胞数、谷粒充实率和千粒重。外源抑制剂 MGBG 处理的结果相反，这说明 Spd 和 Spm 对籽粒充实和粒重有密切关系，并且灌浆期稻米中多胺的含量与稻米的品质也有密切的关系（王志琴等，2007）。至于 Spd 和 Spm 为什么能促进籽粒充实、增加粒重？Tan 等（2009）和王志琴等（2007）通过对水稻的研究结果表明，Spd 和 Spm 可能是通过增强籽粒蔗糖-淀粉代谢途径关键酶蔗糖合成酶、ADP－葡萄糖焦磷酸化酶和可溶性淀粉合成酶活性促进水稻籽粒灌浆，从而增加粒重的；刘杨等（2013）对冬小麦的研究也说明了 fSpd 和 fSpm 的意义，他们认为，Spd 和 Spm 可能是通过增强叶片光合作用、延缓衰老及降低籽粒 ETH 释放量来促进籽粒灌浆的，而 Put 对其影响不大。

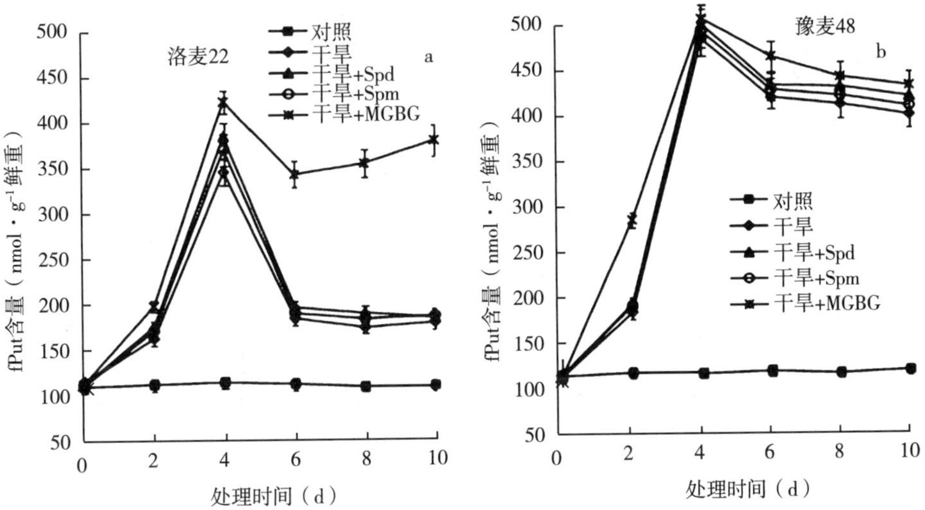

图 4－1　干旱胁迫、外源多胺 Spd 和 Spm、抑制剂 MGBG 对小麦发育胚 fPut 含量动态变化的影响

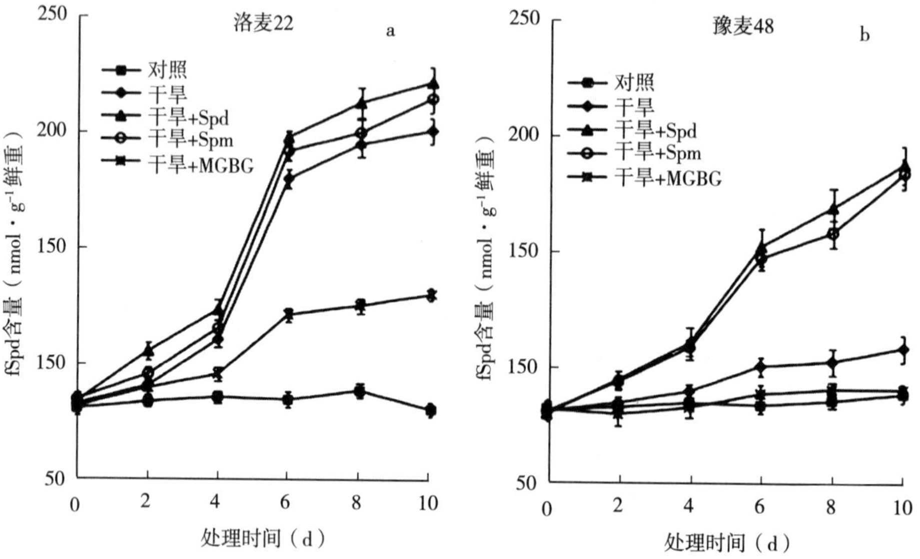

图 4－2　干旱胁迫、外源多胺 Spd 和 Spm、抑制剂 MGBG 对小麦发育胚 fSpd 含量动态变化的影响

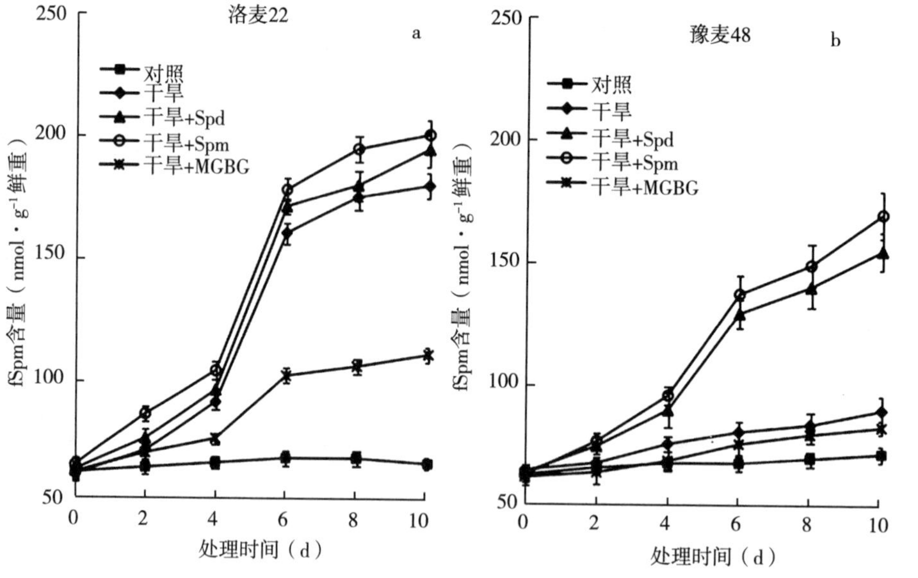

图 4－3　干旱胁迫、外源多胺 Spd 和 Spm、抑制剂 MGBG 对小麦发育胚 fSpm 含量动态变化的影响

尽管逆境胁迫下，fPut 升高的确切意义目前尚存争论，但是大量文献表明 fSpd 和 fSpm 在干旱胁迫下的水平上升是植物的一种积极保护效应（Tan 等，2009；Yamaguchi 等，2007）。Van 等（1998）对马铃薯叶片的研究发现，干旱胁迫下，马铃薯叶片 fSpd 水平和马铃薯块茎生物积累量呈正显著相关性，与 fPut 无关。Rajasekaran 和 Blake（1999）用外源 Spd 喷施干旱胁迫下的松树幼苗叶片，可明显防止膜渗漏而引起的质膜透性增加，以便保持膜结构稳定，也能改善胁迫下的光合特性。Pedrol 等（2000）对丝绒草的研究也表明了在干旱胁迫下，fSpd 水平上升对于增强其抗旱能力而不受伤害具有重要的积极意义。以上这些研究与本文的研究结果是一致的，都说明了干旱胁迫下 fSpd 和 fSpm 水平升高是植物防御胁迫的积极反应。但是也有与此观点不一致的研究（Szigeti，Lehoczki，2003；Goicoechea 等，1998）。这些研究表明，水分胁迫下，fPut 的上升是植物适应胁迫的一种积极表现。那么究竟 fPut 在干旱胁迫下的上升意义何在？从我们对干旱胁迫下两种抗旱性不同的小麦发育胚的研究发现，问题的焦点并不在于干旱胁迫下 fPut 的升高，而在于升高的 fPut 是否能顺利转化为 fSpd 和 fSpm。抗旱性强的洛麦 22 在干旱胁迫前期 fPut 水平也呈现显著上升趋势，在后期明显下降，同时其胚内的 fSpd 和 fSpm 也随之升高，而抗旱性弱的品种豫麦 48 即使其胚内前期 fPut（图 4－1b）水平也呈现上升趋势，但是由于不能顺利转化为 fSpd 和 fSpm，而导致胁迫后期其胚内 fSpd（图 4－2b）和 fSpm（图 4－3b）维持在较低水平，fPut 一直处于较高水平状态。当然，我们研究的这一观点还需要用更多实验验证。无论如何都似乎说明最终还是 fSpd 和 fSpm 在增强抗性方面发挥作用。

那么，干旱胁迫下，为何是 fSpd 和 fSpm，而不是 fPut 发挥作用呢？可能主要归因于它们在生理 pH 范围内所呈现的多聚阳离子特性（Sood，Nagar，2003）。在干旱胁迫下，由于 fSpd 和 fSpm 比 fPut 携带更多的阳离子，所以能更容易与细胞内的呈阴离子状态的酸性蛋白质和生物膜磷脂非共价结合，从而保护这些生物大分子在胁迫条件下不被破坏，维持构象和功能的稳定。所以，我们又研究了亚细胞水平上，一些膜上结合态多胺与生物大分子（如膜上的一些重要的蛋白质和核蛋白体等）功能的关系。

2. ASCC PAs 含量的动态变化与植物抗旱性

在酶的作用下，植物细胞内的 fPAs 可与其他小分子物质共价结合形成 ASCC PAs。多数研究表明，这种形态多胺与植物的生殖器官发育关系密切。例如，Shinozaki 等（2000）通过对葡萄的研究发现，在其果实发育和成熟过程中，ASCC PAs 含量增长，且与果实发育和成熟的关系密切。Scaramagli 等（2000）也发现 ASCC Spd 的含量主导影响花器官形成。对于这种形态的多胺与逆境胁迫的关系已经有报道，Romero 等（1999）研究还发现冷胁迫下，马铃薯的 ASCC PAs 向 fPAs 的转化可以增强马铃薯的抗冻能力。也有大量研究表明，ASCC PAs 对提高植物的抗病能力有较大贡献（Musetti 等，1999；Rabiti 等，1998）。对于 ASCC PAs 与干旱胁迫关系的报道，仅见于 PEG 渗透胁迫模拟水分胁迫的研究。例如，Kong 等（1998）发现 PEG 渗透胁迫通过抑制愈伤组织内源多胺（包括 ASCC PAs）含量而能有效抑制愈伤组织增生。我们研究发现，干旱胁迫引起 ASCC Put、ASCC Spd 和 ASCC Spm 水平都上升。通过分析发现，ASCC Put 在干旱胁迫前期呈上升趋势，到后期稳定在一个较高的水平上，而且两个品种之间没有显示变化的差异性，如图 4-4 所示。由此说明，既然作为多胺的一个临时储存库（Bais 等，2000；Romero 等，1999），ASCC Put 到后期下降，有可能它转化成其他形式的多胺。另外两种 ASCC Spd（图 4-5）和 ASCC Spm（图 4-6）在干旱胁迫下，随着干旱时间延长都有所上升，但是不仅上升幅度没有显示规律性变化，而且这两种多胺的变化在两个品种间也没有表现出明显差异。由此说明，这种形态的多胺与抗旱性的提高没有直接关系，因为作为临时储存库，无论抗性强弱的品种都具备这样的临时储存能力，而是否能把储存库里的 ASCC PAs 顺利提取转化成其他形式的多胺就要看不同品种抗干旱能力的大小了。

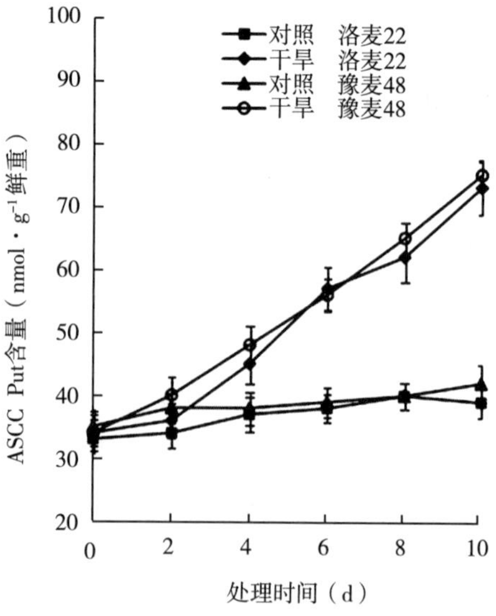

图 4-4　干旱胁迫对小麦发育胚中 ASCC Put 含量动态变化的影响

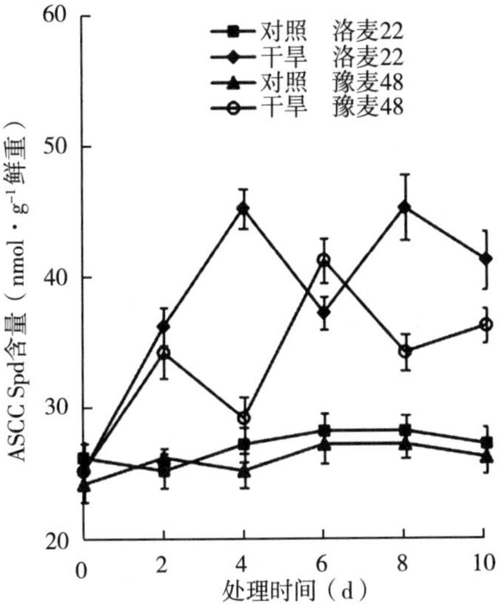

图 4-5　干旱胁迫对小麦发育胚中 ASCC Spd 含量变化的影响

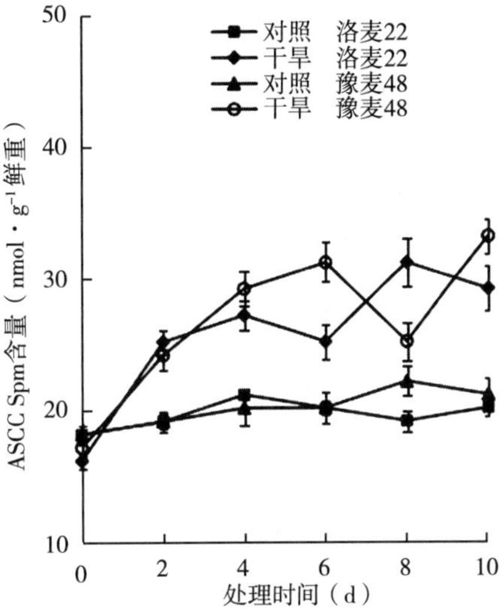

图 4-6　干旱胁迫对小麦发育胚中 ASCC Spm 含量变化的影响

3. AISCC PAs 含量的动态变化与植物抗旱性

有关 AISCC PAs 与逆境胁迫关系的研究并不多见，赵福庚等（2003）发现 fPut 向 AISCC Put 的转化，可以提高大麦幼苗的耐盐能力。Kong 等（1998）报道 PEG 渗透胁迫通过抑制 AISCC PAs 的水平提高，从而抑制愈伤组织增生。Scaramagli 等（2000）的马铃薯悬浮细胞实验表明，PEG 干旱胁迫诱导 72h，诱导出了 PEG 渗透胁迫所诱导的适应性悬浮细胞体系，与未适应的悬浮细胞体系相比，适应性悬浮细胞的多胺合成酶活性是对照的 4 倍，而且适应性悬浮细胞在受到渗透胁迫时，AISCC PAs 水平升高，而 fPAs 和 ASCC PAs 与对照相比无较大区别，特别是 AISCC Put 水平达到对照的 15 倍。我们对干旱胁迫的研究与前人的渗透胁迫和盐胁迫研究结果一致，两个品种小麦胚中 AISCC PAs 的水平随着干旱胁迫时间的延长而升高，并且抗旱性强的洛麦 22 的 AISCC Put 升高幅度显著大于抗旱性弱的豫麦 48，如图 4-7 所示。而对于 AISCC Spd（图 4-8）和 AISCC Spm（图 4-9），虽然二者的水平都随着胁迫时间的延长与对照相比而有所升高，但是从升幅来看，在两个品种间没有表现出明显的变化差异，这似乎暗示小麦发育籽粒胚中的 AISCC Put 在干旱胁迫条件下的升高有利于增强发育胚的抗干旱胁迫能力。我们用多胺生物合成抑制剂的实验进一步验证了这一观点：TGase 是 AISCC

PAs合成的关键酶，而邻菲罗啉（o-Phen）是此酶的抑制剂，因而o-Phen可影响到AISCC PAs的合成（Icekson，Apelbaum，1987）。研究发现，用o-Phen处理，不仅显著抑制了干旱所诱导的洛麦22胚中AISCC Put水平的升高（图4-7），而且也显著降低了洛麦22对干旱胁迫的抗旱性。

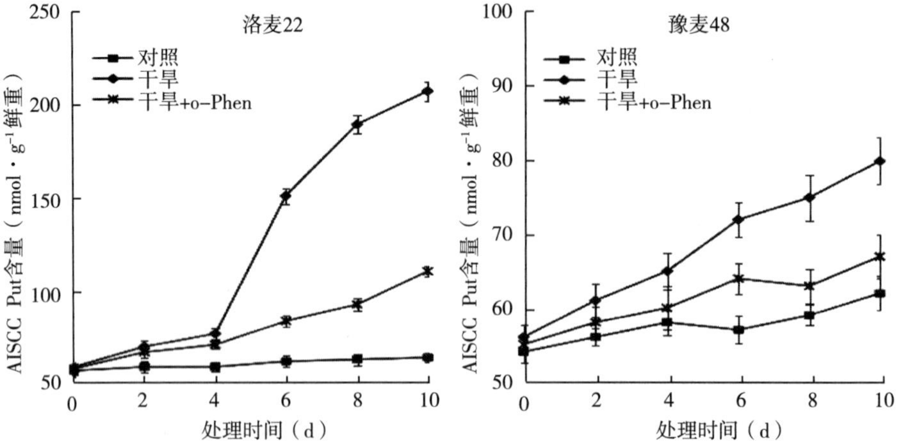

图4-7 干旱胁迫和抑制剂o-Phen对小麦发育胚中AISCC Put含量变化的影响

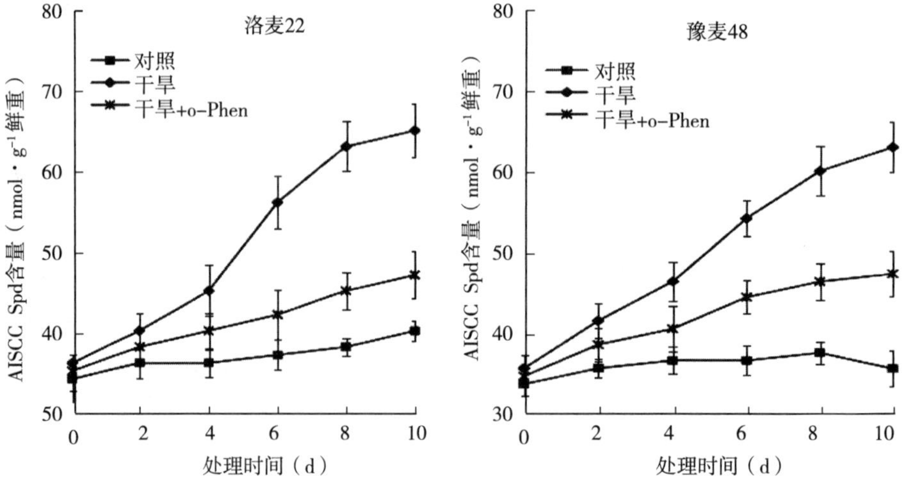

图4-8 干旱胁迫和抑制剂o-Phen对小麦发育胚中AISCC Spd含量变化的影响

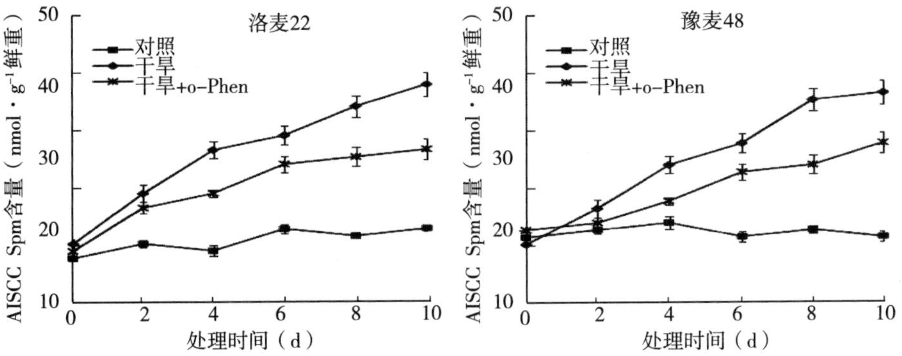

图 4-9　干旱胁迫和抑制剂 o-Phen 对小麦发育胚中 AISCC Spm 含量变化的影响

三、小结

干旱胁迫前期，fPAs 含量升高，特别是 fPut 和 ASCC Put 水平大幅度升高，到后期，fPut 和 ASCC Put 能否顺利转化为其他种类或者其他形态多胺决定了抗干旱能力的大小，抗旱性强的品种 fPut 和 ASCC Put 可以顺利转化为 fSpd、fSpm 及 AISCC Put，从而发挥它们在抗性方面的生理功能。

参考文献

杜红阳，刘骨挺，杨青华，等，2016. 小麦胚中不同形态多胺含量的变化及其与耐旱性的关系［J］. 作物学报，42（8）：1224-1232.

李子银，张劲松，陈受宜，1999. 水稻盐胁迫应答基因的克隆、表达及染色体定位［J］. 中国科学 C 辑，29：561-570.

刘杨，温晓霞，顾丹丹，等，2013. 多胺对冬小麦籽粒灌浆的影响及其生理机制［J］. 作物学报，39（4）：712-719.

王素平，2007. 多胺对黄瓜幼苗耐盐性调控机理的研究［D］. 南京：南京农业大学.

王晓云，李向东，邹琦，2000. 外源多胺、多胺合成前体及抑制剂对花生连体叶片衰老的影响［J］. 中国农业科学，33：30-35.

王志琴，张耗，王学明，等，2007. 水稻籽粒多胺的浓度与米质的关系［J］. 作物学报，33（12）：1922-1927.

杨建昌，朱庆森，王志琴，等，1997. 水稻籽粒中内源多胺含量及其与籽粒充实和粒重的关系［J］. 作物学报，23（4）：385-392.

张木清，陈凯如，余松烈．1996. 水分胁迫下多胺代谢变化及其同抗旱性的关系［J］. 植物生理学报，22（3）：327-332.

赵福庚，刘友良，2000. 高等植物体内特殊形态多胺的代谢及调节［J］. 植物生理学通讯，36（1）：1－5.

赵福庚，孙诚，刘友良，等，2003. 盐胁迫下大麦根系多胺代谢与其耐盐性的关系［J］. 植物学报，45：295－300.

赵福庚，张国珍，张正钫，1996. 花生叶片衰老过程中多胺代谢酶活性及游离多胺含量变化［J］. 植物生理学通讯，35：351－353.

BAIS H P，SUDHA G S，RARISHANKAR G A，2000. Putrescine and silver nitrate influences shoot multiplication，in vitro flowering and endogenous titers of polyamines in Cichorium intybus L. cv. Lucknow local［J］. Journal of Plant Growth Regulation，19：238－248.

DU H Y，LIU G T，LIU D X，et al.，2023. Signifcance of putrescine conversion in flling grain embryos of wheat plants subjected to drought stress［J］. Plant and Soil，484：589－610.

GOICOECHEA N，SZALAI G，ANTOLIN M C，et al.，1998. Influence of arbuscular mycorrhizae and Rhizobium on free polyamines and proline levels in water－stressed alfalfa［J］. Journal of Plant Physiology，153（5）：706－711.

GUERRIER G，BRIGNOLAS F，THIERRY C，et al.，2000. Organic solutes protect drought－tolerant Populus X euramericana against reactive oxygen species［J］. Journal of Plant Physiology，156：93－99.

HASSAN N，EBEED H，ALJAARANY A，2020. Exogenous application of spermine and putrescine mitigate adversities of drought stress in wheat by protecting membranes and chloroplast ultra－structure［J］. Physiology and Molecular Biology of Plants，26：233－245.

ICEKSON I，APELBAUM A，1987. Evidence for transglutaminase activity in plant tissue［J］. Plant Physiology，84：972－974.

JING J G，GUO S Y，LI Y F，et al.，2020. The alleviating efect of exogenous polyamines on heat stress susceptibility of diferent heat resistant wheat（*Triticum aestivum* L.）varieties［J］. Scientic Reports，10：7467.

KONG L，ATTREE S M，FOWKE L C，1998. Effects of polyethylene glycol and methylglyoxal bis（guanylhydrazone）on endogenous polyamine levels and osmotic embryo maturation in white spruce［J］. Plant Science，133：211－220.

KUREPA J，SMALLE J，MONTAGU M V，et al.，1998. Polyamine and paraquat toxicity in *Arabidopsis thaliana*［J］. Plant and Cell Physiology，39：987－992.

LEGOCKA J，SOBIESZCZUK－NOWICKA E，2012. Sorbitol and NaCl stresses affect free，microsome－associated and thylakoid－associated polyamine content in Zea mays and Phaseolus vulgaris［J］. Acta Physiologuae Plantarum，34：1145－1151.

LIU H P，DONG B H，ZHANG Y Y，et al.，2004. Relationship between osmotic stress and the levels of free，conjugated and bound polyamines in leaves of wheat seedlings［J］. Plant Science，166（5）：1261－1267.

LIU Y，LIANG H Y，LV X K，et al.，2016. Effect of polyamines on the grain flling of wheat under drought stress [J]. Plant Physiology and Biochemistry, 100: 113 - 129.

MASGRAU C, ALTABLELLA T, FARRAS R, et al., 1997. Inducible overexpression of oat arginine decarboxylase in transgenic tobacco plants [J]. The Plant Journal, 11: 465 - 473.

MUSETTI R, SCARAMAGLI S, VIGHI C, et al., 1999. The involvement of polyamines in phytoplasma - infected periwinkle (*Catharanthus roseus* L.) plants [J]. Plant Biosystems, 133: 37 - 45.

PEDROL N, RAMOS P, REIGOSA M J, 2000. Phenotypic plasticity and acclimation to water deficits in velvet - grass: A long - term greenhouse experiment. Changes in leaf morphology, photosynthesis and stredd - induced metabites [J]. Journal of Plant Physiology, 157: 383 - 393.

RABITI A L, BETTI L, BORTOLOTTI G, et al., 1998. Shout - term polyamine response in TMV - inoculated hypersensitive and susceptible tobacco plants [J]. New Phytologist, 139: 549 - 553.

RAJASEKARAN L R, BLAKE T J, 1999. New plant growth regulators protect photosynthesis and enhance growth under drought of jack pine seedlings [J]. Journal of Plant Growth Regulation, 18: 175 - 181.

ROMERO H M, NORATO R J, POSADA C, 1999. Changes in polyamine content are related to low temperature resistance in potato piants [J]. Acta Biologica Colombiana, 4: 27 - 47.

SCARAMAGLI S, BIONDI S, LEONE A, et al., 2000. Acclimation to low - water potential in potato cell suspension cultures leads to changes in putressine metabolism [J]. Plant Physiology and Biochemistry, 38: 345 - 351.

SHEVYAKOVA N I, RAKITIN V Y, STETSENKO L A, et al., 2006. Oxidative stress and fluctuations of free and conjugated polyamines in the halophyte *Mesembryanthemum crystallinum* L. under NaCl salinity [J]. Plant Growth Regulation, 50 (1): 69 - 78.

SHINOZAKI S, OGATA T, HORIUCHI S, 2000. Endogenous polyamines in the pericarp and seed of the grape berry during development and ripening [J]. Scientia Horticulturae, 83: 33 - 41.

SLOCUM R D, 1991. Polyamine biosynthesis in plant. In: Slocum RD, Flores HE (eds) Polyamines in Plants [M]. Florida: CRC Press.

SOOD S, NAGAR P K, 2003. The effect of polyamines on leaf senescence in two diverse rose species [J]. Plant Growth Regulation, 39: 155 - 160.

SZIGETI Z, LEHOCZKI E, 2003. A review of physiological and biochemical aspects of resistance to atrazine and paraquat in *Hungarian* weeds [J]. Pest Management Science, 59: 451 - 458.

Tan G L, Zhang H, Fu J, et al., 2009. Post - anthesis Changes in concentrations of polyamines in superior and inferior spikelets and their relation with grain filling of super rice [J]. Acta Agronomica Sinica, 35 (12): 2225 - 2333.

TIBURCIO A F, DUMOROTIER F M, GALSTON A W, 1986. Polyamine metabolism and osmotic stress [J]. Plant Physiology, 82: 369.

UPADHYAY R K, FATIMA T, HANDA A K, et al., 2021. Differential association of free, conjugated, and bound forms of polyamines and transcript abundance of their biosynthetic and catabolic genes during drought/salinity stress in tomato (*Solanum lycopersicum* L.) leaves [J]. Frontiers in Plant Science, 12: 743568.

VAN D M A, DE R J A, VAN D M T, et al., 1998. Changes in free proline concentrations and polyamine levels in potato leaves during drought stress [J]. South African Journal of Science, 94: 347-350.

YAMAGUCHI K, TAKAHASHI Y, BERBERICH T, et al., 2007. A protective role for the polyamine spermine against drought stress in Arabidopsis [J]. Biochemical and Biophysical Research Communications, 352: 486-490.

第二节　质膜上的结合态多胺和植物抗逆性

如本章第一节所述，水分胁迫下，小麦幼苗叶和籽粒胚中的多胺含量升高，特别是到胁迫后期，fSpd 和 fSpm 及 CC Put 水平大幅上升。那么，这些升高的不同种类和不同形态多胺究竟在细胞内如何定位并发挥它们的生理功能呢？细胞学研究认为，单个的细胞靠复杂骨架结构及复杂内膜系统而被分隔为各种各样的相对独立和一定功能的小空间，即常说的细胞器。在长期的自然进化过程中，各个细胞器的功能是相互联系的。不同的多胺位于各个细胞器中。Masgrau 等（1997）的研究也表明，这些不同形态和不同种类的多胺在不同的细胞器的含量分布、存在形态和各自承担的功能是不同的。为了更深入了解逆境胁迫下升高的多胺在细胞中所发挥的确切功能，我们团队以抗旱性不同的小麦和玉米品种为实验材料，在亚细胞水平上研究不同的主要细胞器膜系统上共价和非共价结合的多胺及膜上的一些主要发挥功能的蛋白质大分子与干旱胁迫的关系。

一、质膜上的结合态多胺与干旱胁迫

1. 结合态多胺的概念

如前所述，多胺因为在正常生理 pH 范围内可以被充分质子化带正电荷，所以可以与细胞内或者细胞质膜上的带负电的生物大分子（如质膜上镶嵌的酸性蛋白质和质膜的磷脂组分等）靠静电结合形成 NCC PAs；多胺还可以在 TGase 的作用下与质膜上的蛋白质共价结合形成 CC PAs。

2. 干旱胁迫下质膜上 NCC PAs 含量的变化

干旱胁迫引起了两个抗旱性不同的品种胚质膜上的三种 NCC PAs（NCC Put、NCC Spd 和 NCC Spm）水平升高，并且抗旱性强的洛麦 22 的 NCC Spd 和 NCC Spm 升高幅度明显大于抗旱性弱的豫麦 48，如图 4-10 所示。外源 Spd 处理，则显著促进了豫麦 48 在干旱胁迫下 NCC Spd 和 NCC Spm 的升高，而对洛麦 22 的这两种结合态多胺影响不大；MGBG 处理则显著抑制了洛麦 22

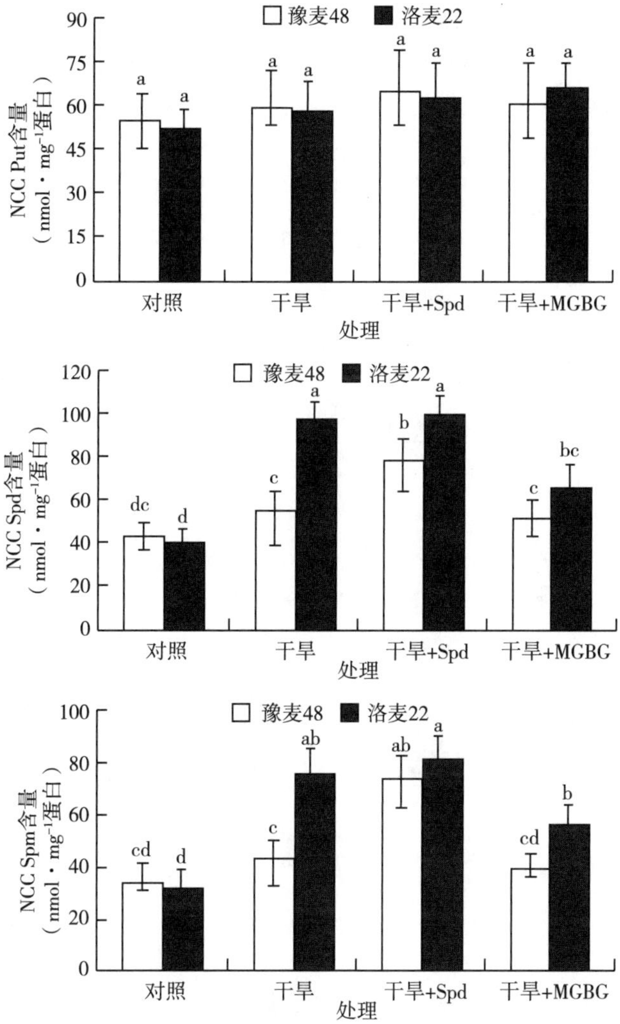

图 4-10　干旱胁迫、外源 Spd 和 MGBG 对发育小麦籽粒胚质膜上 NCC PAs 含量的影响（Du 等，2015）

干旱胁迫所诱导的 NCC Spd 和 NCC Spm 的升高，但 MGBG 对豫麦 48 的 NCC Spd 和 NCC Spm 含量影响不大。用小麦根、玉米胚的实验研究也得到了同样的结论（刘怀攀，2004；Du 等，2022）。

3. 干旱胁迫下质膜上 CC PAs 含量的变化

干旱胁迫下，豫麦 48 和洛麦 22 这两个品种的 CC Put 和 CC Spd 能被检测到，而 CC Spm 可能因为含量太低检测不到。通过检测发现，干旱胁迫引起洛麦 22 的 CC Put 和 CC Spd 明显上升，而对豫麦 48 的影响较小。o－Phen 处理则抑制了两个品种干旱所诱导的 CC Put 和 CC Spd 水平的上升，并且 o－Phen 处理对洛麦 22 的影响较为显著，如图 4－11 所示。用小麦根、玉米胚的实验研究也得到了类似的结论（刘怀攀，2004；Du 等，2022）。

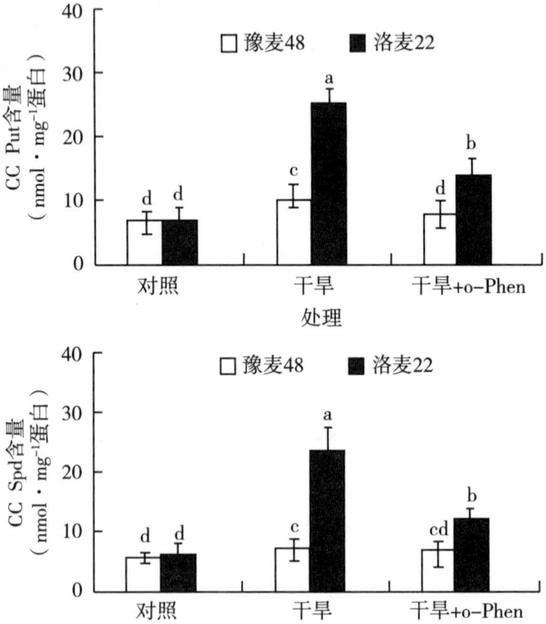

图 4－11　干旱胁迫和 o－Phen 对发育小麦籽粒胚质膜上 CC PAs 含量的影响（Du 等，2015）

二、质膜上的 H^+－ATPase 和干旱胁迫

细胞在与外界环境胁迫的反应中，其质膜发挥着关键作用，而质膜上 H^+-ATPase 的意义更为重要，它通过水解 ATP 把质子 H^+ 泵出细胞外（Sze，1985），从而造成跨细胞膜的质子浓度梯度，也成为质子动力势，对植物正常

环境和逆境胁迫下的生长发育发挥了主要作用。例如，跨膜主动次级运输、细胞质 pH 稳定和细胞紧张度等（Michelet，Boutry，1995）。质膜上 H^+-ATPase 属于 *P* 型，含有三部分结构域（磷酸酶、构象转化和激酶结构域），在发挥功能过程中常常形成一个磷酸化中间产物（Vara，Serrano，1983）。它的*C*-末端包含一段自抑区域，用壳酸孢菌素或胰蛋白酶处理则可去掉自抑区域，从而使酶激活（Johansson 等，1993）。此酶也可被许多因子在转录前、转录过程中和转录后等多种水平上调节。例如，该酶可被磷脂激酶、cGMP、生长素、钙离子、光等调节（Rabiti 等，1998；Sze，1985；Michelet，Boutry，1995），该酶活性及自身的基因表达受环境胁迫（盐、干旱、冷等）影响，并参与到对这些逆境胁迫的适应过程（Janicka-Russak 等，2012）。

目前有关质膜 H^+-ATPase 与干旱胁迫关系的研究结果不太一致，存在着分歧。多数研究认为水分胁迫可诱导质膜 H^+-ATPase 上升。例如，Hu 等（1993）研究发现水分胁迫可以诱导玉米叶片生长区的质膜 H^+-ATPase 活性升高；Surowy 和 Boyer（1991）也报道了大豆根尖质膜在低水势下其 H^+-ATPase 基因可以提高表达近 6 倍。尽管如此，也有观点相反的研究报道。例如，Sailerova 和 Zwiazek（1993）报道了白桦树针叶在水分胁迫下，其质膜 H^+-ATPase 活性被抑制；Qiu（1999）报道了水分胁迫通过影响质膜的物理状态降低了小麦根尖质膜 H^+-ATPase 水解活性；Qiu 和 Zhang（1998）则报道了大豆水分胁迫下，上胚轴的质膜 H^+-ATPase 磷酸酶的结构域脱磷酸化的过程受到影响，从而降低其活性。由此可见，水分胁迫下，植物细胞质膜 H^+-ATPase 的活性变化可能随着植物的不同种类、不同组织、不同器官、不同生长发育状况，酶的激活、水解 ATP 活性、最终的泵质子 H^+ 机制上都会表现出不同差异性，当然与水分胁迫程度和持续时间都有一定的关系。我们的研究结果发现两个品种的小麦发育籽粒胚细胞质膜 H^+-ATPase 活性在干旱胁迫下均升高（图 4-12），但是从差异性显著统计分析上看，初步说明抗旱性越强的品种，其胚细胞质膜 H^+-ATPase 活性更强。为了验证，又做了外源多胺和抑制剂的实验，结果表明，干旱胁迫的同时外施 Spd 促进了豫麦 48 的胚质膜 H^+-ATPase 活性的升高，而对洛麦 22 没有影响；干旱胁迫的同时外施抑制剂 MGBG 或者 o-Phen，均对豫麦 48 的胚质膜 H^+-ATPase 活性影响不大，而这两种影响多胺合成的抑制剂则显著影响了干旱胁迫对洛麦 22 的胚质膜 H^+-ATPase 活性诱导效应。从以上这些结果不难看出，外施多胺和多胺生物合成的抑制剂不仅影响到了胚质膜上非共价结合态和共价结合态的多胺水平，也影响到了胚细胞质膜 H^+ - ATPase 的活性。用小麦苗期的实验研究也得到了同样的结论（刘怀攀，2004）。

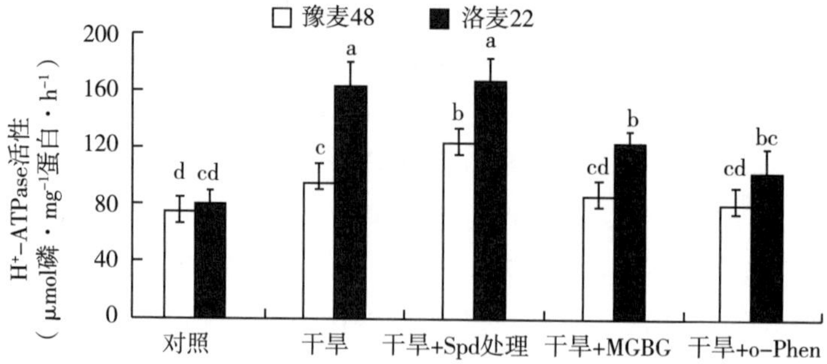

图 4 - 12 干旱胁迫、外源 Spd、抑制剂（MGBG 和 o - Phen）对发育小麦籽粒胚质膜 H^+ - ATPase 活性的影响（Du 等，2015）

三、干旱胁迫下小麦胚质膜上结合态多胺的意义探讨

1. 质膜上的两种结合态多胺与干旱胁迫

多数文献报道多胺参与植物对各种非生物逆境胁迫的适应过程（Grzesiak 等，2013；Li 等，2015），多数研究者认为在正常的生理 pH 范围内，多胺带正电荷，呈现多聚阳离子特性，可以与细胞内的核酸、酸性蛋白质和膜磷脂等靠静电而结合成 NCC PAs（Gupta 等，2013），发挥重要生理功能。例如，Dutra 等（2013）认为由于 Spd 和 Spm 比 Put 在正常生理条件下，能携带更多的正电荷，所以，可以更容易与细胞内的酸性蛋白质和膜磷脂静电结合。虽然目前研究尚不能确定逆境胁迫下 Put 升高的意义，但是普遍认为植物在对逆境胁迫的适应过程中，Spd 和 Spm 发挥着正面的积极意义（Yamaguchi 等，2007；Kubis，2008）。我们的研究结果也显示干旱胁迫引起了抗旱性强的洛麦 22 的胚质膜上 NCC Spd 和 NCC Spm 升高幅度明显大于抗旱性弱的豫麦 48（图 4 - 10），提示 NCC Spd 和 NCC Spm 可能参与到灌浆期发育籽粒的胚对干旱胁迫的适应过程中。

Del Duca 等（1995）报道多胺可以与细胞质膜上的蛋白质在 TGase 作用下形成 CC PAs，从而在逆境胁迫下稳定蛋白质的构象、保护其功能。我们的研究也发现干旱胁迫引起抗旱性强的洛麦 22 的胚质膜上 CC Put 和 CC Spd 水平显著上升（图 4 - 11），提示了这两种结合态多胺可能也参与到胚对干旱胁迫的适应过程中。用 o - Phen 处理洛麦 22，不仅抑制了胚质膜上 CC Put 和

CC Spd 水平的上升（图 4－11），而且加剧了干旱胁迫伤害。

2. 干旱胁迫下胚质膜上的两种共价结合态多胺与膜 H^+－ATPase 的关系

上述讨论中，说明了胚质膜上非共价结合态的 Spd 和 Spm 及共价结合态的 CC 和 Spd 有利于增强胚对干旱胁迫的适应能力，为了深入探讨其机理，我们检测了胚质膜 H^+－ATPase 的活性。检测发现，质膜 H^+－ATPase 也参与到胚对干旱胁迫的逆境适应过程，因为干旱胁迫导致抗旱性强的洛麦 22 胚质膜 H^+－ATPase 活性显著升高，而抗旱性弱的豫麦 48 则变化不大（图 4－12），并且发现胚质膜 H^+－ATPase 活性若降低，抗旱能力也随着下降。杨建昌等（1998）研究了杂交稻发育籽粒中 ATPase 的活性，研究表明籽粒中的 ATP 酶活性可以促进物质运转和籽粒充实，并且 ATP 酶活性与灌浆速率成正相关。他们的研究仅仅停留在整个发育的籽粒水平上，而没有深入到细胞内部，在亚显微水平上区分不同的膜系统上的 H^+－ATPase，所以检测的 ATPase 活性是各种 H^+－ATPase 的综合，包含质膜 H^+－ATPase（属于 *P*－型质子泵）、液泡膜 H^+－ATPase（属于 *V*－型质子泵）及线粒体 H^+－ATPase（属于 *F*－型质子泵）。即便如此，我们也能从他们的研究结果中得到启发，即发育籽粒细胞内 ATPase 的活性对于促进光合作用产物向籽粒中的正常运转具有非常重要的意义。这不仅涉及光合作用同化产物从“源”到“库”运输的动力问题，也涉及被运输到籽粒后能否被顺利“卸载”的问题。

胚作为籽粒的重要器官，胚的良好发育不仅影响到未来用于繁殖的种子质量，而且对光合作用同化产物的运输和籽粒充实起着至关重要的作用。胚质膜上的 H^+－ATPase 活性对于胚在干旱胁迫下的正常发育和顺利灌浆以提高产量起着基础性作用。干旱胁迫下发育胚细胞质膜 H^+－ATPase 活性的提高，形成了跨质膜的质子浓度梯度（细胞外的质子浓度高于细胞质），这样一方面有利于光合作用产物，如蔗糖和质子靠同向运输体被主动运输到细胞内，在细胞内积累蔗糖，也可能在细胞内积累其他溶质，降低细胞水势；另一方面有利于在干旱条件下保证细胞吸水，抵御干旱，维持其正常的生长发育。有许多研究证明了多胺可以促进细胞膜上一些重要酶的活性（Janicka－Russakn 等，2010）和提高膜上 Ca^{2+} 和 K^+ 离子通道功能（Zepeda－Jazo 等，2011）。统计分析表明，干旱胁迫下，胚质膜上 NCC Spd 和 NCC Spm 总量与质膜 H^+－ATPase 活性呈极显著正相关性；质膜上的 CC Put 和 CC Spd 总量与质膜 H^+－ATPase 活性呈显著正相关性。综合以上这些研究，干旱胁迫下，胚质膜 NCC Spd 和 NCC Spm 及 CC Put 和 CC Spd 对质膜 H^+－ATPase 的活性维持有着重要意义。

先来分析 NCC Spd 和 NCC Spm 对质膜 H^+ - ATPase 活性的意义。植物在长期的自然选择过程中，Spd 和 Spm 靠它们带较多的正电荷而比 Put 更容易结合在质膜的 H^+ - ATPase 蛋白（质膜 H^+ - ATPase 在正常的生理 pH 范围内带负电荷）上从而影响此酶的构象和功能。质膜 H^+ - ATPase 的 *C*-末端有一段起自我抑制的结构域，在调节酶活性方面起重要作用，并且促进酶活性的调节因子很可能就把这个结构域作为结合到酶上的靶位点。例如，一个重要的调节因子 14 - 3 - 3 蛋白就结合在酶的这个结构域的酸性氨基酸残基上。14 - 3 - 3蛋白的第 8 环带负电荷，所以带较多正电荷的 Spd 和 Spm 能结合在 14 - 3 - 3 蛋白的第 8 环上，从而中和了第 8 环负电特性（Athwal，Huber，2002），以便 14 - 3 - 3 蛋白靠第 8 环结合在 H^+ - ATPase 的 *C*-末端带有酸性氨基酸的自抑结构域上，从而激活酶蛋白。Garufi 等（2007）、Shen 和 Huber（2006）的研究也表明，在各种多胺中，Spm 能最有效地促进质膜 H^+ - ATPase活性，并且这种调节作用常常伴随着与此酶有关的 14 - 3 - 3 蛋白水平的升高。当然，也有相反观点的报道，认为多胺能降低南洋杉悬浮细胞的体胚发生的质膜 H^+ - ATPase 活性（Dutra 等，2013）。这种分歧可能归因于不同的品种、器官、组织、生育阶段。虽然目前为止还没有学者提出多胺调节质膜 H^+ - ATPase 活性的准确反应模型，但是从大量研究证实，这种调节作用不仅涉及多胺的多聚阳离子特性和 14 - 3 - 3 蛋白的参与，而且涉及了磷酸化的级联放大。例如，Camoni 等（2012）的研究表明，磷脂酸与 14 - 3 - 3 蛋白的结合能影响到质膜 H^+ - ATPase 活性的激活。Spd 和 Spm 靠它们带的正电荷除了能与酸性蛋白质结合外，还可以与质膜的带负电荷的磷脂组分非共价结合，这种结合会影响到膜的物理状态等构象改变，而膜的物理状态的改变也会影响到膜 H^+ - ATPase 活性的改变（Zhang 等，2002）。

至于 CC PAs，有研究报告多胺通过共价结合在叶绿体的二磷酸核酮糖羧化酶的大亚基、叶绿素和天线蛋白复合体的谷酰残基上，形成蛋白质- Glu - PAs 和蛋白质- Glu - PAs -蛋白质（Del Duca 等，1995）。所以可以推测，在干旱胁迫下，Put 和 Spd 与质膜 H^+ - ATPase 共价结合，形成蛋白质- Glu - Put(Spd)和蛋白质- Glu - Put(Spd)-蛋白质防止酶蛋白因失水而导致构象的扭曲破坏，起到稳定此酶构象的作用，从而也保护了干旱胁迫下的酶活性。

所以，干旱胁迫下这些共价与非共价结合态多胺在植物细胞质膜上的积累可能在维持蛋白酶活性稳定，甚至在维持质膜结构稳定方面发挥重要作用。

参考文献

刘怀攀，2004. 渗透胁迫下小麦幼苗体内多胺形态、定位与功能［D］. 南京：南京农业大学.

杨建昌，王志琴，郎有忠，等，1998. 亚种间杂交稻发育籽粒中 ATP 酶活性及其调节［J］. 扬州大学学报（自然科学版），1（1）：13－17.

ATHWAL G S，HUBER S C，2002. Divalent cations and polyamines bind to loop－8 of 14－3－3 proteins，modulating their interaction with phosphorylated nitrate reductase［J］. The Plant Journal，29：119－129.

CAMONI L，LUCENTE C D，PALLUCCA R，et al.，2012. Binding of phosphatidic acid to 14－3－3 proteins hampers their ability to activate the plant plasma membrane H^+－ATPase［J］. IUBMB Life，64：710－716.

DEL DUCA S，BENINATI S，SERAFINI－FRACASSINI D，1995. Polyamines in chloroplasts：identification of their glutamyl and acetyl derivatives［J］. The Biochemical Journal，305：233－237.

DU H Y，LIU X，LIU G T，et al.，2022. Conjugated polyamines are involved in conformation stability of plasma membrane from maturing maize grain embryos under drought stress［J］. Environmental and Experimental Botany，194：104726.

DU H Y，ZHOU X G，YANG Q H，et al.，2015. Changes in H^+－ATPase activity and conjugated polyamine contents in plasma membrane purified from developing wheat embryos under short－time drought stress［J］. Plant Growth Regulation，75（1）：1－10.

DUTRA NT，SILVEIRA V，AZEVEDO I G，et al.，2013. Polyamines affect the cellular growth and structure of pro－embryogenic masses in Araucaria angustifolia embryogenic cultures through the modulation of proton pump activities and endogenous levels of polyamines［J］. Physiologiae Planturam，148：121－132.

GARUFI A，VISCONTI S，CAMONI L，et al.，2007. Polyamines as physiological regulators of 14－3－3 interaction with the plant plasma membrane H^+－ATPase［J］. Plant and Cell Physiology，48：434－440.

GRZESIAK M，FILEK M，BARBASZ A，et al.，2013. Relationships between polyamines，ethylene，osmoprotectants and antioxidant enzymes activities in wheat seedlings after short－term PEG－and NaCl－induced stresses［J］. Plant Growth Regulation，69：177－189.

GUPTA K，DEY A，GUPTA B，2013. Plant polyamines in abiotic stress responses［J］. Acta Physiologiae Plantarum，35：2015－2036.

HU Z L，LI L，JIN J H，et al.，1993. The stimulatory effect of water stress on the plasma membrane H^+－ATPase activity in the growing zone of maize leaves［J］. Acta Phytophysic Sinic，19：124－130.

JANICKA－RUSSAK M.，KABAŁA K，WDOWIKOWSKA A，et al.，2012. Response of plasmamembrane H^+ - ATPase to low temperature in cucumber roots [J]. Journal of Plant Research, 125: 291 - 300.

JANICKA - RUSSAKN M, KABA K, EWA M, et al., 2010. The role of polyamines in the regulation of the plasma membrane and the tonoplast proton pumps under salt stress [J]. Journal of Plant Physiology, 167: 261 - 269.

JOHANSSON F, SOMMARIN M, LARSSON C, 1993. Fusicoccin activates the plasma membrane H^+ - ATPase by a mechanism involving the *C* - terminal inhibitory domain [J]. Plant Cell, 5: 321 - 327.

KUBIS J, 2008. Exogenous spermidine differentially alters activities of some scavenging system enzymes, H_2O_2 and superoxide radical levels in water - stressed cucumber leaves [J]. Journal of Plant Physiology, 165: 397 - 406.

LI Z, ZHOU H, PENG Y, et al., 2015. Exogenously applied spermidine improves drought tolerance in creeping bentgrass associated with changes in antioxidant defense, endogenous polyamines and phytohormones [J]. Plant Growth Regul, 76: 71 - 82.

MASGRAU C, ALTABLELLA T, FARRAS R, et al., 1997. Inducible overexpression of oat arginine decarboxylase in transgenic tobacco plants [J]. The Plant Journal, 11: 465 - 473.

MICHELET B, BOUTRY M, 1995. The plasma membrane H^+ - ATPase: a highly regulated enzyme with multiple physiological functions [J]. Plant Physiology, 108: 1 - 6.

QIU Q S, ZHANG N, 1998. Water stress inhibits *P* - nitrophenyl phosphate hydrolysis activity of the plasma membrane H^+ - ATPase from soybean hypocotyls [J]. Austian Journal of Plant Physiology, 27: 717 - 721.

QIU Q S, 1999. The influence of osmotic stress on the lipid physical states of plasma membranes from wheat roots [J]. Acta Botanic Sinic, 41: 161 - 165.

RABITI A L, BETTI L, BORTOLOTTI G, et al., 1998. Shout - term polyamine response in TMV - inoculated hypersensitive and susceptible tobacco plants [J]. New Phytologist, 139: 549 - 553.

SAILEROVA E, ZWIAZEK J J, 1993. Effects of triadimefon and osmotic stress on the plasma membrane composition and ATPase activity in the white spruce (*Picea Glauca*) needles [J]. Physiologiae Planturam, 87: 475 - 482.

SHEN W, HUBER S C, 2006. Polycations globally enhance binding of 14 - 3 - 3ω to target proteins in spinach leaves [J]. Plant and Cell Physiology, 47: 764 - 771.

SUROWY T K, BOYER J S, 1991. Low water potentials affect expression of genes encoding vegetative storage proteins and plasma membrane protein ATPase in soybean [J]. Plant Molecular Biology, 16: 251 - 262.

SZE H, 1985. H^+ - translocating ATPase: advances using membrane vesicles [J]. Annual Review Plant Physiology, 36: 175 - 208.

VARA F, SERRANO R, 1983. Phosphorylated intermediate of the ATPase of plant plasma membranes [J]. Journal of Biological Chemistry, 258: 5334 - 5336.

YAMAGUCHI K, TAKAHASHI Y, BERBERICH T, et al., 2007. A protective role for the polyamine spermine against drought stress in Arabidopsis [J]. Biochemical and Biophysical Research Communications，352：486 - 490.

ZEPEDA - JAZO I，VELARDE - BUENDIA A M，ENRIQUEZ - FIGUEROA R，et al.，2011. Polyamines interact with hydroxyl radicals in activating Ca^{2+} and K^{+} transport across the root epidermal plasma membranes [J]. Plant Physiology，157：1 - 14.

ZHANG W H，CHEN Q，LIU Y L，2002. Relationship between H^{+} - ATPase activity and fluidity of tonoplast in barley roots under NaCl stress [J]. Acta Botanic Sinic，44：292 - 296.

第三节　液泡膜上的结合态多胺与植物抗旱性

因为成熟大液泡几乎要占到整个细胞体积的 90%，因此相对细胞质来说，液泡对细胞的生长似乎更为重要。近年来，越来越多的研究植物学的学者们关注液泡的多重功能，液泡的功能涉及细胞多种成分再循环、细胞膨胀度调节、清除毒害物质及累积有用的物质等。特别是植物在对各种类型环境胁迫反应过程中，液泡起着关键作用。研究发现，液泡膜上有感受环境变化的敏感位点，此位点可以感受环境胁迫严重程度，并且还能激发下游一系列的生理生化反应以便适应变化的环境（Dietz 等，2001）。因为植物对任何变化环境的适应性或者抗逆性最终都要表现为细胞的自我平衡，完整液泡膜结构及稳定的液泡功能对于维持细胞自体平衡至关重要，因此细胞液泡结构和功能的研究应引起特别注意。

一、液泡上 H^{+} - ATPase 和 H^{+} - PPase 的研究

近年来，液泡膜上的两个质子泵包括 H^{+} - ATPase 和 H^{+} - PPase，引起学者们的广泛关注，有关这两种酶的分子特征文献材料累积得越来越多（章文华等，2004）。但是关于干旱胁迫对这两种酶活性影响的研究较为少见，而且研究者多以 PEG 渗透胁迫模拟自然干旱，研究结果也不太一致。Shantha 等（2001）用两种材料玉米（对渗透胁迫较为敏感）和珍珠谷（对渗透胁迫不敏感）研究发现，渗透胁迫下，抗渗透胁迫能力强的珍珠谷可以维持较高的液泡膜质子泵活性，从而能在胁迫时维持液泡膜的跨膜质子浓度梯度，而抗渗透胁迫能力弱的玉米，因为敏感植物材料玉米的根液泡膜质子泵活性的降低，从而导致跨液泡膜质子梯度降低和液泡明显碱化。该研究的遗憾之处是，虽然选用抗渗透能力有显著差异的植物材料，但是选用的两种植物材料的亲缘关系比较远。Wang 等（2001）用抗渗透胁迫能力较强的碱蓬为材料，研究发现，渗透胁迫处理 8d，引起了液泡膜 H^{+} - PPase 的活性显著下降，而液泡膜 H^{+} -

ATPase的活性则没有出现显著性变化，说明液泡膜 H^+ - ATPase 在渗透胁迫的活性稳定似乎比液泡膜 H^+ - PPase 更为重要。Vera - Estrella 等（1999）的研究报道与上述一致，他们诱导出冰叶日中花的耐盐细胞系，渗透胁迫处理，其液泡膜 H^+ - ATPase 的活性维持稳定，有利于增强抗性。Colombo 和 Cerana（1993）对胡萝卜盐胁迫的研究结果则表明，山梨醇渗透胁迫下，液泡膜 H^+ - PPase 的活性保持稳定，并且具有重要意义。虽然以上这些研究所用材料和得出的结论不太一致，但是可以概括出这些研究的共同观点，即胁迫条件下，液泡膜 H^+ - ATPase 和 H^+ - PPase 活性的相对稳定利于细胞在胁迫下的生存。

二、多胺与液泡膜上的离子通道

有相关研究报道多胺与液泡膜上一些离子通道的关系。例如，Dobrovinskaya 等（1999）研究发现，因为不同种类的多胺在结构上的差异，从而在抑制液泡膜离子通道的能力方面表现出明显差异性。Liu 等（2000）研究发现，蚕豆叶片保卫细胞中的多胺可以调节内流 K^+ 离子通道，并且也发现在不同的胁迫条件下，不同的多胺调节离子通道的状况不同。

三、液泡膜上 H^+ - ATPase 和 H^+ - PPase 活性与干旱胁迫

如前所述，大量研究表明，胁迫条件下液泡膜 H^+ - ATPase 和 H^+ - PPase 活性的相对稳定利于增强细胞的生存能力。我们研究发现，干旱胁迫下，抗旱性差的豫麦 48 发育籽粒幼胚细胞液泡膜两种质子泵（H^+ - ATPase 和 H^+ - PPase）的活性显著下降，但是抗旱性强的洛麦 22 的两种质子泵活性则无明显变化（图 4 - 13），据此可以推测，H^+ - ATPase 和 H^+ - PPase 活性在干旱胁迫下保持稳定对于增强胚的抗性、维持其正常发育具有积极意义。下面的一系列实验结果都从不同侧面支持了这一论点：用外源 Spd 处理，不仅显著抑制了干旱胁迫下豫麦 48 胚细胞液泡膜 H^+ - ATPase 与 H^+ - PPase 活性的下降（图 4 - 13），而且显著提高了对干旱胁迫的抗性（杜红阳，2015）；干旱胁迫下，再用抑制剂 MGBG（或者 o - Phen）处理洛麦 22，则不仅明显促进了胁迫条件下 H^+ - ATPase 与 H^+ - PPase 活性的下降，而且也明显降低了抗性（杜红阳，2015），不利于胚的正常发育和生长。本研究结果与前人的结果是一致的。在小麦授粉后的灌浆期，籽粒的含水量急剧增加，所以，从籽粒形成到灌浆前期，对水分亏缺极其敏感，这段时间籽粒和胚乳迅速发育，胚的

发育质量好坏不仅影响光合作用产物从叶片“源”到胚乳“库”的顺利运转，而且也影响到未来的种子质量，胚乳的良好发育，胚乳的细胞数目快速增加，为形成籽粒潜在库容，增加产量打下基础。所以，此期的水分供应至关重要，很多地区的小麦产量下降与此期的水分亏缺有关。在长期的自然选择过程中，小麦品种也发生变异与分化，长期在干旱地区生长的小麦，为了维持生命和繁殖，细胞的结构渐渐改变以适应干旱胁迫，其中干旱胁迫下液泡作为植物细胞特有的细胞器，具有临时储存物质，特别是积累可溶性物质以降低水势，保证细胞持续吸水，维持细胞膨压稳定性的作用，在直接控制膜电性质、膜对物质的吸收与运输、保持细胞形态等方面扮演着重要角色。膜上结合的两种质子泵在干旱胁迫下发挥了重要功能。细胞靠 H^+-ATPase、H^+-PPase 水解 ATP 和焦磷酸，维持跨液泡膜的质子浓度梯度，为后续的逆向和同向跨液泡膜物质运输提供动力，从而为细胞吸水、维持细胞的膨压和形态奠定基础。所以，干旱胁迫下 H^+-ATPase 和 H^+-PPase 的功能维持就显得尤为重要。抗干旱能力强的小麦品种在干旱胁迫时细胞的一系列生理生化反应机理改变，液泡膜的 H^+-ATPase 和 H^+-PPase 活性稳定；而抗旱能力弱的品种，H^+-ATPase 和 H^+-PPase 的活性明显下降。那么，干旱胁迫下 H^+-ATPase 和 H^+-PPase 活性的稳定与哪些因素有关呢？接下来研究液泡膜上的结合态多胺的变化。以玉米幼苗（刘怀攀，2006）为材料，也取得了一致的研究结果。

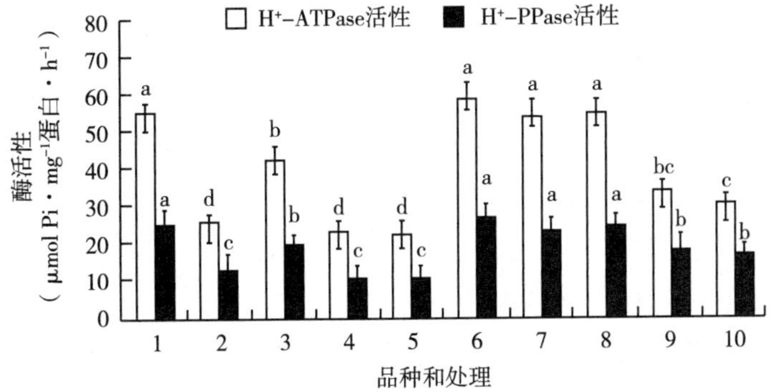

图 4-13　干旱胁迫、外源 Spd、抑制剂 MGBG 和 o-Phen 对小麦发育籽粒幼胚液泡膜上 H^+-ATPase 和 H^+-PPase 的活性影响

注：柱上的小写字母代表对 H^+-ATPase 和 H^+-PPase 的差异性显著分析结果，横坐标数字代表不同的品种和不同的处理，1 为豫麦 48 对照，2 为豫麦 48 干旱，3 为豫麦 48 干旱+Spd，4 为豫麦 48 干旱+MGBG，5 为豫麦 48 干旱+o-Phen，6 为洛麦 22 对照，7 为洛麦 22 干旱，8 为洛麦 22 干旱+Spd，9 为洛麦 22 干旱+MGBG，10 为洛麦 22 干旱+o-Phen。

当然，从图 4－13 还可以明显看出，不论是抗旱性强的洛麦 22 还是抗旱性弱的豫麦 48，二者正在灌浆期发育的幼胚液泡膜 H^+－ATPase 活性都是 H^+－PPase 活性的 2 倍多，说明二者对跨液泡膜的质子浓度梯度的贡献大小是明显不同的。

四、液泡膜上结合态多胺含量与干旱胁迫

1. 液泡膜上 NCC PAs 含量与干旱胁迫

两个小麦品种的发育幼胚细胞液泡膜上的两种 NCC PAs（NCC Put 和 NCC Spd）可以被检测到，NCC Spm 的含量可能太低而未被检测到。从表 4－1可以看出，干旱胁迫下，两个小麦品种的胚细胞液泡膜上的 NCC Put 和 NCC Spd 水平都上升，抗旱性强的洛麦 22 NCC Spd 水平上升到对照的 2 倍，抗旱性弱的豫麦 48 升高幅度不大。但是对于 NCC Put 而言，情况正好相反，豫麦 48 的干旱胁迫下 NCC Put 水平是对照的 3 倍多，而洛麦 22 的 NCC Spd 水平达到对照的 2 倍多。从 NCC Spd 和 NCC Put 的比值上看，干旱胁迫明显降低了豫麦 48 的这一比值，而对洛麦 22 的比值几乎没有影响。外源 Spd 处理因为显著提高了干旱胁迫下豫麦 48 液泡膜的 NCC Spd 水平，并且对其 NCC Put 的影响不大，所以使 NCC Spd 和 NCC Put 的比值在干旱胁迫的 0.64 上升到 1.41；外源 Spd 处理对干旱胁迫下洛麦 22 的 NCC Put 和 NCC Spd 水平及比值影响不大，说明干旱胁迫下，抗旱性强的品种能实现 fPut 向 fSpd 的转化，并且这种转化反应达到一个平衡点，从而形成液泡膜上一定的 NCC Put 和 NCC Spd。MGBG 处理则明显抑制了干旱胁迫所诱导的 NCC Spd 水平上升，并且促进干旱胁迫所诱导的 NCC Put 水平的上升，所以显著降低了 NCC Spd 和 NCC Put 的比值；MGBG 处理对干旱胁迫下的豫麦 48 这两种多胺含量影响不大，使其 NCC Spd 和 NCC Put 的比值从 0.64 下降到 0.62。

2. 胚细胞液泡膜上 CC PAs 与干旱胁迫

两个小麦品种的发育幼胚细胞液泡膜上的 CC Put 可以被检测到，CC Spd 和 CC Spm 的含量可能因为太低而未被检测到。从表 4－2 可以看出，干旱胁迫下，两个小麦品种的胚细胞液泡膜上的 CC Put 水平都上升，抗旱性强的洛麦 22 的 CC Put 水平上升到对照的 2 倍多，抗旱性弱的豫麦 48 与对照相比升高幅度不明显。o－Phen 明显抑制了干旱胁迫所诱导的洛麦 22 膜上 CC Put 水平的上升（从显著差异性分析的 a 降到 b）。该抑制剂对干旱胁迫下豫麦 48 的膜上 CC Put 水平影响不大，这可能是因为干旱胁迫对其 CC Put 水平的影响本来就不显著。

表 4-1　干旱胁迫、外源 Spd 和抑制剂 MGBG 对小麦发育籽粒幼胚细胞液泡膜上 NCC PAs 含量的影响

品种	处理	NCC PAs 含量（nmol・mg^{-1}蛋白）		
		NCC Put	NCC Spd	NCC Spd/NCC Put
豫麦 48	对照	0.83±0.09 e	1.31±0.21 e	1.58
	干旱	2.69±0.18 b	1.71±0.23d	0.64
	干旱+Spd	2.85±0.31 a	4.01±0.37 a	1.41
	干旱+MGBG	2.98±0.36 a	1.86±0.19d	0.62
洛麦 22	对照	0.79±0.07 e	1.31±0.15 e	1.66
	干旱	1.67±0.15d	2.75±0.25 c	1.65
	干旱+Spd	2.17±0.19 c	3.46±0.41 b	1.59
	干旱+MGBG	2.57±0.19d	1.83±0.16d	0.71

注：表中数据后的小写字母代表差异性显著分析结果，下同。

表 4-2　干旱胁迫和抑制剂 o-Phen 对小麦发育籽粒幼胚细胞液泡膜上 CC Put 含量的影响

品种	处理	CC Put 含量（nmol・mg^{-1}蛋白）
豫麦 48	对照	0.15±0.01 c
	干旱	0.19±0.04 bc
	干旱+o-Phen	0.18±0.03 bc
洛麦 22	对照	0.16±0.03 bc
	干旱	0.35±0.06 a
	干旱+o-Phen	0.21±0.05 b

五、液泡膜上 H^+-ATPase 和 H^+-PPase 的酶活性与其膜上结合态多胺水平的关系

上节讨论中提到，质膜上的非共价结合态多胺，无论是非共价结合在膜上的蛋白质上，还是结合在膜的磷脂组分上，都可能通过改变被结合组分的带电性质或者构象，从而影响被结合体的功能。那么液泡膜上的非共价结合态的多胺在干旱胁迫下的变化如何呢？本研究发现，干旱胁迫下，抗旱性强的品种洛麦 22 胚液泡膜上 NCC Spd 上升水平显著大于抗旱性弱的豫麦 48，而 NCC Put 的上升水平却明显小于豫麦 48（表 4-1），导致洛麦 22 的膜上 NCC Spd 与 NCC Put 的比值明显大于豫麦 48，这就提示了干旱胁迫下 NCC Spd 水平的

升高是有利于增强抗旱性的。外源 Spd 与抑制剂 MGBG 处理的实验结果也验证了这一说法。外源 Spd 的处理实验表明，在提高豫麦 48 胚细胞液泡膜上 NCC Spd 水平的同时，也显著改善了这个品种的抗旱能力；抑制剂 MGBG 处理则明显抑制了干旱胁迫下洛麦 22 胚液泡膜上 NCC Spd 水平的上升，同时加重了干旱胁迫的伤害。那么干旱胁迫下升高的 NCC Spd 水平与液泡膜的 H^+-ATPase 和 H^+-PPase 关系如何呢？从实验结果不难发现，无论是干旱胁迫还是干旱胁迫的同时施加外源 Spd 及抑制剂 MGBG，NCC Spd 水平的变化与 H^+-ATPase 和 H^+-PPase 的活性呈现出良好的一致性。例如，抗旱性强的洛麦 22 干旱胁迫时 NCC Spd 水平上升，H^+-ATPase 和 H^+-PPase 的活性稳定；干旱胁迫和 MGBG 同时处理洛麦 22，则 NCC Spd 水平下降，H^+-ATPase和 H^+-PPase 的活性也下降；干旱胁迫和外源 Spd 同时处理豫麦 48，则 NCC Spd 水平升高，H^+-ATPase 和 H^+-PPase 的活性也随着升高（表 4-1、图 4-13）。至于为何 NCC Spd 可以维持液泡膜 H^+-ATPase 和 H^+-PPase 活性的稳定，应该与上节讨论所涉及的论据是一样的。然而 Dobrovinskaya 等（1999）的研究结果说明膜上的有些蛋白的功能被 NCC PAs 所抑制。他们用同位素的示踪技术表明液泡膜上离子通道可被 NCC PAs 所抑制，表明液泡膜上存在多种类型的蛋白，它们发挥着不同的功能，不仅仅有质子，而且还有各种各样的跨膜载体及离子通道和其他蛋白质大分子等。这些不同的蛋白因为分子结构的不同，其功能作用的调节机制也应该是不同的。

参考文献

杜红阳，2015. 干旱胁迫下小麦发育籽粒胚细胞内结合态多胺功能［D］. 郑州：河南农业大学.

刘怀攀，2006. 渗透胁迫下玉米幼苗体内多胺功能初探［D］. 郑州：河南农业大学.

章文华，於丙军，陈沁，等，2004. NaCl 胁迫下大麦根系液泡膜 H^+-ATPase 活性受 ATP 和焦磷酸含量的调节（英文）［J］. 植物生理与分子生物学报，30：45-52.

COLOMBO R，CERANA R，1993. Enhanced activity of tonoplast pyrophatase in NaCl-grown cells of Daucus carota［J］. Journal of Plant Physiology，142：226-229.

DIETZ K J，TAVAKOLI N，KLUGE C，et al.，2001. Significance of the V-ATPase for the adaption to stressful growth conditions and its regulation on the molecular and biochemical level［J］. Journal of Experimental Botany，52：1969-1980.

DOBROVINSKAYA O R，MUÑIZ J，POTTOSIN I I，1999. Inhibition of vacuolar ion channels by polyamines［J］. Journal of Membrane Biology，167：127-140.

LIU K，FU H H，BEI Q X，et al.，2000. Inward potassium channel in guard cells as a target for polyamine regulation of stomatal movements [J]. Plant Physiology, 124: 1315-1325.

SHANTHA N, DIJKEMA C, AS H V, et al., 2001. Metabolic response of roots to osmotic stress in sensitive and tolerant cereals qualitative in vivo [31P] nuclear magnetic resonances study [J]. Indian Journal of Biochemistry and Biophysiology, 38: 149-152.

VERA-ESTRELLA R, BARKLA B J, BOHNERT H J, et al., 1999. Salt stress in *Mesembryanthemum crystallinum* L. cell suspensions activate adaptive mechanisms similar to those in the whole plant [J]. Planta, 207: 426-435.

WANG B S, LÜTTGE U, RATAJCZAK R, 2001. Effect of salt treatment and osmotic stress on V-ATPase and V-PPase in leaves of the halophyte Suaecla Salsa [J]. Journal of Experimental Botany, 52: 2355-2365.

第四节　线粒体膜结合态多胺与干旱胁迫

细胞学研究表明，线粒体是植物细胞内一种高效地将有机物中储存的能量转换为维持细胞生命活动的直接能源 ATP 的细胞器，膜呈现为封闭的双层单位膜结构。由于外膜相对于内膜的通透性高，而且内膜经过折叠并演化为表面极大扩增的内膜特化结构系统，所以，内膜在能量转换功能中起着主要作用（Baker 等，2019；Huang 等，2020）。

一、线粒体内膜上 ATPase 的研究

ATPase 是线粒体内膜上一个极为重要的功能蛋白大分子，它的主要功能是利用内膜电子传递链在传递电子的过程中所产生的跨内膜的质子浓度梯度合成 ATP，其头部耦联因子 F1 的 β 亚基的结合位点不仅具有催化 ATP 合成的功能，而且也有水解 ATP 的功能。所以说，虽然 ATP 合成是内膜 ATPase 的主要功能，但近年来的研究发现它能利用 ATP 水解而产生的能量，把线粒体基质中的质子重新泵到内外膜的间隙中，这样以便于在特殊情况下稳定跨内膜的质子浓度梯度（Machenzie，Mcintosh，1999；Downs，Meckathorn，1998）。特别是在逆境条件下，线粒体功能的恢复与维持是非常重要的（Fratianni 等，2001），稳定的跨内膜的质子浓度梯度是线粒体本身跨内膜的物质运输的基础，所以，ATPase 所催化的 ATP 的合成与水解是一个动态的平衡系统。水分胁迫及其他逆境胁迫下，这样的动态平衡极易被打破，那么 ATPase 的水解活性就显得格外重要。

二、细胞线粒体膜上 H^+ - ATPase 水解活性变化与干旱胁迫

从图 4 - 14 可以看出，干旱胁迫下，两个品种小麦发育籽粒胚细胞线粒体膜上 ATPase 的水解活性都下降，均达到差异性显著水平。用外源 Spd 处理，虽然对干旱胁迫下的洛麦 22 ATPase 水解活性没有产生显著效果，但是显著抑制了干旱胁迫下豫麦 48 ATPase 水解活性的下降，或者说提高了干旱胁迫下的豫麦 48 ATPase 水解活性。

干旱胁迫的同时，再用 MGBG 处理，则促进了干旱胁迫下两个品种 ATPase 水解活性的下降，对洛麦 22 的效果比豫麦 48 更加明显。干旱胁迫的同时，再用 o - Phen 处理，则显著促进了干旱胁迫下洛麦 22 ATPase 水解活性的下降，而对豫麦 48 的效果不明显。

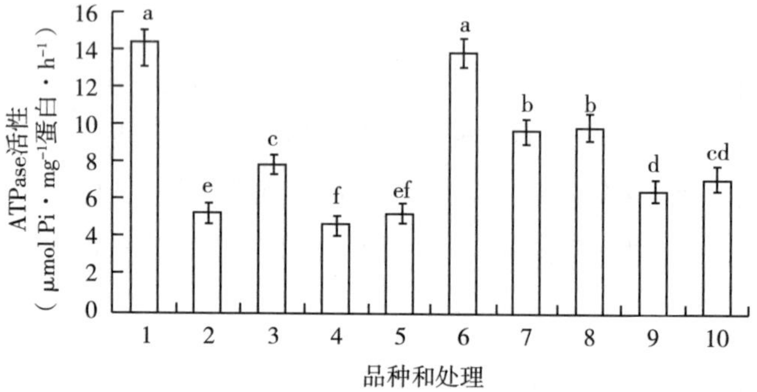

图 4 - 14　干旱胁迫、外源 Spd、抑制剂 MGBG 和 o - Phen 对小麦发育籽粒幼胚线粒体膜上 H^+ - ATPases 水解活性的影响（杜红阳，2015）

注：柱上的小写字母代表差异性显著分析结果，横坐标数字代表不同的品种和不同的处理，1 为豫麦 48 对照，2 为豫麦 48 干旱，3 为豫麦 48 干旱+Spd，4 为豫麦 48 干旱+MGBG，5 为豫麦 48 干旱+o - Phen，6 为洛麦 22 对照，7 为洛麦 22 干旱，8 为洛麦 22 干旱+Spd，9 为洛麦 22 干旱+MGBG，10 为洛麦 22 干旱+o - Phen。图 4 - 15 同。

三、线粒体内膜上结合态多胺含量变化与干旱胁迫

1. 线粒体内膜上 NCC PAs 含量变化与干旱胁迫

两个小麦品种的发育幼胚细胞线粒体内膜上的 NCC Put 和 NCC Spd 能被检测到，而 NCC Spm 的含量可能太低而未被检测到。从表 4 - 3 可以看出，干旱胁迫下，两个小麦品种的胚细胞线粒体内膜上的 NCC Put 和 NCC Spd 水平都上升，抗旱性强的洛麦 22 NCC Spd 水平上升到对照的将近 2 倍，抗旱性弱的豫麦 48 升高幅度不大；而豫麦 48 的干旱胁迫下 NCC Put 水平的升高幅

度明显大于洛麦22。从NCC Spd和NCC Put的比值来看，干旱胁迫明显降低了豫麦48的这一比值，对洛麦22的这一比值影响不大。外源Spd处理，因为显著提高了干旱胁迫下豫麦48线粒体内膜的NCC Spd水平，并且对其NCC Put的影响不大，所以，使得这个品种的NCC Spd和NCC Put比值在干旱胁迫的0.73上升到1.39；外源Spd处理对干旱胁迫下洛麦22的NCC Put和NCC Spd水平及比值影响不大。MGBG处理则明显抑制了干旱胁迫所诱导的洛麦22的NCC Spd水平上升，并且促进了干旱胁迫所诱导的NCC Put水平的上升，所以显著降低了该品种NCC Spd和NCC Put的比值；MGBG处理对干旱胁迫下的豫麦48这两种多胺水平影响不大，所以，对其NCC Spd和NCC Put的比值影响也不大。

表4-3 干旱胁迫、外源Spd和抑制剂MGBG对小麦发育籽粒幼胚细胞线粒体内膜上NCC PAs含量的影响（杜红阳，2015）

品种	处理	NCC PAs含量（nmol·mg^{-1}蛋白）		NCC Spd/NCC Put
		NCC Put	NCC Spd	
豫麦48	对照	0.73±0.07c	1.27±0.09d	1.74
	干旱	2.33±0.21a	1.71±0.18c	0.73
	干旱+Spd	2.57±0.23a	3.58±0.29a	1.39
	干旱+MGBG	2.61±0.25a	1.61±0.15c	0.62
洛麦22	对照	0.63±0.07c	1.19±0.13d	1.89
	干旱	1.55±0.13b	2.39±0.21b	1.54
	干旱+Spd	1.59±0.15b	3.51±0.31a	2.21
	干旱+MGBG	1.69±0.16b	1.78±0.15c	1.05

2. 线粒体内膜上CC PAs含量变化与干旱胁迫

两个小麦品种的发育幼胚细胞线粒体内膜上的CC Put可以被检测到，CC Spd和CC Spm的含量可能太低而未被检测到。从表4-4可以看出，干旱胁迫下，两个小麦品种的胚细胞线粒体内膜上的CC Put水平都上升，抗旱性强的洛麦22的CC Put水平上升到对照的2倍多，抗旱性弱的豫麦48与对照相比升高幅度不明显。o-Phen明显抑制了干旱胁迫所诱导的洛麦22膜上CC Put水平的上升。该抑制剂对干旱胁迫下豫麦48的膜上CC Put水平影响不大。

表 4-4　干旱胁迫和抑制剂 o-Phen 对小麦发育籽粒幼胚细胞线粒体内膜上 CC Put 含量的影响（杜红阳，2015）

品种	处理	CC Put 含量（nmol·mg^{-1}蛋白）
豫麦 48	对照	3.14±0.29d
	干旱	3.66±0.31 cd
	干旱+o-Phen	3.73±0.33 c
洛麦 22	对照	3.19±0.29d
	干旱	6.49±0.59 a
	干旱+o-Phen	4.55±0.41 b

四、线粒体膜上巯基含量变化和干旱胁迫

由图 4-15 可以看出，干旱胁迫下，两个品种小麦发育籽粒胚细胞线粒体膜蛋白上的巯基含量都下降，抗旱性弱的豫麦 48 的下降幅度明显大于抗旱性强的洛麦 22。用外源 Spd 处理，虽然对干旱胁迫下的洛麦 22 巯基含量没有产生显著效果，但是显著抑制了干旱胁迫下豫麦 48 巯基含量的下降，或者说提高了干旱胁迫下豫麦 48 的巯基含量。干旱胁迫的同时，再用 MGBG 处理，则明显促进了干旱胁迫下两个品种巯基含量的下降。干旱胁迫的同时，再用 o-Phen处理，则显著促进了干旱胁迫下洛麦 22 巯基含量的下降，而对豫麦 48 的效果不明显。这些结果说明，干旱胁迫、外源的 Spd、抑制剂 MGBG 和 o-Phen 处理，两个品种小麦发育籽粒胚细胞线粒体内膜蛋白上的巯基含量变化与内膜上的 ATPase 水解活性变化基本是一致的。

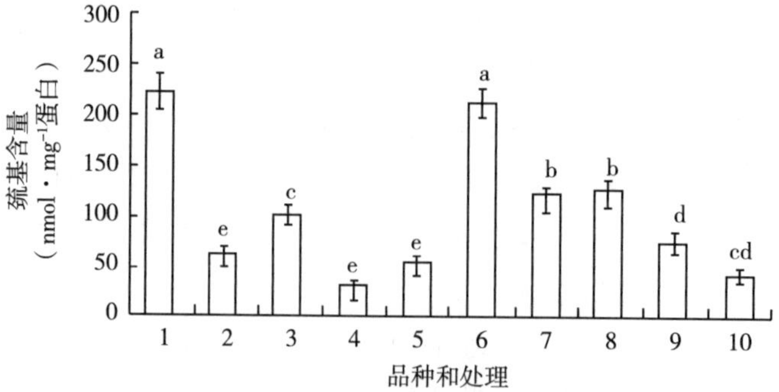

图 4-15　干旱胁迫、外源 Spd、抑制剂 MGBG 和 o-Phen 对小麦发育籽粒幼胚线粒体膜上巯基含量的影响（杜红阳，2015）

五、小结

1. 线粒体内膜 H^+ - ATPase 水解活性和膜上巯基含量变化与干旱胁迫的关系

本研究发现，干旱胁迫下，两个品种发育籽粒幼胚细胞线粒体内膜 H^+ - ATPase 水解活性（图 4 - 14）和膜上巯基含量（图 4 - 15）都显著下降，并且抗旱性差的豫麦 48 比抗旱性强的洛麦 22 下降得更为严重，据此可以推测，线粒体 H^+ - ATPase 水解活性和膜上巯基含量与抗旱性有一定关系，并且 H^+ - ATPase 水解活性和膜上巯基含量在干旱胁迫下的稳定有利于增强胚的抗性。下面的实验结果都支持这一说法：用外源 Spd 处理，不仅显著抑制了干旱胁迫下豫麦 48 胚细胞线粒体 H^+ - ATPase 水解活性（图 4 - 14）和膜上巯基含量（图 4 - 15）的下降，而且也显著提高其对干旱胁迫的抗性；干旱胁迫下，再用抑制剂 MGBG（或者 o - Phen）处理洛麦 22，则不仅明显促进了胁迫条件下线粒体 H^+ - ATPase 水解活性和膜上巯基含量的下降，而且也明显降低了胚相对含水量和胚的相对干重增长速率，说明降低了胚对干旱的抗性。

众所周知，ATPase 是线粒体内膜上一个极为重要的功能蛋白，它是一个双功能的生物大分子，除了利用跨内膜的质子浓度梯度合成 ATP 外，还可以利用 ATP 将线粒体基质中的质子泵出内外膜间隙而重新形成跨内膜的质子浓度梯度，这样的质子浓度梯度也是线粒体本身跨内膜物质运输的基础，所以，ATPase 所催化的 ATP 的合成与水解应该是建立在一个动态的平衡基础之上的。究竟此酶发挥何种功能，这不仅取决于细胞的能荷状态，而且还要取决于线粒体的状态。干旱胁迫下，细胞呼吸代谢加强，可能导致细胞的能荷状态变化（ATP 含量高），线粒体本身基质中有机物质匮乏，对物质运输的需要量增加，所以此时水解 ATP 而建立跨内膜的质子浓度梯度就显得更为重要。干旱胁迫也常导致电子传递链功能异常，表现为自由基、活性氧的伤害，在正常情况下，植物体内自由基的产生与清除处于动态平衡，由于自由基的浓度低，不会造成伤害作用，但是干旱胁迫时，这种平衡被破坏，自由基的产生速率高于清除速率。当自由基的浓度超过一定的阈值，自由基的氧化能力很强，表现为活性氧的伤害，导致多糖、脂质、核酸和蛋白质等生物大分子的氧化与破坏，尤其是膜上的一些主要功能蛋白分子相互靠近，膜上巯基（- SH）相互接触，容易被活性氧氧化攻击而脱氢，形成二硫键（- S - S -），此键能较高，不易断裂，蛋白质的空间三级结构因发生交联而改变，蛋白质变性，其功能也随之降低。本文研究也说明在干旱胁迫条件下，线粒体膜上巯基含量的变化与膜上

ATPase 的水解活性变化表现出一致性，提示维持膜上巯基含量对于稳定 ATPase 的水解活性及增强抗性的意义。Yang 等（2004）的研究与本研究一致，他们也发现了在逆境胁迫条件下，小麦幼苗 H^+-ATPase 的活性变化和蛋白质的巯基氧化水平有关。

2. 线粒体膜上巯基含量和 ATPase 水解活性与膜上的 NCC PAs 水平之间的关系

既然凡是有电子传递的地方就有活性氧伤害的可能性（特别是在逆境条件下），那么细胞线粒体内膜活性氧的产生就是不可避免的。因为正常细胞内活性氧的产生与清除是处于一个平衡状态中，所以细胞为了维持这个平衡，建立了清除活性氧的系统，其中多胺在这个系统中扮演着重要角色。大量研究表明，细胞内的多胺可以通过三种方式降低活性氧的伤害：第一，直接清除活性氧（但是清除机制目前尚不清楚）；第二，通过影响清除活性氧的酶系统（如提高 SOD、CAT 和 POD 等抗氧化酶的活性）和非酶系统（如提高抗坏血酸、酚类物质含量）而清除活性氧；第三，多胺靠携带的正电荷与生物膜的带负电的膜磷脂和 Fe^{2+} 结合，从而形成复合物，这样可以减少由 Fe^{2+} 所引起的活性氧产生。本文研究关注的是第三种方式，即 NCC PAs 的形成，可以减少活性氧产生，从而防止膜脂过氧化、维持巯基含量的稳定。从本实验不难发现，无论是干旱胁迫还是干旱胁迫的同时施加外源 Spd 及抑制剂 MGBG，线粒体内膜上 NCC Spd 水平的变化与内膜上巯基含量呈现出良好的一致性。例如，抗旱性强的洛麦 22 遇干旱胁迫时 NCC Spd 水平上升伴随着巯基含量的稳定；干旱胁迫和 MGBG 同时处理洛麦 22 这个品种，则随着 NCC Spd 水平的下降，巯基含量也下降；干旱胁迫和外源 Spd 同时处理豫麦 48，则随着 NCC Spd 水平的升高，巯基含量也升高。统计分析也表明，NCC Spd 和 NCC Put 的比值与膜上巯基含量呈极显著正相关关系（$r=0.986\ 2$，$r_{0.01}=0.926\ 5$，$n=6$）。从上一部分讨论中知道，线粒体膜上巯基含量与膜上 ATPase 水解活性的变化是一致的，所以可以推测，一方面，Spd 通过与线粒体内膜膜磷脂和 Fe^{2+} 的非共价结合形成 NCC Spd，减少活性氧的产生，维持蛋白质巯基含量的稳定，保护 ATPase 的水解活性；另一方面，Spd 可以直接与内膜上的 ATPase 非共价结合成 NCC Spd，稳定 ATPase 的水解活性。

3. 线粒体膜 ATPase 水解活性与 CC Put 水平之间的关系

本研究所检测到的 CC Put，着重是多胺与蛋白质的共价结合，所以虽然这种结合与维持蛋白质上的巯基含量是否有关值得商榷，但是至少可以认为这种共价结合有利于保护蛋白质构象和功能的稳定。因为本研究发现抗旱性强的洛麦 22 遇干旱胁迫时，CC Put 水平显著上升；抑制剂 o－Phen 的处理降低了干旱胁迫下洛麦 22 胚细胞线粒体膜上 ATPase 的水解活性，也显著抑制了干旱胁迫所诱导的膜上 CC Put 水平的上升（表 4－4）；统计分析显示干旱胁迫下，线粒体膜的 ATPase 水解活性与 CC Put 含量之间呈正相关的关系。Put 可能靠共价键与线粒体的 ATPase 结合后，有效稳定其天然构象，抑制其在逆境条件下变性，从而使其发挥正常的水解活性。

总之，线粒体膜中 CC Spd 和 CC Put 的水平与小麦植株对干旱胁迫的耐受性有关。结合态多胺与植物耐受性相关的原因可能与许多因素有关。例如，结合态多胺可能在蛋白质修饰过程中发挥关键作用（Del－Duca 等，1995；Du 等，2020）；多胺和离子通道之间的关系也有报道（Willimas，1997），多胺可抑制液泡中的离子通道（Dobrovinskaya 等，1999）。Liu 等（2000）的研究表明，多胺可以靶向保卫细胞中的 KAT1－like 通道来调节气孔运动等，并且我们也发现共价线粒体质膜上的结合态多胺可以稳定线粒体结构（Liu 等，2021）。

参考文献

杜红阳，2015. 干旱胁迫下小麦发育籽粒胚细胞内结合态多胺功能［D］. 郑州：河南农业大学.

BAKER N，PATEL J，KHACHO M，2019. Linking mitochondrial dynamics，cristae remodeling and supercomplex formation：how mitochondrial structure can regulate bioenergetics［J］. Mitochondrion，49：259－268.

DEL－DUCA S，BENINATI S，SERAFIFINI－FRACASSINI D，1995. Polyamines in chloroplasts：identifification of their glutamyl and acetyl derivatives［J］. Biochemistry Journal，305：233－237.

DOBROVINSKAYA O R，MUNIZ J，POTTOSIN I I，1999. Inhibition of vacuolar ion channels by polyamines［J］. Journal of Membrane Biology，167：127－140.

DOWNS C A，MECKATHORN S A，1998. The mitochondrial small heat－shock protein protects NADH：ubiquinone oxidoreductase of the electron transport chain during heat stress in plants［J］. FEBS Lett，430：246－250.

DU H Y，LIU H L，LIU D X，et al.，2020. Relationship between the conjugated polyamines and the activities of the vacuolar membrane proteins in embryo of wheat grains under drought stress［J］. International Journal of Agriculture and Biology，24：1258－1264.

FRATIANNI A，PASTORE D，PALLOTTA M L，et al.，2001. Increase of membrane permeability of mitochondria isolated from water stress adapted potato cells［J］. Bioscience Reports, 21: 81 - 91.

HUANG Z, CHEN Y, ZHANG Y, 2020. Mitochondrial reactive oxygen species cause major oxidative mitochond DNA damages and repair pathways [J]. Journal of Biosciences, 45: 84.

LIU D X, LIU H L, DU H Y, et al., 2021. Relationship between polyamines conjugated to mitochondrion membrane and mitochondrion conformation from developing wheat embryos under drought stress [J]. Journal of Biosciences, 46: 31.

LIU K, FU H H, BEI Q X, et al., 2000. Inward potassium channel in guard cells as a target for polyamine regulation of stomatal movements [J]. Plant Physiology, 124: 1315 - 1325.

MACHENZIE S, MCINTOSH L, 1999. Higher plant mitochondria [J]. Plant Cell, 11: 571 - 597.

WILLIAMS K, 1997. Interactions of polyamines with ion channels [J]. Biochemistry Journal, 325: 289 - 297.

YANG Y L, GUO J K, ZHANG F, et al., 2004. NaCl induced changes of the H^+ - ATPase in root plasma membrane of two wheat cultivars [J]. Plant Science, 166: 913 - 918.

第五章
非生物胁迫下植物体内多胺作用机制概述

第一节　非生物胁迫下植物体内多胺生理机制

如上所述，内源多胺的积累是遭受非生物胁迫的植物的主要标志性代谢之一，这说明多胺对于植物抵御胁迫环境条件是非常重要的。尽管有许多研究表明胁迫下多胺水平有明显的变化，但多胺增强植物抗逆性作用的生理和分子机制仍不清楚（Marco 等，2011）。多聚阳离子多胺的生物学功能最初与它们结合阴离子大分子（如核酸和蛋白质）的能力有关，这一特征赋予多胺在转录和翻译的调节中发挥作用。它们还被认为能够在非生物胁迫条件下维持膜稳定性（Tiburcio 等，2014）；然而，除了这些机制之外，越来越多的证据表明它们在抗逆性方面的作用与调节抗氧化系统有关。多胺与光合复合物和蛋白质的结合由 TGase 催化（Hamdani 等，2011），并导致在胁迫条件下光合作用增强（Ioannidis 等，2012）。

一、多胺在非生物胁迫中的抗氧化作用

多胺被认为以两种方式在调节活性氧稳态中起作用。首先，它们可能抑制金属的自动氧化，从而减少电子供应以产生活性氧（Shi 等，2013b），也可能直接作为抗氧化剂清除活性氧。其次，多胺可能影响抗氧化系统，并且许多研究已经证明用外源多胺可诱导植物内源多胺含量的增加和提高植物对非生物胁迫的耐受性如干旱，热和冷胁迫耐受性的提高与抗氧化酶的活化同时发生。例如，将 Spm 外源施用于三叶草导致 POD、SOD 和 CAT 活性升高，伴随着脱水下活性氧水平的显著降低（Shi 等，2013b）。外源 Spd 的施用减轻了热胁迫对水稻幼苗损伤，增加了抗氧化酶活性和抗氧化剂水平，同时减少了 H_2O_2 的

积累（Mostofa等，2014）。另外，多胺生物合成基因的遗传调控已被证实是通过调节抗氧化机制来提高植物对胁迫的耐受性。例如，欧洲梨中 *MdSPDS1* 的过量表达导致对重金属的耐受性增强，这主要归因于抗氧化酶的活化（Wen等，2009）。烟草和番茄中 *PtADC* 的异位表达增强了植株对脱水和干旱的抗性，显著抑制了活性氧的大量生成（Wang等，2011）。证明多胺在调节活性氧稳态中作用的另一个证据是使用多胺生物合成酶的抑制剂。例如，有研究表明施用D-精氨酸导致内源多胺水平降低以及活性氧积累的增加（Zhang等，2015）。这些研究表明，多胺可以通过调节抗氧化系统以及活性氧产生和氧化还原状态的变化来缓解受胁迫植物的氧化应激反应。然而，多胺水平的提高和抗氧化酶活性之间的直接联系尚未得到证实。一种可能是多胺可以作为激活抗氧化酶的信号分子起作用，并且Spm被认为可充当信号分子（Mitsuya等，2009）；另一种可能是通过PAO介导的多胺分解代谢产生 H_2O_2。

二、多胺在非生物胁迫条件下对植物光合作用的调控

许多研究人员已经研究了外源施用多胺或植物细胞中多胺过表达对衰老过程中（Legocka，Zajchert，1999；Donatella等，2010）或在各种胁迫条件下（Hamdani等，2011；Shu等，2012）叶绿体代谢的影响。外源施加的多胺可快速进入完整的叶绿体，并在保护光合机构免受环境胁迫的不利影响。Besford等（1993）发现多胺可缓解渗透胁迫下燕麦叶片中叶绿体的降解。在渗透胁迫下，燕麦叶片失去叶绿素，快速衰老并积累大量的Put。Spd或Spm的外源施用可抑制蛋白质降解、叶绿素的降解，稳定类囊体蛋白质如D1、D2、cytf和RuBisCO的大亚基（Duan等，2006）。有人提出多胺的一种作用方式是蛋白质的负电荷与多胺的正电荷之间的直接结合。这会导致叶绿体蛋白在活性蛋白酶作用下的构象变化（Navakoudis等，2007）。因此，多胺可以维持蛋白质的稳定性并延缓其在衰老过程中的降解。Stoynova等（1999）在超微结构水平上的研究发现外源Spm可通过缓解脂质过氧化作用来稳定膜的分子组成，并因此保护类囊体系统的构象和叶绿体的结构完整性，从而缓解盐胁迫对豌豆的伤害作用。

近年来，人们也发现了Spm对莴苣叶片的衰老具有抑制作用（Donatella等，2010）。外源性Spm可延缓叶绿素b和部分蛋白质降解，增强TGase活性。与Spm类似，Spd也能促进黑暗条件下大麦叶片的生长，延缓衰老，抑

制 RNase 活性，抑制叶绿素和 LHCⅡ蛋白的降解（Legocka，Zajcher，1999）。Sobieszczuk－Nowicka 等（2009）观察了衰老的大麦叶片中与类囊体结合的内源性多胺水平的变化。在叶绿体衰老的早期，束缚态 Put 和 Spd 的含量随着衰老进程而增加，而束缚态 Spm 的含量则下降。这些研究表明了 Put、Spd 和 Spm 在这个过程中发挥了不同的作用。类囊体降解过程中结合 Spm 的减少与叶绿体、LHCPⅡ的降解有关，而结合态 Put 和 Spd 的增加似乎与暗诱导衰老有关，并且部分可能与在此过程中 TGase 活性的增加有关（Serafini－Fracassini 等，2009）。例如在烟草花中，通过 TGase 作用，叶绿体结合态多胺也参与衰老过程的调控。研究表明，植物对胁迫环境的耐受能力与其代谢多胺的能力有关，这也与光合结构有关（Alcázar 等，2010）。在植物对各种非生物胁迫的适应性反应过程中，观察到类囊体相关的多胺浓度的变化（Hamdani 等，2011）。

多胺在胁迫抗性方面的参与表明它们可能直接与光系统相互作用。据报道，低浓度的 Spd 在体内和体外均增强或恢复光化学活性（Ioannidis，Kotzabasis，2007）。其他研究表明，向 PSⅡ的亚膜部分施用高浓度的 PA 可与 PSⅡ的腔侧相互作用，这将导致光合作用的丧失（Hamdani，Tajmir－Riahi，2009）。在光抑制条件下，PSⅡ中叶绿素荧光升高和电荷重组的动力学受到影响。与其他多胺相比，光抑制前进行 Spm 预处理能显著提高 PSⅡ光化学的最大量子效率（Hamdani 等，2011）。叶绿体中多胺水平的变化可以改变类囊体膜的结构。跨膜 LHCⅡ蛋白的基质侧带负电荷，这种性质允许它们与正电荷发生静电相互作用（Standfuss 等，2005）。此外，可以发现一些 Put、Spd 和 Spm 与 LHCⅡ结合（Kotzabasis 等，1993）。据报道，Spm 是与 LHCⅡ相偶联最有效的多胺（Sfichi－Duke，Ioannidis，2008）。一些非生物胁迫如低温会降低与类囊体结合的多胺水平，并影响 LHCⅡ蛋白合成及其相应基因的转录。外源施用多胺可以减轻这些蛋白质在胁迫条件下的降解（Duan 等，2006；Bibi 等，2010）。光合作用结构对胁迫条件的响应受与 LHCⅡ相关的 Put 和 Spm 模式变化的影响，已有研究表明多胺含量可调整 LHCⅡ的大小（Sfichi 等，2004）。Put/Spm 比率的降低导致 LHCⅡ大小的增加。类囊体膜的这种结构修饰可以增强能量耗散并降低光化学活性。然而，在高 CO_2 浓度胁迫下观察到的 Put/Spm 比率的增加降低了 LHCⅡ的大小并增加了光合作用产量（Logothetis 等，2004）。类囊体中 Put 水平增加与 LHCⅡ大小之间的关系表明，与类囊体结合的多胺在光合结构的适应过程中发挥调节作用（Navakoudis 等，2003）。

三、多胺能够增强非生物胁迫下植物的渗透调节作用

通过相容溶质的积累进行代谢适应被认为是在非生物胁迫下保护和存活植物的基本策略。相容溶质是无毒分子，在不利条件下起到维持和稳定大分子结构的作用。多胺作为相容溶质的概念在植物中有争议，需要进一步研究。然而，在胁迫条件下多胺通常被认为是比其他稳定剂更能保护生物分子和防止膜系统变性的稳定剂（Liu 等，2007）。多胺具有许多特性，如亲水性、保护大分子、活性氧清除剂、维持细胞酸碱度等，这些特性与脯氨酸和其他相容溶液的特性相近（Wi 等，2006），但胁迫诱导的多胺浓度低于脯氨酸等溶质。Duhazé 等（2002）研究表明，多胺分解代谢产物，如 β-丙氨酸可以转化为 β-丙氨酸甜菜碱，这是某些盐生植物渗透调节所必需的。脯氨酸和可溶性糖是相似相容的渗透物，它们对于在各种胁迫条件下维持膨胀和稳定细胞分子结构具有重要作用（Shi 等，2013b）。在多胺代谢途径中，精氨酸在精氨酸酶作用下合成鸟氨酸，然后鸟氨酸在 ODC 酶的作用下进一步代谢为 Put 和脯氨酸（Tavladoraki 等，2012）。因此，多胺和脯氨酸生物合成途径可能共享一些共同的底物，外源施用多胺可能导致更多的脯氨酸生物合成底物，特别是在胁迫条件下。在多胺相关的代谢途径中，精氨酸、脯氨酸、丙氨酸、谷氨酰胺、谷氨酸、甘氨酸、亮氨酸、赖氨酸、鸟氨酸、丝氨酸、苏氨酸和色氨酸可以在内源多胺浓度变化后进行调节（Majumdar 等，2013）。Shi 等（2013a）发现在盐和干旱条件下，外源多胺处理可以增强脯氨酸和可溶性糖在爬根草中的积累。参与脯氨酸合成的 P5CS1 在 Spd 处理的植物中被认定为 S-亚硝基化靶标，同时 Spd 的外源应用诱导了 P5CS1 表达，进一步证明了非生物胁迫下多胺和脯氨酸之间的 NO 依赖性功能性联接（Tanou 等，2014）。另外，参与卡尔文循环的光系统，糖酵解和糖异生/乙醛酸循环的几种蛋白质通常由多胺调节，导致淀粉和蔗糖通过相应的碳代谢积累（Shi 等，2013b）。因此，多胺诱导的脯氨酸和可溶性糖的积累减轻了胁迫条件下的渗透压。

参考文献

ALCÁZAR R，ALTABELLA T，MARCO F，et al.，2010. Polyamines：molecules with regulatory functions in plant abiotic stress tolerance [J]. Planta，231（6）：1237-1249.

BESFORD R T，RICHARDSON C M，CAMPOS J L，et al.，1993. Effect of polyamines on stabilization of molecular complexes in thylakoid membranes of osmotically stressed oat leaves [J]. Planta，189：201-206.

BIBI A C, OSTERHUIS D M, GONIAS E D, 2010. Exogenous application of putrescine ameliorates the effect of high temperature in *Gossypium hirsutum* L. flowers and fruit development [J]. Journal of Agronomy and Crop Science, 196 (3): 205 - 211.

DONATELLA S F, ALESSIA D S, STEFANO D D, 2010. Spermine delays leaf senescence in Lactuca sativa and prevents the decay of chloroplast photosystems [J]. Plant Physiology and Biochemistry, 48 (7): 602 - 611.

DUAN H G, YUAN S, LIU W J, et al., 2006. Effects of exogenous spermidine on photosystem II of wheat seedlings under water stress [J]. Journal of Integrative Plant Biology, 48 (8): 920 - 927.

DUHAZÉ C, GOUZERH G, GAGNEUL D, et al., 2002. The conversion of spermidine to putrescine and 1, 3 - diaminopropane in the roots of Limonium tataricum [J]. Plant Science, 163 (3): 639 - 646.

HAMDANI S, GAUTHIER A, MSILINI N, et al., 2011. Positive charges of polyamines protect PSII in isolated thylakoid membranes during photoinhibitory conditions [J]. Plant and Cell Physiology, 52 (5): 866 - 873.

HAMDANI S, TAJMIR - RIAHI H A, 2009. Carpentier R. Methylamine interaction with proteins of photosystem II: A comparison with biogenic polyamines [J]. Journal of Photochemistry and Photobiology Biology, 96 (3): 201 - 206.

IOANNIDIS NE, KOTZABASIS K, 2007. Effects of polyamines on the functionality of photosynthetic membrane in vivo and in vitro [J]. BBA - Bioenergetics, 1767: 1372 - 1382.

IOANNIDIS NE, CRUZ JA, KIRIAKOS K, et al., 2012. Evidence that putrescine modulates the higher plant photosynthetic proton circuit [J]. PLoS One, 7 (1): e29864.

KOTZABASIS K, FOTINOU C, ROUBELAKIS - ANGELAKIS K A, et al., 1993. Polyamines in the photosynthetic apparatus: Photosystem II highly resolved subcomplexes are enriched in spermine [J]. Photosynthesis Research, 38 (1): 83 - 88.

LEGOCKA J, ZAJCHERT I, 1999. Role of spermidine in the stabilization of the apoprotein of the light - harvesting chlorophyll a/b - protein complex of photosystem II during leaf senescence process [J]. Acta Physiologiae Plantarum, 21 (2): 127 - 132.

LIU J H, WANG K J, BAN Y, et al., 2007. Polyamines and their ability to provide environmental stress tolerance to plants [J]. Plant Biotechnology, 24 (1): 117 - 126.

LOGOTHETIS K, DAKANALI S, IOANNIDIS N, et al., 2004. The impact of high CO_2 concentrations on the structure and function of the photosynthetic apparatus and the role of polyamines [J]. Journal of Plant Physiology, 161 (6): 715 - 724.

MAJUMDAR R, SHAO L, MINOCHA R, et al., 2013. Ornithine: the overlooked molecule in the regulation of polyamine metabolism [J]. Plant and Cell Physiology, 54 (6): 990 - 1004.

MARCO F, ALCÁZAR R, TIBURCIO A F, et al., 2011. Interactions between polyamines and abiotic stress pathway responses unraveled by transcriptome analysis of polyamine overproducers [J]. OMICS A Journal of Integrative Biology, 15 (11): 775 - 781.

MITSUYA Y, TAKAHASHI Y, BERBERICH T, et al., 2009. Spermine signaling plays a significant role in the defense response of Arabidopsis thaliana to cucumber mosaic virus [J]. Journal of Plant Physiology, 166 (4): 626 - 643.

MOSTOFA MG, YOSHIDA N, FUJITA M, 2014. Spermidine pretreatment enhances heat tolerance in rice seedlings through modulating antioxidative and glyoxalase systems [J]. Plant Growth Regulation, 73 (1): 31 - 44.

NAVAKOUDIS E, LüTZ C, LANGEBARTELS C, et al., 2003. Ozone impact on the photosynthetic apparatus and the protective role of polyamines [J]. Biochimica et Biophysica Acta (BBA) - General Subjects, 1621 (2): 160 - 169.

NAVAKOUDIS E, VRENTZOU K, KOTZABASIS K, 2007. A polyamine - and LHC Ⅱ protease activitybased mechanism regulates the plasticity and adaptation status of the photosynthetic apparatus [J]. Biochim Biophys Acta, 1767 (4): 261 - 271.

SERAFINI - FRACASSINI D, MEA M D, TASCO G, et al., 2009. Plant and animal transglutaminases: do similar functions imply similar structures? [J]. Amino Acids, 36 (4): 643 - 657.

SFICHI - DUKE L, IOANNIDIS N K, 2008. Fast and reversible response of thylakoid - associated polyamines during and after UV - B stress: a comparative study of the wild type and a mutant lacking chlorophyll b of unicellular green alga Scenedesmus obliquus [J]. Planta, 228 (2): 341 - 353.

SFICHI L, IOANNIDIS N, KOTZABASIS K, 2004. Thylakoid - associated polyamines adjust the UVB sensitivity of the photosynthetic apparatus by means of light - harvesting complex II changes [J]. Photochemistry and Photobiology, 80 (3): 499 - 506.

SHI H, YE T, CHAN Z, 2013a. Comparative proteomic and physiological analyses reveal the protective effect of exogenous polyamines in the bermudagrass (*Cynodon dactylon*) response to salt and drought stresses [J]. Journal of Proteome Research, 12 (11): 4951 - 4964.

SHI H, YE T, CHEN F, et al., 2013b. Manipulation of arginase expression modulates abiotic stress tolerance in Arabidopsis: effect on arginine metabolism and ROS accumulation [J]. Journal of Experimental Botany, 8 (5): 1367 - 1379.

SHU S, GUO S R, SUN J, et al., 2012. Effects of salt stress on the structure and function of the photosynthetic apparatus in *Cucumis sativus* and its protection by exogenous putrescine [J]. Physiologia Plantarum, 146 (3): 285 - 296.

SOBIESZCZUK - NOWICKA E, WIECZOREK P A, LEGOCKA J, 2009. Kinetin affects the level of chloroplast polyamines and transglutaminase activity during senescence of barley leaves [J]. Acta Biochimica Polonica, 56 (2): 255 - 259.

STANDFUSS J, SCHELTINGA A C T, LAMBORGHINI M, et al., 2005. Mechanisms of photoprotection and nonphotochemical quenching in pea light - harvesting complex at 2. 5 A resolution [J]. The EMBO Journal, 24 (5): 919 - 928.

STOYNOVA E Z, KARANOV E N, ALEXIEVA V, 1999. Subcellular aspects of the pro-

tective effect of spermine against atrazine in pea plants [J]. Plant Growth Regulation, 29 (3): 175-180.
TANOU G, ZIOGAS V, BELGHAZI M, et al., 2014. Polyamines reprogram oxidative and nitrosative status and the proteome of citrus plants exposed to salinity stress [J]. Plant Cell and Environment, 37 (4): 864-885.
TAVLADORAKI P, CONA A, FEDERICO R, et al., 2012. Polyamine catabolism: target for antiproliferative therapies in animals and stress tolerance strategies in plants [J]. Amino Acid, 42 (2-3): 411-426.
TIBURCIO A F, ALTABELLA T, BITRIÁN M, et al., 2014. The roles of polyamines during the lifespan of plants: from development to stress [J]. Planta, 240 (1): 1-18.
WANG J, SUN P P, CHEN C L, et al., 2011. An arginine decarboxylase gene PtADC from *Poncirus trifoliata* confers abiotic stress tolerance and promotes primary root growth in Arabidopsis [J]. Journal of Experimental Botany, 62 (8): 2899-2914.
WEN X P, BAN Y, INOUE H, et al., 2009. Spermidine levels are implicated in heavy metal tolerance in a Spermidine synthase overexpressing transgenic European pear by exerting antioxidant activities [J]. Transgenic Research, 19 (1): 91-103.
WI S J, KIM W T, PARK K Y, 2006. Overexpression of carnation S-adenosylmethionine decarboxylase gene generates a broad-spectrum tolerance to abiotic stresses in transgenic tobacco plants [J]. Plant Cell Reports, 25 (10): 1111-1121.
ZHANG Q, WANG M, HU J, et al., 2015. PtrABF of Poncirus trifoliata functions in dehydration tolerance by reducing stomatal density and maintaining reactive oxygen species homeostasis [J]. Journal of Experimental Botany, 66 (19): 5911-5927.

第二节　非生物胁迫中植物体内多胺的信号分子机制

一、多胺参与活性氧代谢和 NO 的信号分子机制

多胺的另一个重要特性是它的双重作用，既是活性氧的来源，又是潜在的活性氧清除剂，还有植物中氧化还原稳态调节剂的作用（Saha 等，2015）。CuAOs 和 PAO 对多胺的分解代谢和反向转化都导致在质外体和过氧化物酶体中产生 H_2O_2（Pottosin，Shabala，2014）。H_2O_2 长期以来被称为信号分子，它能够直接调节各种过程如气孔关闭，因为它能够影响离子通道，同时它还可以通过 MAPK 级联激活特定的应激反应过程（Moschou 等，2008）。多胺，尤其是 Spd，可通过激活 NADPH 氧化酶诱导超氧阴离子 O_2^- · 的产生。O_2^- ·

自发地或酶促地歧化为 H_2O_2。多胺不仅与活性氧的产生有关，还与 NO 的产生有关。作为一种小的、高度扩散的气体分子，NO 作为细胞内和细胞间信使发挥作用，诱导包括植物应激反应在内的各种过程。经 Spd 和 Spm 处理后，在拟南芥中 NO 会快速积累，而 Put 对 NO 的影响不大（Tun 等，2006）。而外源性多胺，尤其是 Put，在大豆中会诱导 NO 的产生（Tun 等，2006）。在敲除铜氨基氧化酶的拟南芥中观察到 NO 释放减少，这些结果表明 DAO 可能参与了多胺诱导的 NO 生物合成（Wimalasekera 等，2011）。Rosales 等（2012）研究发现多胺对硝酸还原酶（NR）活性的调控具有双重作用。一方面，可通过增加 NO 和在短时间内刺激 14-3-3 蛋白质与 NR 的相互作用来抑制 NR；通过调节 14-3-3 蛋白与 H^+-ATP 酶的相互作用来激活 NR 活性，这取决于其对 NO 水平的调控。另一方面，通过调节多胺代谢途径改变精氨酸的积累对 NO 水平有显著影响。此外，NO 主要通过蛋白质翻译后修饰作为应激信号起作用，影响蛋白质结构，蛋白质活性和蛋白质-蛋白质相互作用，如 S-亚硝基化（Rosales 等，2012）。盐胁迫条件下，在柑橘鉴定出由 Put、Spd 和 Spm 共同调节的 271 个 S-亚硝基化蛋白质中，表明多胺对亚硝化状态的调节，并进一步证明了多胺与非生物胁迫之间 NO 依赖性功能的关联（Rosales 等，2012）。因此，多胺通过由 Spm 连接的 NOS 途径和 NR 途径调节内源性 NO 水平，并且多胺触发的 NO 调节和多胺依赖性亚硝基蛋白质组变化在很大程度上促成了多胺介导的应激反应。最近，Filippou 等（2013）研究了 NO 供体（硝普钠）的应用对多胺和脯氨酸生物合成的影响，并发现硝普钠能够调节多胺代谢基因和相关酶活性的表达，从而调节藜苜蓿（*Medicago truncatula*）中多胺和脯氨酸的含量。

二、多胺参与 ABA 诱导的信号转导途径

大量证据表明，ABA、NO 和多胺是与复杂网络有关的多种生理和应激反应的小分子，它们之间的交互在植物对非生物胁迫的响应中得到证实，特别是在气孔关闭中（Wimalasekera 等，2011）。在大多数非生物胁迫条件下，植物内源性 ABA 被诱导大量积累以激活下游基因表达和其他生理反应（Klingler 等，2010）。Toumi 等（2010）研究表明 ABA 增强多胺积累并诱导葡萄中的多胺氧化途径，诱导二次保护作用如气孔关闭。Alcázar 等（2010）发现 Put 和 ABA 存在于同一个正反馈回路中，在这个循环中，它们相互诱导了彼此的生物合成以应对非生物胁迫。由此可以看出，多胺可通过与 ABA 和 NO 的相

互作用来调节，诱导闭合和减少孔径来调节气孔反应。

由于多胺被认为是植物生长刺激剂，其生理作用过程通常与植物激素相似。研究表明，植物激素在植物生长发育中的作用与多胺代谢有关。多胺水平及其生物合成酶的变化伴随着许多激素反应，在少数情况下，多胺似乎模拟了植物激素的作用（Zeng 等，2016）。众所周知，ABA 是一种重要的植物激素，对不同的非生物胁迫和应激信号的反应具有重要作用。ABA 浓度在干旱、盐胁迫及其他非生物胁迫下增加。ABA 还可诱导参与非生物胁迫耐受的多个基因的表达，如拟南芥中的多胺生物合成基因（Kasinathan 等，2010）。施用外外施 ABA 促进胁迫条件下植物细胞中 ADC、SPDS 和 SPMS 基因表达的上调，进一步验证了 ABA 在转录水平调控多胺代谢（Hanfrey 等，2010；Alcázar 等，2006）。同样，关于突变植物分析和转录本分析的大量数据表明 Put 和 ABA 之间存在正反馈机制，这使得 Put 和 ABA 在胁迫下对相互促进彼此生物合成以提高植物适应性潜力有了新的认识（Urano 等，2009；Cuevas 等，2009）。

参考文献

ALCÁZAR R，ALTABELLA T，MARCO F，et al.，2010. Polyamines：molecules with regulatory functions in plant abiotic stress tolerance [J]. Planta，231 (6)：1237 - 1249.

ALCÁZAR R，MARCO F，CUEVAS J C，et al.，2006. Involvement of polyamines in plant response to abiotic stress [J]. Biotechnology Letters，28 (23)：1867 - 1876.

CUEVAS J C，LÓPEZ - COBOLLO R，ALCÁZAR R，et al.，2009. Putrescine as a signal to modulate the indispensable ABA increase under cold stress [J]. Plant Signaling and Behavior，4 (3)：219 - 220.

FILIPPOU P，ANTONIOU C，FOTOPOULOS V，2013. The nitric oxide donor sodium nitroprusside regulates polyamine and proline metabolism in leaves of Medicago truncatula plants [J]. Free Radical Biology and Medicine，56 (3)：172 - 183.

HANFREY C，SOMMER S，MAYER M J，et al.，2010. Arabidopsis polyamine biosynthesis：absence of ornithine decarboxylase and the mechanism of arginine decarboxylase activity [J]. The Plant Journal，27 (6)：551 - 560.

KASINATHAN V，WINGLER A，2010. Effect of reduced arginine decarboxylase activit y on salt tolerance and on polyamine formation during salt stress in *Arabidopsis thaliana* [J]. Physiologia Plantarum，121 (1)：101 - 107.

KLINGLER J P，BATELLI G，ZHU J K，2010. ABA receptors：the START of a new paradigm in phytohormone signalling [J]. Journal of Experimental Botany，61 (12)：3199 - 3210.

MOSCHOU P N, PASCHALIDIS K A, DELIS I D, et al., 2008. Spermidine exodus and oxidation in the apoplast induced by abiotic stress is responsible for H_2O_2 signatures that direct tolerance responses in tobacco [J]. Plant Cell, 20 (6): 1708-1724.

POTTOSIN I, SHABALA S, 2014. Polyamines control of cation transport across plant membranes: implications for ion homeostasis and abiotic stress signaling [J]. Frontiers in Plant Science, 5 (3): 154.

ROSALES E P, IANNONE M F, GROPPA M D, et al., 2012. Polyamines modulate nitrate reductase activity in wheat leaves: involvement of nitric oxide [J]. Amino Acids, 42 (2-3): 857-865.

SAHA J, BRAUER E K, SENGUPTA A, et al., 2015. Polyamines as redox homeostasis regulators during salt stress in plants [J]. Frontiers in Environmental Science, 3: 21.

TOUMI I, MOSCHOU P N, PASCHALIDIS K A, et al., 2010. Abscisic acid signals reorientation of polyamine metabolism to orchestrate stress responses via the polyamine exodus pathway in grapevine [J]. Journal of Plant Physiology, 167 (7): 519-525.

TUN N N, SANTACATARINA C, BEGUM T, et al., 2006. Polyamines induce rapid biosynthesis of nitric oxide (no) in arabidopsis thaliana seedlings [J]. Plant and Cell Physiology, 47 (3): 346-354.

URANO K, MARUYAMA K, OGATA Y, et al., 2009. Characterization of the ABA-regulated global responses to dehydration in Arabidopsis by metabolomics [J]. Plant Journal, 57 (6): 1065-1078.

WIMALASEKERA R, TEBARTZ F, SCHERER G F E, 2011. Polyamines, polyamine oxidases and nitric oxide in development, abiotic and biotic stresses [J]. Plant Science, 181 (5): 593-603.

ZENG Y, YU-PING Z, JING X, et al., 2016. Effects of chilling tolerance induced by spermidine pretreatment on antioxidative activity, endogenous hormones and ultrastructure of indica japonica hybrid rice seedlings [J]. Journal of Integrative Agriculture, 15 (2): 295-308.

第三节　多胺与蛋白质交互的作用机制

有关多胺与蛋白质分子的相互作用，不外乎前文所述的多胺与生物大分子的两种结合方式，即多胺和蛋白质分子靠静电的非共价结合和多胺与蛋白质的共价结合，这两种多胺在增强植物的抗逆性方面发挥重要作用，尤其是抗旱、抗盐和抗冷。

一、多胺与蛋白质的非共价结合

生理条件下酸性蛋白质往往带负电荷，可与带正电荷的多胺靠静电形成所谓的非共价结合。蛋白质分子特别是酶蛋白带电性质的变化势必改变其空间构象，进而影响其生理功能。由不同亚基组成的寡聚蛋白在亚基重组时需克服分子间的负电斥力，从而要求有特定的溶液离子环境，多胺是否作为亚基重组参与物而发挥作用是值得深入探讨的问题。但是，可以肯定多胺和蛋白质分子靠静电的非共价结合至少可以影响蛋白质分子的构象，从而影响蛋白质的功能。

二、多胺与蛋白质的共价结合

多胺与细胞内的蛋白质交联，发生在翻译后修饰过程中，对细胞成分的稳定具有重要作用。在众多交联产物中有两种物质含量最丰富即 ε-（γ-谷氨酰）赖氨酸和 N,N-二（γ-谷氨酰）胺，两种形式交联物均有依赖于 Ca^{2+} 的酰基转移酶即谷氨酰胺-肽-γ-谷氨酰转移酶催化进行。

自 Icekson 和 Apelbaum（1987）在植物体内首次检测到 TGase 的存在后，开始了植物体内多胺与蛋白质共价结合的研究。TGase 可催化肽结合的 Gln 残基上的 γ-羧基酰胺基作为酰基供体，各种化合物中一级氨基作为酰基受体，形成单一取代 γ-酰胺。多胺与蛋白质共价联结通过两步反应完成：多胺分子第一个一级氨基作用于底物酰基后形成单-（γ-谷氨酰）-多胺，多胺第二个氨基再与另一个 Gln 残基结合形成二-（γ-谷氨酰）-多胺。第一步反应受多胺含量调节，高浓度多胺可以饱和底物蛋白上的酰基残基，阻止第二步反应。TGase 对胺表现出不同程度的亲和性（依次为 Spd > Spm > Put），形成单-谷氨酰胺后，蛋白质的正电荷数量增加，从而影响蛋白质的构象和功能。而多谷氨酰胺的形成与结构蛋白的组织有关。利用同位素标记法在体外实验中已经证明，1,5-二磷酸核酮糖羧化/加氧酶大亚基可以作为 TGase 的底物与 Put 共价反应。Spd 还能够与南瓜上胚轴中分离的质膜蛋白共价结合（Tassoni，Antognoni，1998）。Dondini 和 Del-Duca（1994）从盐胁迫处理的绿色海藻中检测到 TGase 活性，盐胁迫处理 24h 后，TGase 活性上升 4 倍，且绝大部分活性定位于高相对分子质量 55 000 的蛋白区带以及叶绿素迁移区带内。

逆境胁迫下，TGase 活性上升为研究逆境下多胺代谢的生理意义提供了新的出发点。可以推测，胁迫条件下，TGase 活性上升，游离多胺向高分子结合态转化，进而稳定细胞内生物大分子结构，从而提高抗逆性。

细胞内结合态多胺的降解是由多胺氧化酶催化进行的，这一反应的结果是蛋白质的一部分带正电基团的释放，氧化不彻底，蛋白质没有恢复到最初状态，但却改变了蛋白质正电荷数量，这势必对蛋白质结构和功能产生影响。可见细胞内 TGase 与 PAO 相互合作共同参与调控蛋白质的带电性质和交联程度，一方面参与抗逆反应，另一方面可以维持植物细胞的正常代谢。

参考文献

DONDINI L，DEL-DUCA S，1994. Effect of salt on Transglutaminase [M]. Boca Raton：CRC Press.

ICEKSON I，APELBAUM A，1987. Evidence for transglutaminase activity in plant tissue [J]. Plant Physiology，84：972-974.

TASSONI A，ANTOGNONI F，1998. Characterization of spermidine binding to solubilized plasma membrane proteins from Zucchini Hypocotyls [J]. Plant Physiology，117：971-977.